高等院校计算机技术"十二五"规划教材

嵌入式系统原理与设计

（第二版）

王　勇　编著

何立民　主审

ZHEJIANG UNIVERSITY PRESS
浙江大学出版社

·杭州·

内容简介

本书主要讲述嵌入式系统的原理及其设计方法,对嵌入式系统的开发过程、主要开发方法、开发工具进行了完整的介绍。本书第二版更新了书中过时的内容,并增加了 Android、Windows Phone 与 iPhone OS 的介绍及其应用程序的开发。

本书共有十五章,内容涉及了嵌入式系统的基本概念、设计方法、开发模式、ARM 处理器的概念、指令系统、编程方法、嵌入式 Linux,Android,Windows CE、Windows Phone 以及 iPhone 等内容。本书内容丰富,理论讲述和实际开发相结合。本书不是针对某种处理器开发用书,为了做到通用性和便于读者学习,书中所涉及的开发内容基本上都可以在 PC 机上实现,因此读者在学习过程中可以充分利用 PC 机来完成嵌入式系统的开发练习,提高学习效果。

本书可作为电子类研究生和高年级大学生的参考教材,也可以作为嵌入式系统研发人员及相关科研人员的技术参考书。

图书在版编目(CIP)数据

嵌入式系统原理与设计 / 王勇编著. —2 版. —杭州:
浙江大学出版社,2013.11(2025.6 重印)
ISBN 978-7-308-12425-6

Ⅰ.①嵌… Ⅱ.①王… Ⅲ.①微型计算机－系统设计
Ⅳ.①TP360.21

中国版本图书馆 CIP 数据核字(2013)第 252377 号

嵌入式系统原理与设计(第二版)

王 勇 编著　 何立民　主审

责任编辑	吴昌雷
封面设计	刘依群
出版发行	浙江大学出版社
	(杭州市天目山路 148 号　邮政编码 310007)
	(网址:http://www.zjupress.com)
排　版	杭州青翔图文设计有限公司
印　刷	浙江新华数码印务有限公司
开　本	787mm×1092mm　1/16
印　张	22.75
字　数	554 千
版 印 次	2013 年 11 月第 2 版　2025 年 6 月第 6 次印刷
书　号	ISBN 978-7-308-12425-6
定　价	49.00 元

高等院校计算机技术"十二五"规划教材编委会

顾 问

李国杰　中国工程院院士,中国科学院计算技术研究所所长,浙江大学计算机学院院长

主 任

潘云鹤　中国工程院副院长,院士,计算机专家

副主任

陈　纯　浙江大学计算机学院常务副院长、软件学院院长,教授,浙江省首批特级专家

卢湘鸿　北京语言大学教授,教育部高等学校文科计算机基础教学指导委员会秘书长

冯博琴　西安交通大学计算机教学实验中心主任,教授,2006—2010 年教育部高等学校计算机基础课程教学指导委员会副主任委员,全国高校第一届国家级教学名师

何钦铭　浙江大学软件学院副院长,教授,2006—2010 年教育部高等学校理工类计算机基础课程教学指导分委员会委员

委 员（按姓氏笔画排列）

马斌荣　首都医科大学教授,2006—2010 年教育部高等学校医药类计算机基础课程教学指导分委员会副主任,北京市有突出贡献专家

石教英　浙江大学 CAD&CG 国家重点实验室学术委员会委员,浙江大学计算机学院教授,中国图像图形学会副理事长

刘甘娜　大连海事大学计算机学院教授,原教育部非计算机专业计算机课程教学指导分委员会委员

庄越挺　浙江大学计算机学院副院长,教授,2006—2010 年教育部高等学校计算机科学与技术专业教学指导分委员会委员

序　言

在人类进入信息社会的 21 世纪,信息作为重要的开发性资源,与材料、能源共同构成了社会物质生活的三大资源。信息产业的发展水平已成为衡量一个国家现代化水平与综合国力的重要标志。随着各行各业信息化进程的不断加速,计算机应用技术作为信息产业基石的地位和作用得到普遍重视。一方面,高等教育中,以计算机技术为核心的信息技术已成为很多专业课教学内容的有机组成部分,计算机应用能力成为衡量大学生业务素质与能力的标志之一;另一方面,初等教育中信息技术课程的普及,使高校新生的计算机基本知识起点有所提高。因此,高校中的计算机基础教学课程如何有别于计算机专业课程,体现分层、分类的特点,突出不同专业对计算机应用需求的多样性,已成为高校计算机基础教学改革的重要内容。

浙江大学出版社及时把握时机,根据 2005 年教育部"非计算机专业计算机基础课程指导分委员会"发布的"关于进一步加强高等学校计算机基础教学的几点意见"以及"高等学校非计算机专业计算机基础课程教学基本要求",针对"大学计算机基础"、"计算机程序设计基础"、"计算机硬件技术基础"、"数据库技术及应用"、"多媒体技术及应用"、"网络技术与应用"六门核心课程,组织编写了大学计算机基础教学的系列教材。

该系列教材编委会由国内计算机领域的院士与知名专家、教授组成,并且邀请了部分全国知名的计算机教育领域专家担任主审。浙江大学计算机学院各专业课程负责人、知名教授与博导牵头,组织有丰富教学经验和教材编写经验的教师参与了对教材大纲以及教材的编写工作。

该系列教材注重基本概念的介绍,在教材的整体框架设计上强调针对不同专业群体,体现不同专业类别的需求,突出计算机基础教学的应用性。同时,充分考虑了不同层次学校在人才培养目标上的差异,针对各门课程设计了面向不同对象的教材。除主教材外,还配有必要的配套实验教材、问题解答。教材内容丰富,体例新颖,通俗易懂,反映了作者们对大学计算机基础教学的最新探索与研究成果。

希望该系列教材的出版能有力地推动高校计算机基础教学课程内容的改革与发展,推动大学计算机基础教学的探索和创新,为计算机基础教学带来新的活力。

中国工程院院士
中国科学院计算技术研究所所长
浙江大学计算机学院院长

前　言

　　嵌入式系统的发展日新月异,为了适应这种变化,本书第二版更新了书中过时的内容,并且主要增加了 Android、Windows Phone 和 iPhone OS 的介绍和其应用程序的开发。

　　嵌入式系统并不是一个很新的概念,但其成为大家关注的焦点则是近几年的事情,近年来,嵌入式系统的飞速发展和两个因素密切相关,一是 Linux 操作系统的迅速普及和发展,二是大批基于 ARM 内核处理器的出现。第一个因素为嵌入式系统提供了免费的、功能强大的嵌入式操作系统。第二个因素则为嵌入式系统提供了物美价廉的核心器件——嵌入式处理器。因此,谈到嵌入式系统,就不得不谈 Linux 和 ARM。当然除了 Linux 和 ARM 之外,嵌入式系统还包含许多内容,找到一本可以包络各种嵌入式系统开发的书是不现实的。本书希望能够在嵌入式系统的概念、特点、开发方法、开发流程等概念方面做出较为全面的论述,同时希望在一些具体的开发方面,例如 ARM 的编程、嵌入式 Linux 的开发、Android、Windows CE、Windows Phone 以及 iPhone OS 等方面给出一些有用的指导。从而做到能够理论结合实际,既不泛泛而谈,也不沦为针对特定处理器的应用手册。

　　根据这个指导思想,本书主要讲述嵌入式系统的原理及其设计方法,对嵌入式系统的开发过程、主要开发方法、开发工具进行了完整的介绍。本书共有十五章,每章的主要内容安排如下:

　　第一章介绍嵌入式系统的整体知识,内容涉及嵌入式系统的概念、特点及其组成要素;

　　第二章主要介绍嵌入式系统的设计方法及其设计的流程模型,把软件工程中的一些概念引入嵌入式系统的设计中,相信对控制嵌入式系统开发过程会有所帮助;

　　第三章介绍嵌入式系统开发中会遇到的一些基础知识,内容包括基本概念、开发工具、软硬件调试等,主要是为本书以后章节的学习打下基础;

　　第四章主要讲述嵌入式系统的开发模式,本章的内容不多,目的是让读者对嵌入式系统的开发有一个整体的认识;

　　第五章介绍目前嵌入式系统中应用较为广泛的 ARM 处理器,本章内容包括 ARM 处理器的分类、工作状态、工作模式、寄存器的组织及 ARM 处理器的异常处理等内容;

　　第六章重点介绍 ARM 处理器的指令系统,内容包括对 ARM 处理的寻址方式、ARM 指令集、Thumb 指令集以及伪指令等内容的详细解释;

　　第七章主要介绍针对 ARM 处理器的编程,内容涉及 ARM 汇编程序的设计、汇编语言与 C/C++的混合编程以及 ARM 集成开发环境 ADS 的使用等;

第八章讲述了嵌入式操作系统的概念，为接下来介绍的 Linux 和 Windows CE 操作系统打下基础；

第九章重点介绍 Linux 操作系统，包括 Linux 的发展历史、Linux 中的相关概念、嵌入式 Linux 的概念以及常用的嵌入式 Linux 介绍等内容。

第十章是在第九章的基础上详细介绍嵌入式 Linux 的开发过程，内容涉及开发嵌入式 Linux 过程中的工具准备和配置，其中还包括 Linux 操作系统的定制、编译和测试等内容。第十章的内容较为丰富，其中还对 Linux 下 BootLoader 的开发、驱动程序的开发、GUI 的编程等有所叙述，同时本章对 Linux 的启动过程、Linux 下的常用命令等也作了叙述。

第十一章在第九章和第十章的基础上，以构建 U 盘 Linux 为例，详细介绍小型化 Linux 的构建过程，使读者对 Linux 系统的开发有一个感性的认识。

第十二章介绍目前最为流行的嵌入式系统之一 Android。简单介绍 Android 操作系统的构架，并对其开发环境的构建进行了详细描述，最后给出一个简单的开发实例。通过本章的学习，读者可以很快了解 Android 的应用程序的开发流程，为以后进一步的学习打下基础。

第十三章介绍目前另一种最为流行的嵌入式操作系统之一 iPhone OS，本章以 iPhone 应用程序开发为例，介绍其操作系统 iPhone OS 的发展历史及系统构建，详细介绍其开发环境的构建过程，给出了一个开发实例。为读者提供一个 IOS 程序开发的概览，起到入门和抛砖引玉的作用。

第十四章介绍另外一个重要的嵌入式操作系统 Windows CE，包括了 Windows CE 的基本概念、内存管理、中断处理和编程模式等基本内容，还详细介绍 Windows CE 的集成开发平台 Platform Builder 的使用、CE 系统的引导方式以及 BootLoader 的开发和使用。

第十五章介绍 Windows Phone 开发。以 Windows Phone 7 和 Windows Phone 8 为例，介绍其开发环境的构建和应用程序的开发，有助于读者了解微软公司最新一代的嵌入式操作系统。

本书不是针对某种处理器使用手册，为了做到通用性和便于读者学习，书中所涉及的开发内容基本上都可以在 PC 机上实现，因此读者在学习过程中可以充分利用 PC 机来完成嵌入式系统的开发练习，提高学习效果。

由于编者水平有限，本书的错漏之处在所难免，还望各位专家和读者给予批评指正。

目　　录

ARM 指令索引

第1章

绪 论

1.1 嵌入式系统的基本概念

在计算机刚出现的时候,人们通常按照计算机的体系结构、运算速度、结构规模、应用领域等将其分为大型计算机、中型机、小型机和微型计算机,这种分类沿袭到了 20 世纪 90 年代中期。然而,随着半导体技术和计算机技术的飞速发展,这种计算机的分类方法已经不能适应实际情况的变化,例如,如今流行的个人计算机(PC,Personal Computer),虽然源自于微型计算机,但其在处理速度、总线结构、寻址空间等各方面已和最初微型计算机的定义相差很大,其总体性能已经超过了当年定义的中、小型计算机。

另外,随着计算机技术及其产品对其他行业的广泛渗透,以应用为中心的分类方法变得更为切合实际,这种分类方法把计算机按嵌入式应用和非嵌入式应用分为嵌入式计算机和通用计算机。通用计算机具有计算机的标准形态,通过配置不同的应用软件,以类同的面目出现并应用在各个方面,其典型产品如 PC;而嵌入式计算机则是处理器以嵌入式的形式隐藏在各种装置、产品和系统中,其形态各异,针对不同的应用场合可能有不同的外观形式、功耗模式、人机交互模式、处理模式等。

那么,什么是嵌入式系统呢? 嵌入式系统的全称是嵌入式计算机系统,一种嵌入式系统的常见定义是:嵌入式系统是以应用为中心、以计算机技术为基础,对系统的功能、可靠性、成本、体积、功耗等有严格要求的专用计算机系统。这个定义指明了嵌入式系统首先是一个计算机系统,简单的理解就是系统中必须有一个处理器。和通用的计算机系统不同的是,嵌入式系统不是通用的,其功能是特定的,是面向具体应用而专门设计的,根据具体的应用不同,嵌入式系统对可靠性、成本、体积、功耗等都有严格的要求。嵌入式系统完整的英文表达是:Embedded Computer System,从这个翻译中也可以看出,嵌入式系统属于 Computer 系统,特殊之处是 Embedded 的。通常,我们会简化地把嵌入式系统称为 Embedded System。

Wayne Wolf 给出的嵌入式系统的定义可以帮助我们更清楚地理解嵌入式系统的概

念，Wayne Wolf 给出的定义是：What is an embedded computer system? Loosely defined, it is any device that includes a programmable computer but is not itself a general-purpose computer。

嵌入式系统是无所不在的，小到一个简单的单片机控制系统，大到复杂的航天飞船控制系统，从民用领域到军工科技，从基础的农业生产到高新科技产业，都可以发现嵌入式系统的身影。嵌入式系统的种类和数量远远超出了通用的计算机系统。例如，一台通用计算机系统中就包含多个嵌入式系统，诸如键盘、鼠标、光驱、硬盘、显卡、网卡、声卡、打印机、扫描仪、USB 集线器等都是典型的嵌入式系统。正是由于嵌入式系统的应用十分广泛，嵌入式系统产品具有巨大的市场空间，世界上许多或大或小的公司都正在分割着这个大的蛋糕，和通用计算机行业不同，嵌入式系统行业的需求十分丰富。通用的计算机行业基本上被世界上几大公司垄断的，例如，在 PC 领域，CPU 的供应商基本上被 Intel、AMD 等几家公司垄断，操作系统和文字处理软件方面，则基本上是微软公司的天下。小的公司很难在通用计算机的核心软、硬件方面有所作为。嵌入式系统则不同，它有一个十分广阔的市场，其中充满了竞争、机遇与创新，没有哪一个系列的处理器和操作系统能够垄断全部市场。即便在体系结构上存在着主流，但各不相同的应用领域决定了不可能有少数公司、少数产品能够垄断全部市场。另外，嵌入式系统领域的产品和技术是高度分散的，留给个人和小公司的创新余地很大，学习和从事嵌入式系统相关领域的设计和开发必将有番作为。

1.2　嵌入式系统的特征

1.2.1　嵌入式系统的基本特征

嵌入式系统和通用的计算机系统相比，具有以下特征：

(1)嵌入式系统具有特定的功能，用于特定的任务

从嵌入式系统的定义就可以看出，它和通用计算机的本质区别就是嵌入式系统是面向具体应用的，因此嵌入式系统的功能也是特定的。例如对比一台可以播放 DVD 的计算机和普通的 DVD(一个典型的嵌入式系统产品)，DVD 的功能是基本固定的，就是用来播放 DVD 碟片。而对于计算机而言，如果运行 DVD 播放软件，那么计算机此时的功能就是 DVD 播放功能，而当其运行一个文档处理程序时计算机又具有了文档处理功能。虽然有一些高档 DVD 也具有一些其他扩充功能，例如游戏功能、录像功能等，但其主要功能是一定的，而且是不能随意改动的。

(2)嵌入式系统极其关注成本

对于大多数嵌入式系统而言，设计者对其成本比较关注。由于嵌入式系统的资源比较有限，其成本的计算也就有些"斤斤计较"，例如，在规划嵌入式系统的结构设计时，对于硬件

资源的设计通常是做到够用即可,只要能够满足嵌入式系统特定的应用,就不会随意增加资源,造成浪费,这也是控制系统成本的有效途径。PC 机系统的设计就完全不同,由于 PC 机最终的用途是多变的,不能假定 PC 机仅是用作某一用途。因此,在设计时,必须照顾到各方面的应用情况,资源的配置往往冗余较多,这就势必造成成本的增加和资源的浪费。

(3)嵌入式系统大都有功耗的要求

嵌入式系统往往比通用的系统更加关注功耗,虽然通用计算机系统也有功耗的要求,但其并不严格,厂家和消费者也通常不把功耗作为评价产品的首要因素。而对于大多数嵌入式系统而言就大不相同了,特别是对于一些便携式的设备如手机、PDA、MP3、数码相机等,其功耗的大小会直接影响其市场的占有情况。

(4)嵌入式系统通常有实时的要求

对于一些用于实时任务的嵌入式系统而言,系统能够在规定的时间内对外部事件做出反应是非常关键的。当然,系统的实时性是相对的,对于一个人机交互系统而言,可能要求一个按键按下后,系统能够在 1 秒内做出反应即可,这种反应速度用于人机交流已经足够。但对于一个汽车的刹车控制系统而言,可能要求这个系统要在毫秒量级内做出反应。因此,对于不同的嵌入式系统,针对不同的应用,实时性的要求也是不一样的,无论时限要求或严或松,系统的设计者必须考虑如何在规定的时间内做出反应。

(5)嵌入式系统的运行环境广泛

由于嵌入式系统是面向应用而设计的,因此,有不同的应用存在,就有不同的嵌入式系统存在。嵌入式系统可能工作在四季如春的温室,也可能工作在水深火热之中,更有可能是工作在冰天雪地中,甚至是人类无法到达的环境中。

(6)嵌入式系统的软件通常要求固态化存储

通用计算机系统的功能会随着所安装软件的不同而不同,其软件系统必须可以方便地被使用者所更改,为了适应这种可更改性,通用计算机系统的软件通常存储在易更改的磁性载体中。而对嵌入式系统而言,其主体功能是固定的,通常是不允许使用者更改其内部软件,因此,嵌入式系统的软件完全可以做到固态化存储,即把其软件存储在性能更加稳定的存储器件内,例如 Flash、EPROM 等。这样的存储方式可以大大提高系统的可靠性。

(7)嵌入式系统的软、硬件可靠性要求更高

嵌入式系统应用在各行各业,其工作环境复杂多样,一个很小的失误可能会造成整个应用系统灾难性的后果。例如,1999 年 9 月,美国发射的火星探测器神秘失踪,最后发现是由于在系统设计之初,系统设计者默认的推力单位是"牛顿",而承包商的工程师默认的推力单位是"磅",这一错误导致了整个探测计划的失败,投入的大量人、财、物付之东流。另外,嵌入式系统的软件大都采用固态存储,软件的修改比较麻烦,如果产品在出厂后发现软件有问题,就很难采用通用计算机中流行的软件升级或者补丁的方法来弥补。

(8)相关产品具有较长的生命周期

嵌入式系统是面向具体应用的,它的升级换代也是和具体应用同步进行的,各个行业的应用系统和产品很少发生突然性的跳跃,嵌入式系统中的软件也因此更强调可继承性和技术衔接性,发展比较稳定。嵌入式系统中处理器的发展也体现出稳定性,嵌入式处理器和其相关的外部设备、开发工具、函数库等构成了一套复杂的关联系统,形成了一个有

机的产业链,这个链条中的任何一个环节都不会轻易地放弃一种处理器或者一个有用的工具,表现出了极大的稳定性。

1.2.2　嵌入式系统特征的模糊化

随着集成电路制造技术和计算机技术的不断发展,处理器的速度越来越快,存储器的容量越来越大,芯片的稳定性越来越好,而其价格却越来越低。许多嵌入式系统,特别是一些民用产品领域,其功能也越来越多,其硬件资源不仅可以由用户来进行扩充,其应用软件也具有很好的可升级性,嵌入式系统的一些限制或不足正在逐渐消失。

另一方面,通用的计算机系统也越做越好,其功率控制、实时性、可靠性也有了很大的提高,一些嵌入式系统的特征在通用计算机系统上得到了体现。在一些产品上,嵌入式系统和通用计算机系统出现了融合的趋势,如图1.1所示。这些产品一方面具有嵌入式系统的特征,同时又具有通用计算机系统的通用性,例如一些智能手机、PDA产品等、平板电脑等。

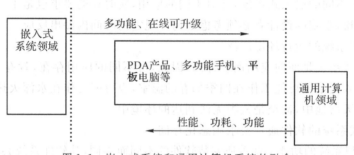

图1.1　嵌入式系统和通用计算机系统的融合

1.3　嵌入式系统的组成要素

嵌入式系统可以分为硬件和软件两部分,如图1.2所示。硬件主要是指以嵌入式处理器为核心的硬件平台以及系统的I/O设备、通信模块等。嵌入式系统的软件一般由嵌入式操作系统和应用软件组成。其中,嵌入式操作系统的主要功能是:向上提供应用程序编程接口(API),向下屏蔽具体的硬件特性、合理调度系统硬件资源。应用软件则利用操作系统提供的应用程序编程接口实现系统特定的功能。另外,嵌入式操作系统在嵌入式系统中不是必需的,在没有嵌入式操作系统的系统中,系统的应用软件要直接面向系统硬件进行应用程序的开发。

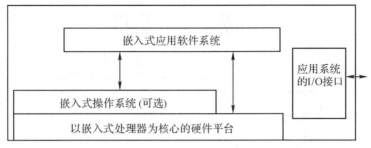

图 1.2　嵌入式系统的组成

1.3.1　嵌入式处理器

从硬件方面来看,嵌入式系统的核心部件是嵌入式处理器。嵌入式处理器的种类非常多,完全不同的体系结构就有几十种,其相关的品种数量已经超过千种。无论哪种嵌入式处理器,归纳起来,一般具有以下几个特点:

(1)对实时操作系统具有很强的支持能力。能够实现多任务并且具有较短的中断响应时间。

(2)具有功能很强的存储区保护功能。由于嵌入式系统的软件结构一般为模块化,为了避免在软件模块之间出现错误的交叉作用,需要设计强大的存储区保护功能。

(3)低功耗。尤其是用于便携式的无线及移动计算和通信设备的嵌入式系统,功耗可以达到 mW 级甚至 μW 级。

一般可以将嵌入式处理器分成 4 类,即嵌入式微控制器(MicroController Unit,MCU)、嵌入式微处理器(MicroProcessor Unit,MPU)、嵌入式 DSP 处理器(Digital Signal Processor,DSP)和嵌入式片上系统(System on Chip,SOC)。

1. 嵌入式微控制器

嵌入式微控制器(MicroController Unit,MCU)俗称单片机。其最大的特点是单片化,芯片内部一般集成了总线、总线逻辑、定时/计数器、Flash、RAM 等必要的处理器外设,只要在其外围加上极少的电路就可以构成一个嵌入式系统,由于其外围芯片较少,采用单片机构成的系统通常具有体积小、功耗低、可靠性高、成本低的优势。正是由于这些优点,单片机从 20 世纪 70 年代末出现到今天,虽然已经有近 30 年的历史,但其在嵌入式设备中仍然有着极其广泛的应用。目前,单片机还是嵌入式系统中应用最为广泛的处理器,其在整个嵌入式处理器市场中占有的比例最大,所拥有的品种和数量也最多,比较有代表性的有 Intel 8051、MCS-251、MCS-96/196/296、P51XA、C166/167、68K 系列等。其中 Intel 的 8051 体系占大多数,生产厂家多达几十家,图 1.3 是 Philps 公司生产的 8051 系列单片机 P89C52 的内部结构。

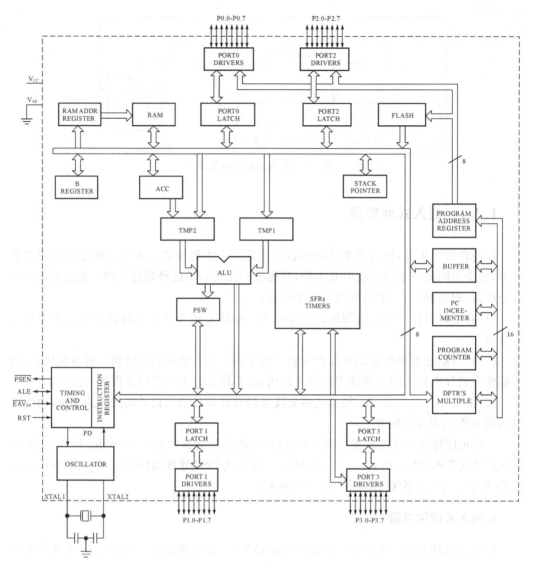

图 1.3   P89C52 单片机的内部结构

2. 嵌入式微处理器

嵌入式微处理器(MicroProcess Unit,MPU)是由通用计算机中的 CPU 演变而来的。它的特征有:具有 32 位以上的处理器,具有较高的性能等。与计算机处理器不同的是,在实际嵌入式应用中,它只保留与嵌入式应用紧密相关的功能硬件,去除其他的冗余功能部分,这样就以最低的功耗和资源实现了嵌入式应用的特殊要求。嵌入式微处理器具有体积小、重量轻、成本低、可靠性高的优点。目前主要的嵌入式处理器类型有 Am186/88、386EX、Power PC、68000、MIPS、ARM/StrongARM 系列等。图 1.4 是 ATMEL 公司生产的 ARM9 系列处理器 AT91RM9200 的内部结构图。

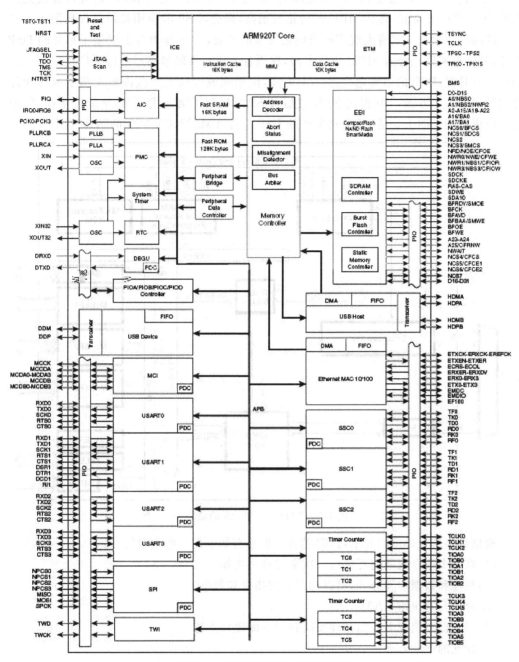

图 1.4 AT91RM9200 的内部结构

3. 嵌入式 DSP 处理器

嵌入式 DSP 处理器(Digital Signal Processor,DSP)是专门用于信号处理的处理器,其在系统结构和指令算法方面进行了特殊设计,具有很高的编译效率和指令执行速度。

DSP 的理论算法出现在 20 世纪 70 年代,由于当时专门的 DSP 处理器还未出现,

DSP 的理论算法只能通过 MPU(微处理器)等元件来实现。低端 MPU 的处理速度无法满足 DSP 的算法要求,高端 MPU 的价格又很高,因此,DSP 的应用领域仅仅局限于一些尖端的高科技领域。随着大规模集成电路技术的发展,1978 年世界上诞生了单片的 DSP 芯片,其运算速度比普通 MPU 快几十倍,在语音合成和编码解码器中得到广泛应用。在随后的岁月里,DSP 的运算速度进一步提高,应用领域也从上述范围扩大到了通信和计算机领域的各个方面。20 世纪 90 年代后,DSP 发展到了第五代产品,集成度更高,使用范围也更广阔。图 1.5 是 TI 公司生产的 DSP 芯片 TMS320C5402A 的结构框图。

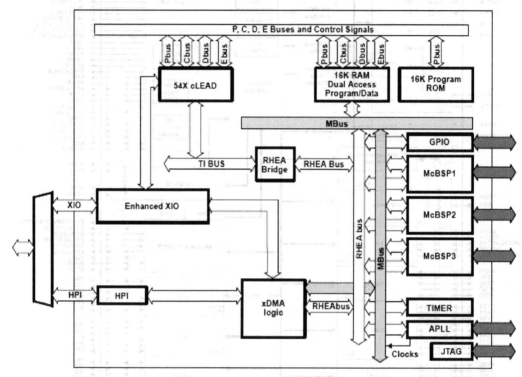

图 1.5　TMS320C5402A 的结构

根据数字信号处理的要求,DSP 芯片一般具有如下的一些主要特点:

(1)在一个指令周期内可完成一次乘法和一次加法。

(2)程序和数据空间分开,可以同时访问指令和数据。

(3)片内具有快速 RAM。

(4)具有低开销或无开销循环及跳转指令的硬件支持。

(5)快速的中断处理。

(6)具有在单周期内操作的多个硬件地址产生器。

(7)可以并行执行多个操作。

(8)支持流水线操作。

目前生产 DSP 芯片厂商有很多,其中具有代表性的厂商及其产品有:

(1)德州仪器公司(TI)

美国德州仪器(Texas Instruments,TI)是世界上最知名的 DSP 芯片生产厂商,其产品应用

也最广泛。目前，TI 公司在市场上主要有三大系列产品：①面向数字控制、运动控制的
TMS320C2000 系列，主要包括 TMS320C24x/F24x、TMS320LC240x/LF240x、TMS320C24xA/
LF240xA、TMS320C28xx 等。②面向低功耗、手持设备、无线终端应用的 TMS320C5000 系列，
主要包括 TMS320C54x、TMS320C54xx、TMS320C55x 等。③面向高性能、多功能、复杂应用领
域的 TMS320C6000 系列，主要包括 TMS320C62xx、TMS320C64xx、TMS320C67xx 等。

（2）美国模拟器件公司（ADI）

ADI 公司在 DSP 芯片市场上也占有相当的份额，其相继推出了一系列具有自己特点
的 DSP 芯片，其定点 DSP 芯片有 ADSP2101/2103/2105、ADSP2111/2115、ADSP2126/
2162/2164、ADSP2127/2181、ADSP-BF532 以及 Blackfin 系列，浮点 DSP 芯片有 ADSP
21000/21020、ADSP21060/21062，以及虎鲨 TS101，TS201S。

（3）Motorola 公司

Motorola 公司推出的 DSP 芯片比较晚。1986 年，该公司推出了定点 DSP 处理器
MC56001。1990 年，又推出了与 IEEE 浮点格式兼容的浮点 DSP 芯片 MC96002。还有
DSP53611、16 位 DSP56800、24 位的 DSP563XX 和 MSC8101 等产品。

（4）杰尔公司（Agere Systems）

杰尔公司的 SC1000 和 SC2000 两大系列的嵌入式 DSP 内核，主要面向电信基础设
施、移动通信、多媒体服务器及其他新兴应用。

4. DSP 芯片的选型参数

根据应用场合和设计目标的不同，选择 DSP 芯片的侧重点也各不相同，主要可以从
以下几个方面考虑：

（1）DSP 的运算速度

首先要确定数字信号处理的算法，算法确定以后其运算量和完成时间也就大体确定
了，根据运算量及其时间要求就可以估算 DSP 芯片运算速度的下限。在选择 DSP 芯片
时，各个芯片运算速度的衡量标准主要有：

①MIPS（Millions of Instructions Per Second：百万条指令/秒）：一般 DSP 为 20～
100MIPS，使用超长指令字的 TMS320B2XX 为 2400MIPS。这是定点 DSP 芯片运算速
度的衡量指标，应注意的是，厂家提供的该指标一般是指峰值指标，因此，系统设计时应留
有一定的余量。

②MOPS（Millions of Operations Per Second：百万次操作/秒）：一次操作通常除了 CPU
操作外，还包括地址计算、DMA 访问数据传输、I/O 操作等。一般来说，MOPS 越高意味着
"乘积–累加和"运算速度越快，因此，MOPS 可以对 DSP 芯片的性能进行综合描述。

③MFLOPS（Million Floating Point Operations Per Second：百万次浮点操作/秒）：这
是衡量浮点 DSP 芯片的重要指标。例如 TMS320C31 在主频为 40MHz 时，处理能力为
40MFLOPS；TMS320C6701 在指令周期为 6ns（纳秒）时，单精度运算可达 1GFLOPS。浮
点操作包括浮点乘法、加法、减法、存储等操作。同 MIPS 一样，厂家提供的该指标一般是
指峰值指标，系统设计时应注意留有一定的余量。

④MBPS（Million Bit Per Second：百万位/秒）：它是对总线和 I/O 口数据吞吐率的度

量,也就是某个总线或 I/O 的带宽。

⑤ACS(Multiply-Accumulates Per Second:乘加/秒):例如 TMS320C6×××乘加速度达 300MMACS～600MMACS。

⑥指令周期:即执行一条指令所需的时间,通常以 ns 为单位,如 TMS320LC549-80 在主频为 80MHz 时的指令周期为 12.5ns。

⑦MAC 时间:执行一次乘法和加法运算所花费的时间,大多数 DSP 芯片可以在一个指令周期内完成一次 MAC 运算。

⑧FFT/FIR 执行时间:运行一个 N 点 FFT 或 N 点 FIR 程序的运算时间。由于 FFT 运算/FIR 运算是数字信号处理的一个典型算法,因此,该指标可以作为衡量芯片性能的综合指标。

(2)运算精度

一般情况下,浮点 DSP 芯片的运算精度要高于定点 DSP 芯片的运算精度,但其功耗和价格也较高。一般定点 DSP 芯片的字长为 16 位、24 位或者 32 位,浮点芯片的字长为 32 位。累加器一般都为 32 位或 40 位。定点 DSP 的特点是主频高、速度快、成本低、功耗小,主要用于计算复杂度不高的控制、通信、语音、消费电子产品等领域。通常可以用定点器件解决的问题,尽量用定点器件,因为它经济、速度快、成本低、功耗小。但是在编程时需要关注信号的动态范围,在代码中增加限制信号动态范围的定标运算。浮点 DSP 的速度一般比定点 DSP 处理速度低,其成本和功耗都比定点 DSP 高,但是由于其采用了浮点数据格式,其处理精度、动态范围都远高于定点 DSP,适合于运算复杂度高、精度要求高的应用场合。另外,在对浮点 DSP 进行编程时,不必考虑数据溢出和精度不够的问题,因而编程要比定点 DSP 方便、容易。

(3)字长的选择

一般浮点 DSP 芯片都用 32 位的数据字,大多数定点 DSP 芯片是 16 位数据字。而 Motorola 公司定点芯片用 24 位数据字,以便在定点和浮点精度之间取得折中。字长大小是影响成本的重要因素,它影响芯片的大小、引脚数以及存储器的大小,设计时在满足性能指标的条件下,尽可能选用最小的数据字。

(4)存储器等片内硬件资源安排

几个重要的考虑因素是片内 RAM 和 ROM 的数量、可否外扩存储器、总线接口/中断/串行口等是否够用、是否具有 A/D 转换等。通过对算法和应用目标的仔细分析可以大体得出对 DSP 片内资源的要求。

(5)开发调试工具

完善、方便的开发工具和相关支持软件是开发大型、复杂 DSP 系统的必备条件,其对缩短产品的开发周期有很重要的作用。开发工具包括软件和硬件两部分,软件开发工具主要包括:C 编译器、汇编器、链接器、程序库、软件仿真器等。硬件开发工具包括在线硬件仿真器和系统开发板。开发板可以在硬件系统完成之前,对设计的 DSP 系统进行验证软件,提高开发效率。选择具有良好开发工具支持的 DSP 芯片也是 DSP 芯片选择中需要考虑的问题之一。

（6）价格及厂家的售后服务因素

价格包括 DSP 芯片的价格和开发工具的价格。如果采用昂贵的 DSP 芯片,即使性能再高,其应用范围也肯定受到一定的限制。但低价位的芯片必然是功能较少、片内存储器少、性能上差一些的,这就带给编程一定的困难。因此,要根据实际系统的应用情况,确定一个价格适中的 DSP 芯片。还要充分考虑厂家提供的售后服务等因素,良好的售后技术支持也是开发过程中的重要资源。

5. 嵌入式片上系统

嵌入式片上系统(System on Chip,SOC)是追求系统最大包容的集成器件,是目前嵌入式应用领域的热门话题之一。SOC 最大的特点是成功实现了软硬件无缝结合,可以直接在处理器片内嵌入操作系统的代码模块。SOC 具有极高的综合性,能够使用硬件描述语言或者高级语言来实现一个复杂的系统。采用 SOC 技术,用户不需要再像传统的系统设计一样,绘制庞大复杂的电路板,一点点地连接焊制。只需要使用精确的语言,综合时序设计直接在器件库中调用各种通用处理器的标准,然后通过仿真之后就可以直接交付芯片厂商进行生产。

对于采用 SOC 处理器的系统,由于其绝大部分构件都是在系统内部,整个系统就特别简洁,不仅减小了系统体积和功耗,而且提高了系统的可靠性。目前,比较典型的 SOC 产品有 Philips 的 Smart XA、Siemens 的 Tricore、某些基于 ARM 系列的 SOC 器件、Echelon 和 Motorola 联合研制的 Neuron 芯片等。

最近,IC 厂商又推出一种新的混合型 SOC 器件,即可编程片上系统,如图 1.6 所示。它们结合了微控制器、存储器和用于定做外设、DSP 预处理及其他功能的各种密度的可编程逻辑。

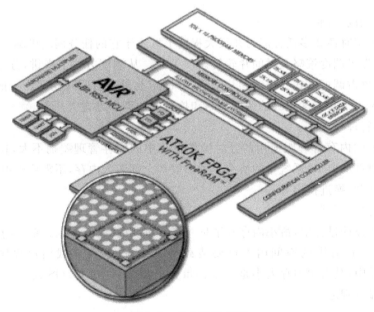

图 1.6　片上系统 SOC

1.3.2 嵌入式操作系统

嵌入式系统的软件一般由嵌入式操作系统和应用软件组成。操作系统是连接计算机硬件与应用程序的系统程序。操作系统主要有 4 个任务：进程管理、进程间通信与同步、内存管理和 I/O 资源管理。

嵌入式操作系统是嵌入式系统极为重要的组成部分，其通常包括与硬件相关的底层驱动软件、系统内核、设备驱动接口、通信协议、图形界面等。目前，嵌入式操作系统的品种较多，据统计，仅用于信息电器的嵌入式操作系统就有 40 种左右，其中较为流行的有：Windows CE、Palm OS、Real-Time Linux、VxWorks、pSOS、PowerTV 等。

嵌入式操作系统可以分为实时操作系统（RTOS，Real time operate system）和分时操作系统两类。实时操作系统是指具有实时性，能支持实时控制的操作系统，其首要任务是尽一切可能完成实时控制任务，其次才着眼于提高计算机系统的使用效率。其重要特点是能够在规定时间内对实时事件做出正确的响应。

实时操作系统与分时操作系统有着明显的区别。具体地说，分时操作系统对软件执行时间的要求并不严格，时间上的延误或者时序上的错误一般不会造成灾难性的后果。而对于实时操作系统，其主要任务是对事件进行实时处理，虽然事件可能在无法预知的时刻到达，但是系统必须在事件发生时，在严格的时限内做出响应，即使是系统处在高负荷状态下，也应如此。超出规定的响应时间就意味着致命的失败。另外，实时操作系统的重要特点是具有系统的可确定性，即系统能对运行的最好和最坏情况做出精确的估计。

实时操作系统追求的是实时性、可确定性、可靠性。评价一个实时操作系统一般可以从任务调度机制、内存管理、最小内存开销、最大中断禁止时间、任务切换时间等几个方面来衡量。

（1）任务调度机制

RTOS 的实时性和多任务能力在很大程度上取决于它的任务调度机制。从调度策略上来讲，分优先级调度策略和时间片轮转调度策略。从调度方式上来讲，分可抢占、不可抢占、选择可抢占调度方式。从时间片来看，分固定与可变时间片轮转。一般来讲，一个实时操作系统应该具有优先级的调度策略和抢占式的调度方式。

（2）内存管理

RTOS 中的内存管理跟通用的分时操作系统中的内存管理差别不大，在 RTOS 中，为了满足实时性的要求，系统中的所有任务一般都全部装入内存，不需要虚拟内存管理技术中的动态加载，换进换出等。

（3）最小内存开销

RTOS 的设计过程中，最小内存开销是一个较重要的指标，嵌入式系统的内存配置一般都不大，而在这有限的空间内不仅要装载操作系统，还要装载用户程序。因此，在RTOS 的设计中，其占用内存大小是一个很重要的指标，这是 RTOS 设计与其他操作系统设计的明显区别之一。

（4）最大中断禁止时间

当 RTOS 运行在内核态或执行某些系统调用的时候，会关闭外部中断，只有当 RTOS 重新回到用户态时才响应外部中断请求，这一过程所需的最大时间就是最大中断禁止时间。对于一个实时系统而言，要求最大中断禁止时间越小越好。

（5）任务切换时间

当由于某种原因使一个任务退出运行时，操作系统会保存它运行的现场信息、插入相应队列、并依据一定的调度算法重新选择一个任务使之投入运行，这一过程所需时间称为任务切换时间。和最大中断禁止时间一样，实时系统要求的任务切换时间越小越好。

上述几项中，最大中断禁止时间和任务切换时间是评价一个操作系统实时性最重要的两个技术指标。

目前嵌入式系统中常用的操作系统有：

①Windows 嵌入式系列

● Windows CE，包含 Pocket PC，Smartphone 等不同发行版本。

● Windows XP embedded。

②Linux 系列

● uCLinux。

● RTLinux。

● ETLinux。

● 普通 Linux 等。

③其他，如 uC/OS，eCOS，FreeRTOS，vxWorks，pSOS，Palm OS，Sybian OS 等

习　题

1. 什么是嵌入式系统？

2. 嵌入式系统的主要特征有哪些？

3. 嵌入式处理器主要有哪几类？

4. 分析一种光电鼠标，请问它是嵌入式系统产品吗？为什么？如果是，其嵌入式处理器是什么？

第 2 章

嵌入式系统的设计方法

2.1 嵌入式系统设计的基本流程

做好任何一件事情,都需要一个步骤,例如开一家连锁的烧饼店,为了保证参与连锁经营的每个店家能够做出相同口味的烧饼,除了保证制作烧饼所需的原料相同之外,还必须为烧饼的制作过程制定一个详细的步骤(即设计流程),只有各家连锁机构采用同样的配方、遵循同样的步骤才有可能够保证烧饼口味的一致性。另外,采用规范步骤的另一好处是,可以根据这个步骤来安排各个环节需要的人员以及每个人员的具体分工,实现协同工作,提高效率。这个开烧饼店的例子同样适用于嵌入式系统设计,嵌入式系统设计的目的是设计出一个符合要求的电子产品,只有遵循一定的设计流程,才有可能保证最终产品的顺利实现。归纳起来,采用设计流程的设计方法可以有以下几个优点:

(1)在设计之初就可以明确设计目标。

(2)通过设计流程的细化,可以方便地评估系统设计的工作量,易于任务划分。

(3)方便评估开发过程中所遇到的问题。

(4)易于多部门协同工作,提高工作效率。

嵌入式系统的设计流程和软件系统的设计流程非常相似,其设计流程中有几个基本的过程,即需求分析、详细说明、结构设计、组件设计和系统集成,如图 2.1 所示。

如果设计流程采用从需求分析开始然后是详细说明,再到结构设计、组件设计、最后是系统集成,那么这个设计流程就是自上而下的设计(也叫瀑布流程模型)。自上而下的设计是指设计从抽象的描述开始,逐步地细化设计,最终实现整体设计目标。反之,称之为自下而上的设计。自下而上的设计从系统最基本的元件或者软件单元做起,由小到大,逐步实现整个大的系统。在实际的设计过程中,自上而下和自下而上的设计往往是交叉进行的,从而会产生不同设计流程。我们把这些不同的设计流程定义为流程模型,常见的流程模型有:瀑布模型、逐步求精模型、螺旋模型、分层设计模型等。对这些模型的具体描述将放在下一节论述,本节的重点是阐明设计流程中的各个基本过程,即需求分析、详细说明、结构设计、组件设计、系统集成的概念。

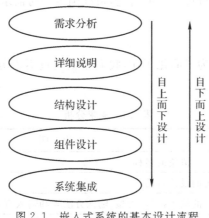

图 2.1　嵌入式系统的基本设计流程

2.1.1　需求分析

1. 需求分析的任务

需求分析是进行嵌入式系统设计的第一阶段，也是整个系统开发的基石。该阶段的任务就是确定用户对应用系统的具体要求和设计目标。其主要考虑的问题是整个系统"做什么，不做什么"，不考虑具体的"怎样做"。

系统需求一般由用户提出，系统分析员和开发人员在需求分析阶段必须与用户反复讨论、协商，充分交流信息。为了使开发方与用户对将要开发的系统达成一致的理解，必须建立相应的需求文档。必要时，对一些复杂系统的主要功能、接口、人机界面等还要进行模拟或建造系统原型，以便向用户和开发者展示系统的主要特征。确定系统需求的过程有时需要反复多次，最终得到用户和开发者的共同确认。

2. 需求分析的实现途径

需求分析的实现通常可以分三个阶段来进行：

第一阶段：访谈阶段。这一阶段是和具体用户方的领导层、业务层人员进行访谈式沟通，目的是从宏观了解用户需求的方向和趋势，了解现有组织构架、业务流程、软硬件环境及使用情况。实现手段通常是事先将调查问卷发放到待调研部门，然后在约定时间围绕问卷进行交流访谈。

第二阶段：深入阶段。这一阶段的工作是建立在访谈阶段工作完成，开发方已经了解了用户的组织构架、业务流程、软硬件环境及使用情况等基本现状的基础之上。开发方根据以往项目经验以及业务专家的经验，和建设方共同探讨业务模型的合理性、准确性和发展方向等问题，得到相对先进的业务模型。

第三阶段：确认阶段。在完成以上两个阶段的工作之后，就需要对具体的流程细化，对数据进行确认了。根据前两个阶段的工作,开发方应草拟出一份需求分析报告,并提供原型演示系统,和建设方进行进一步的讨论,最终确定一份需求分析报告。

3. 需求分析表格

针对嵌入式系统设计,为了简化工作,我们希望通过需求分析,得到如表 2.1 所示的需求分析表格。

表 2.1　需求分析

条　目	说　明
系统的名称	给系统起个清楚的名称
系统的设计目的	给出系统的设计目的
系统的输入	描述系统的输入接口、类型、输入方法等和输入有关的问题
系统的输出	详细描述系统的输出接口、输出类型、输出方法等和系统输出有关的问题
系统的功能	重点描述部分,对系统需要实现的功能有较详细的描述
制造成本	给出委托方能够承受的最大制造成本
功耗	给出系统能承受的最大功耗、供电模式等
尺寸和重量	给出系统的尺寸和重量

例如需要开发一款便携式 MP3 播放器,通过对用户的需求分析,可以得到需求分析的表格,如表 2.2 所示。

表 2.2　一种 MP3 的需求分析

条　目	说　明
系统的名称	便携式 MP3 播放器
系统的设计目的	用于播放 MP3 的便携式的电子设备
系统的输入/输出	5 个输入按键:5 个按键主要控制模式切换、音量调节、歌曲上下首、歌曲删除、歌曲快慢进,5 个按键需要和屏幕菜单显示组合起来完成这些功能; 音频输出口:可以驱动普通耳机或者有源音箱; 彩色 LCD 输出:显示系统菜单信息、歌曲信息等; USB 2.0 接口:用于歌曲的下载; 一个麦克风输入:由于录音时外部声音的采样
系统的功能描述	具备了 FM 调频收音功能; 支持外部音源直接录音以及 FM 同步录音功能; 支持 MP3、WMA 等音乐格式,并具有 5 种播放均衡模式; 液晶显示面板具有蓝色的背景光,并且对比度可调; 具有 A−B 复读功能; 具有便携式 U 盘的功能,容量为 128M
制造成本	<100 元
功耗	<50 毫瓦,采用一节 7 号碱性电池供电,可以连续工作 8 小时以上
尺寸和重量	尺寸 97mm×24mm×24mm;重量<100 克

2.1.2　详细说明

详细说明是对需求分析的进一步细化,如果说需求分析主要是给用户看的,那么详细说明就是主要给开发人员看的。通过详细说明,可以架起系统设计人员和用户之间的桥梁,促进开发方案的制订。

详细说明需要对需求分析中涉及的问题进行更进一步的细化,例如在上例的 MP3 设计中,我们需要细化的有:

(1)按键的具体输入模式。假设具体的按键是 B1、B2、B3、B4、B5,应详细给出每个按键的具体功能(也可在需求分析中给出),还应给出当按键按下后系统的具体反应,LCD 屏幕的显示信息等。

(2)LCD 的具体显示内容。给出系统待机时的显示、播放 MP3 时的显示、播放收音机时的显示、不同功能按键按下去时的显示等具体内容。

(3)系统的响应时间。按键按下后,系统在多少时间内做出反应。

(4)系统的输出音频功率、接口的保护措施等。

(5)系统的功率控制模式,例如自动关机等。

(6)系统的工作环境分析。

通过详细说明我们可以给出更加技术化的功能指标,例如:

(1)液晶显示屏:96×32 点阵,蓝色背光。

(2)信噪比:≥75dB。

(3)输出频率范围:20Hz～20kHz。

(4)录音采样频率:8kHz～48kHz。

(5)音乐格式:MP3,WMA。

(6)录音格式:ADPCM。

(7)中英文显示:GB2312 字符集。

(8)支持压缩速率:32Kbps～256Kbps。

2.1.3　结构设计

在需求分析和详细说明之后,就可以对整个系统进行结构设计了,结构设计可以从硬件和软件两个方面入手,硬件方面需要考虑的问题有:

(1)选择什么样的 CPU。

(2)选择哪些外围芯片。

(3)系统的存储器的配置。

(4)系统的 I/O 接口设计。

在软件方面,需要考虑的问题有:

(1)是否需要操作系统,如何选择。

(2)需要编写哪些软件模块。

（3）是否需要数据库系统。

结构设计是通过对详细说明中内容作进一步的分解，从而建立起系统的硬件构架和软件构架，并确立系统中各个模块、各子系统之间的关系，定义各子系统接口界面和各功能模块的接口，设计全局数据库或数据结构，规定设计约束，进而给出每个功能模块的功能描述。仍以 MP3 的设计为例，可以给出其硬件结构，如图 2.2 所示。同样，根据图 2.2 的 MP3 的硬件结构，可以给出 MP3 中软件体系结构，如图 2.3 所示。

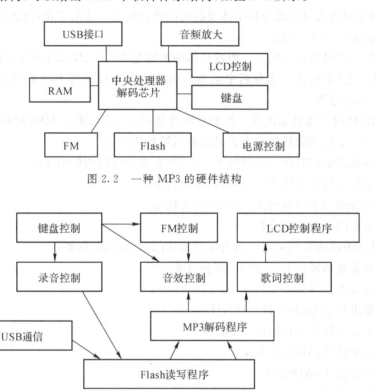

图 2.2　一种 MP3 的硬件结构

图 2.3　一种 MP3 的软件结构

2.1.4　组件设计

在结构设计完成之后，开发者会对设计的产品有一个整体的认识，对于系统中的主要任务也会有所了解，接下来就可以集中精力在硬件模块和软件模块的设计上。在组件设计时，设计原则是先设计硬件，给出系统的硬件平台，然后根据具体的硬件资源来设计软件模块。如此做的原因是因为在嵌入式系统设计中，软件设计是和底层硬件结构密不可分的，硬件的选择会影响软件设计的复杂度和工作量。例如对于 MP3 解码部分，如果在硬件设计时选择了性能较高的通用处理器，其内部不包含 MP3 解码的固件，在系统的硬件构架中也没有使用专门的 MP3 解码芯片，那么，在软件设计中，MP3 解码部分必须由软件人员进行编写。换一种情况，如果在硬件设计时选择的处理器内部包含 MP3 解码的固件，或者在系统的硬件构架中使用了专门的 MP3 解码芯片，那么，在软件结构中，MP3

解码部分的代码就不需要编写。因此,在系统的组件设计时,先硬件后软件的设计是一个较为切合实际的设计方法。

针对具体的 MP3 硬件设计,设计方案有很多种:第一种方案是使用高性能的通用处理器,MP3 的解码工作全部由处理器运行软件来完成,这种方案要求处理器有较高的处理速度;第二种方案是采用普通的处理器＋MP3 专用解码芯片,这种方案采用 MP3 硬件解码,对处理器的要求较低;第三种方案是采用集成了 MP3 解码固件的专用处理器,这种方案具有第二种方案的优点,同时又有控制简单、功耗和体积都较低的优点,此方案目前被广泛采用。

根据以上分析,我们可以采用第三种方案。大的方案确定之后,接下来的任务就是选择具体的芯片,通过网络搜索,可以获得大量有用的咨询。具体分析后,MP3 的硬件组成,大致可以由以下几个组成部分:

(1)MP3 主控部分。可以选择的芯片很多,例如有珠海炬力的 ATJ2075、ATJ2073 等,西格玛太公司的 3410、3502 等,台湾凌阳的 7530、7550 等。这里,可以选择价格较低的珠海炬力的 ATJ2073 作为主控芯片。ATJ207x 系列的集成度非常高,内部具有 MP3 解码、USB 控制、音频控制、LCD 显示控制、A/D 转换等多种功能。只要再外加 Flash 存储器和一些分立器件就可以组成一台完整的 MP3 了。

(2)Flash 存储芯片。存放歌曲、资料和一部分 MP3 程序。Flash 的生产厂家较多,如可以使用三星生产的 K9T1G08U0 单片 128M 闪存。

(3)RAM 芯片。可以使用 SDRAM 如 SST39LV010。

(4)FM 收音芯片。有多个芯片可以选择,例如 Philips TEA5767。

(5)稳压升压电路。无论是用普通电池还是用充电电池作为电源,都会存在两个问题,一是电池的电压会随着使用时间而不断地降低,二是电池的标称电压的组合不一定满足芯片供电的需要,例如使用 1.5V 的电池无法直接得到 3.3V 的供电电压。因此,这里需要一个 DC/DC 芯片来为系统提供一个相对恒定的电压源。DC/DC 芯片的选择有很多,用户可以根据需要到网上自行寻找。

(6)晶体振荡器。提供系统工作的时钟。

(7)USB 接口电路。提供和计算机相连的 USB 通信接口。

(8)LCD。提供 MP3 的显示。

系统的主芯片确定之后,就可以参考 MP3 主芯片厂家提供的电路及其版图方案,来确定自己的电路图和版图。

对于软件部分,由于选择 ATJ2073 作为主控制器,因此可以参考 ATJ2073 的模块程序进行设计,其中主要有 MP3 解码、USB 通信、FM 控制、音效处理等。

2.1.5　系统集成

系统集成的主要目的是在系统的各个组件设计完成之后,得到一个可以运转的原始系统,并利用这个原始系统,进行集成测试。

集成测试的主要任务是:测试系统各模块间的连接是否正确,系统或子系统的正确处理能力、容错能力、输入/输出处理是否达到最初的需求分析的要求。开发者根据集成测试的结果对系统进行优化和更新设计。

2.2 嵌入式系统设计的流程模型

在上节的 MP3 设计例子中,我们采用了自上而下的设计方法,即设计过程是:需求分析→详细说明→结构设计→组件设计→系统集成。这种设计过程通常被称为"瀑布模型",是一种理想的设计流程,在实际的设计中,这种简单的设计模型可能并不适用。例如在实际的 MP3 设计中,可能是先有了一种市场需求,然后做出一个简单需求分析和详细说明,接下来可能是网上搜索能够满足需求分析的 MP3 解决方案,通过比较分析,选择一种主流的 MP3 解决方案。同时,通过分析厂商提供的解决方案,系统的软、硬件结构也就基本确立。此时,设计者需要回过头来评估以下系统结构是否可以满足需求分析,如果不能,可能需要修改系统的结构设计,直至能够满足需求分析。接下来就是具体的组件设计、软件模块设计,然后是系统集成。如果系统集成时出现问题,可能还要去修改组件设计甚至系统方案。这样的设计过程是一个 Top→Down→Top→Down→…不断反复的过程。因此,在系统设计中,自上而下和自下而上的设计往往是交叉进行的,从而会产生不同设计流程,这些不同的设计流程被称为"流程模型",常见的流程模型有:瀑布模型、逐步求精模型、螺旋模型、分层设计模型等。本节的重点就是描述这些不同的流程模型。

2.2.1 瀑布模型

1. 模型定义

瀑布模型(Waterfall Model)是一种理想的设计流程。瀑布模型的设计过程是:需求分析→详细说明→结构设计→组件设计→系统集成。整个设计过程自上而下,如同瀑布一般,如图 2.4 所示。

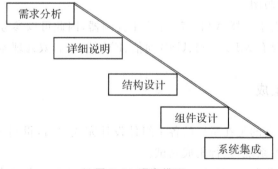

图 2.4　瀑布模型

2. 模型特点

瀑布模型的特点是：具有阶段间的顺序性和依赖性，上一阶段的变换结果是下一阶段变换的输入，相邻两个阶段具有因果关系，每个阶段完成任务后，都必须进行阶段性评审，确认之后再转入下一个阶段。

3. 模型优点

瀑布模型的优点是：开发流程简单清楚，可以明确每阶段的任务与目标，便于制订开发计划。

4. 模型缺点

瀑布模型的缺点之一是产品开发的初期非常重要，特别是需求分析，如果在这一步骤出现错误，可能会导致产品开发的失败，因此要求在开发初期就要给出系统的全部需求，开发的周期越长，承担的风险就越大。

瀑布模型的缺点之二是模型缺乏灵活性，不能适应用户需求的改变，用户需求的更改可能会导致整个系统的变更。

其他明显的缺点是：

(1)开始阶段的小错误被逐级放大，可能导致产品报废。

(2)返回上一级的开发需要十分高昂的代价。

(3)随着系统规模和复杂性的增加，产品成功的概率大幅下降。

正是由于瀑布模型的种种缺点，在实际的产品开发中，很少被单独的采用，而是通常和其他模型结合使用。

瀑布模型比较适合的场合是：

(1)系统的需求比较明确。系统的各种要求例如功能、性能、功耗、体积等都有明确的表达，同时，系统需求在开发过程中不会发生较大变动。

(2)开发的产品采用的是较为成熟的技术，开发过程中不会出现较难解决的问题。

(3)用于已有产品的简单升级开发。

2. 2. 2　逐步求精模型

1. 模型定义

逐步求精模型(Successive Refinement Model)的特点是开发人员根据用户提出的基本需求快速开发一个产品原型，利用这个原型，一方面向用户展示系统的部分或全部功能和性能，征求用户对原型的评价意见，然后进一步使需求精确化、完全化；另一方面，测试人员可以对这一原型进行测试、修改、评估系统的功能和性能。开发者根据用户和测试人员的反馈意见修改原型设计，如此迭代，不断完善和丰富系统功能，直到系统的最终完成。其流程如图 2.5 所示。

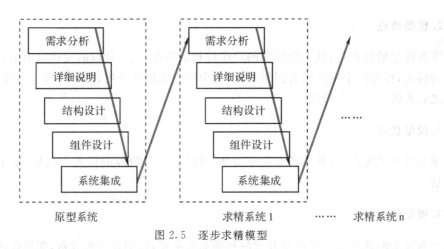

图 2.5　逐步求精模型

在实际操作中,逐步求精模型可以采用以下步骤:

(1)用户给出产品的一般需求。

(2)开发小组和用户共同定义系统总体目标,快速做出需求分析。

(3)对界面、功能、人机交互方式等进行设计并建造原型。

(4)强调"快速",硬件上尽量使用硬件模块,软件上尽量采用已有软件库,尽量缩原型开发周期,不宜采用过多的新技术。

(5)用户和测试人员对原型进行评估、测试。

(6)修改需求、更新设计、完善原型直至确定需求。

(7)需求确定后,继续系统开发,重复以上步骤,直至完善整个系统。

逐步求精模型首先是开发核心系统,当核心系统投入运行后,开发人员根据用户的反馈,实施开发的迭代过程,每次迭代为系统增加一个子集,整个系统是增量开发和增量提交,此模型在一定程度上减少了系统开发活动的盲目性、降低开发风险。

2. 模型优点

逐步求精模型的优点有:

(1)比瀑布模型更符合人们认识事物的过程和规律,是一种较实用的开发框架。

(2)开发者与用户交流充分,可以澄清模糊需求,需求定义比其他模型好。

(3)原型的开发和评审是系统分析员和用户共同参与的迭代过程,开发过程与用户培训过程同步。

(4)为用户需求的改变提供了充分的余地。

(5)开发风险低,不会造成无法完成或者最终产品不符合要求的情况。

3. 模型缺点

逐步求精模型主要缺点有:

(1)由于采用反复迭代,产品的开发周期较长。

(2)对于大型产品开发,需要消耗大量的资源去建立原型。

（3）原型系统对于系统性能的评估比较困难。

（4）资源规划和管理较为困难，文档更新量较大。

逐步求精模型适合于那些不能预先确切定义需求的系统的开发，例如，当你对正在构建系统的应用领域不熟悉时，逐步求精模型就比较适用。它更适合于那些项目组成员（包括分析员、设计员、程序员和用户）不能很好交流或通信有困难的情况。

2.2.3　螺旋模型

1. 模型定义

螺旋模型（Spiral model）是 B. Boehm 于 1988 年提出的。它综合了瀑布模型和逐步求精模型的优点，并加入两者所忽略的风险分析所建立的一种开发模型。开发流程沿螺旋模型顺时针方向，依次经历需求、设计、测试三个阶段。螺旋模型的基本框架如图 2.6 所示。

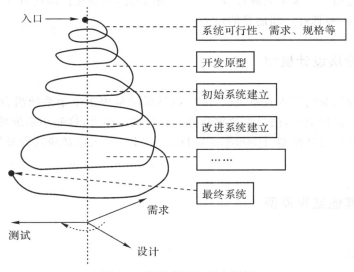

图 2.6　螺旋模型的基本框架

螺旋模型需要建立系统的多个版本，初始的版本只是一个简单的实验模型，用于帮助设计者和用户建立对系统的感性认识，随着设计的深入，会创建更加复杂的系统。在螺旋的首圈可以确定系统的需求分析、详细设计、规格等，第二圈产生一个用于开发的原型，第三圈产生系统的初始版本，第四圈产生系统比较完善的新版本……经过不断迭代，产生系统的最终版本。

2. 模型优点

螺旋模型的主要优点有：

（1）支持用户需求的动态变化。支持软件系统的可维护性，每次维护过程只是沿螺旋模型继续多走一两个周期。这符合人们认识现实世界和软件开发的客观规律。

（2）原型可看做形式的可执行的需求规格说明，易于用户和开发人员共同理解，还可作为继续开发的基础，并为用户参与所有关键决策提供了方便。开发者和用户共同参与软件开发，可尽早发现软件中的错误。

（3）螺旋模型特别强调原型的可扩充性和可修改性，原型的进化贯穿整个开发周期，这将有助于目标产品的适应能力。既保持瀑布模型的系统性、阶段性，又可利用原型评估降低开发风险。

（4）螺旋模型为项目管理人员及时调整管理决策提供了方便，进而可降低开发风险。

3. 模型缺点

螺旋模型的主要缺点有：

（1）如果每次迭代的效率不高，致使迭代次数过多，将会增加成本并延长开发时间。

（2）使用该模型需要有相当丰富的风险评估经验和专门知识，要求开发队伍水平较高。

螺旋模型适用于需求不明确以及大型系统的开发，模型支持面向过程、面向对象等多种开发方法，是一种具有广阔前景的模型。

2.2.4　分层设计模型

在一个较为复杂的嵌入式系统设计中，最终系统是由多个小系统组合设计而成。这些小系统可能不是现成的，而是需要重新开发设计的。另外，这些小系统可能是由更小的系统组成的。分层设计模型（Hierarchical Design Model）可以适应这种开发情况，其流程如图 2.7 所示。

2.2.5　其他流程模型

1. 快速原型

快速原型模型（Rapid Prototype Model）在功能上等价于产品的一个子集。瀑布模型的缺点就在于不够直观，快速原型法解决了这个问题。快速原型根据客户的需要在很短的时间内解决用户最迫切需要，完成一个可以演示的产品。这个产品只是实现部分最主要的功能。其最重要的目的是为了确定用户的真正需求。在得到用户的需求之后，原型将被抛弃。

2. 喷泉模型

喷泉模型（Fountain Model）又称为面向对象的生存期模型或 OO 模型。它是近几年提出来的软件生存周期模型。它是以面向对象的软件开发方法为基础，以用户需求为动力，以对象来驱动的模型。与传统的结构化生存期比较，具有更多的增量和迭代性质，生存期的各个阶段可以相互重叠和多次反复，而且在项目的整个生存期中还可以嵌入子生存期。就像水喷上去又可以落下来,可以落在中间,也可以落在最底部。

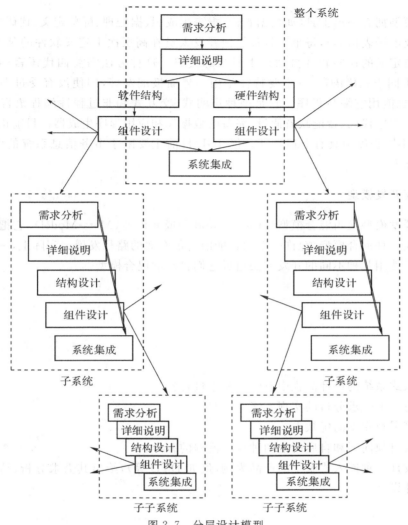

图 2.7 分层设计模型

喷泉模型的特点是:

(1)系统可维护性较好。

(2)各阶段相互重叠,表明了面向对象开发方法各阶段间的交叉和无缝过渡。

(3)整个模型是一个迭代的过程,包括一个阶段内部的迭代和跨阶段的迭代。

(4)模型具有增量开发特性,即能做到分析一点、设计一点、实现一点,测试一点,使相关功能随之加入到演化的系统中。

(5)模型是对象驱动的,对象是各阶段活动的主体,也是项目管理的基本内容。

(6)模型支持软部件的重用。

3. 智能模型

智能模型拥有一组工具(如数据查询、报表生成、数据处理、屏幕定义、代码生成、高层图形功能及电子表格等),每个工具都能使开发人员在高层次上定义软件的某些特性,并把开发人员定义的这些软件自动地生成为源代码。这种方法需要四代语言(4GL)的支持。4GL 不同于三代语言,其主要特征是用户界面极端友好,即使没有受过训练的非专业程序员,也能用它编写程序。它是一种声明式、交互式和非过程性编程语言。4GL 还具有高效的程序代码、智能缺省假设、完备的数据库和应用程序生成器。目前市场上流行的 4GL 都不同程度地具有上述特征。但 4GL 目前主要限于事务信息系统的中、小型应用程序的开发。

4. 过程开发模型

过程开发模型又叫混合模型(Hybrid Model)或元模型(Meta-Model),它把几种不同模型组合成一种混合模型,允许一个项目能沿着最有效的路径发展。实际上,一些软件开发单位都是使用几种不同的开发方法组成它们自己的混合模型。

习　题

1. 嵌入式系统的设计流程中有哪些基本过程?
2. 简述一下需求分析的实现方案。
3. 简答瀑布模型的优缺点。
4. 比较自顶向下和自底向上两种设计流程的差异。
5. 以设计一种嵌入式系统的产品为例(例如 DVD 等),给出其需求分析、结构框图和主要的组件设计。

第 3 章

嵌入式系统的基础知识

本章的主要内容是介绍一些在嵌入式系统设计中用到的基本知识和概念,为本书以后的内容打下一定的学习基础。

3.1 基本概念

3.1.1 存储器结构

计算机的存储器结构可以简单分为两种类型,一种是程序存储器和数据存储器是相互独立的,使用各自不同的总线进行访问,即哈佛(Harvard)结构,另一种是程序存储器与数据存储器合二为一,使用同样的总线进行访问,即冯·诺依曼结构(Von Neumann)结构。

哈佛结构是双总线结构。在这种结构的计算机中,访问程序存储器和访问数据存储器采用两套相互独立的总线结构,即程序(指令)访问总线和数据访问总线。这两种总线可以采用不同的总线宽度。计算机取指令时,则经程序总线;取数据时,则经数据总线,互不冲突,其典型结构如图 3.1 所示。

由于哈佛结构采用了指令空间和数据空间分开的设计。因此,取指令和取数据可以交叠进行,这就为处理器中采用流水线结构(参考 3.1.2 节)打下了基础。

Intel 的 MCS-51 系列单片机采用的是不太严格的哈佛结构,在 MCS-51 系列单片机中,访问程序存储器和访问数据存储器的地址线是分开的,但访问它们的数据线却是公用的,其结构如图 3.2 所示。在这种不严格的哈佛结构中,数据的存取和程序的访问是没有办法同时进行的。

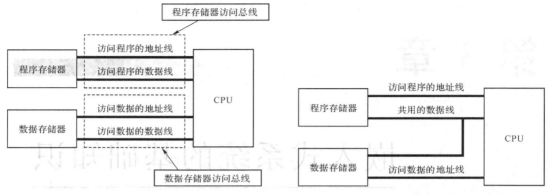

图 3.1 哈佛结构   图 3.2 MCS-51 系列单片机的总线结构

在 MCS-51 系列单片机的后续 16 位产品系列中,即在 MCS-96 系列单片机中,采用了另外一种总线结构,即冯·诺依曼结构。

冯·诺依曼结构又称普林斯顿结构或单总线结构。这种结构的计算机内部采用一种总线来对程序和数据进行存取,如图 3.3 所示。这种总线既要传送指令又要传送数据。因此,它不可能同时对程序存储器和数据存储器进行访问,所以具有这种结构的 CPU,只能先取出指令,再执行指令(在此过程中往往要取数据),然后,待这条指令执行完毕,再取出另一条指令,继续执行下一条。在冯·诺依曼结构中,程序存储器和数据存储器也可以使用同一块物理存储器。

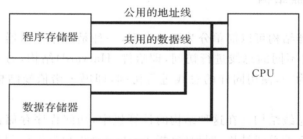

图 3.3 冯·诺依曼结构

哈佛结构是不同于冯·诺曼结构的并行体系结构,其主要特点是将程序和数据存储在不同的存储空间中,即程序存储器和数据存储器是两个相互独立的存储器,每个存储器独立编址,独立访问。与两个存储器相对应的是系统中设置了程序总线和数据总线两条总线,从而使数据的吞吐率提高了一倍。而冯·诺曼结构则是将指令、数据、地址存储在同一存储器中,统一编址,依靠指令计数器提供的地址来区分是指令、数据还是地址。由于取指令和取数据都访问同一存储器,数据吞吐率低。

在哈佛结构中,由于程序和数据存储器在两个分开的空间中,因此取指和指令执行能完全重叠运行。为了进一步提高运行速度和灵活性,TMS320 系列 DSP 芯片在基本哈佛结构的基础上作了改进,一是允许数据存放在程序存储器中,并被算术运算指令直接使用,增强了芯片的灵活性;二是指令存储在高速缓冲器(Cache)中,当执行此指令时,不需要再从存储器中读取指令,从而节约了一个指令周期的时间。

3.1.2　流水线技术

流水线技术是一种将每条指令分解为多步,并让各步操作重叠,从而实现多条指令并行处理的技术。程序中的指令仍是顺序执行,但可在当前指令尚未执行完时,提前启动后续指令的另一些操作步骤。这样可加快程序的执行速度。

例如,ARM7TDMI(-S)处理器使用 3 步流水线结构,一条指令的完整执行被分为 3 个步骤,即:

(1)取指令。CPU 从内存中取一条指令。

(2)译码。分析指令的性质。

(3)执行。实际执行指令。

在对第一条指令进行译码时,CPU 就可以同时取第二条指令。当第一条指令被执行时,可以同时对第二条指令进行译码,并同时取第三条指令……如此反复可以形成一个三级流水线的操作,其执行过程如图 3.4 所示。

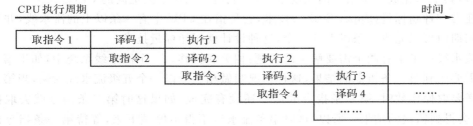

图 3.4　流水线执行过程

在三级流水线操作中,取指、译码和执行操作可以独立的处理,这可使多条指令被同时处理。在每个指令周期内,3 个不同的指令处于激活状态,每个指令处于不同的阶段。例如,在第 N 个指令取指时,前一个指令即第 N−1 个指令正在译码,而第 N−2 个指令则正在执行。一般来说,流水线对用户是透明的。

在采用流水线操作的计算机中,程序计数器(Program Counter,PC)并不是指向当前执行的指令,对于三级流水线而言,程序计数器指向的是当前执行指令的开始的第三条指令。参见图 3.4,在执行第一条指令时,CPU 同时在取指令 3,因此程序计数器指向的是第三条指令。

流水线的三级结构是由硬件实现的,在执行一条指令的同时,译码另一条指令并读取第三条指令。因此,流水线技术大大提高了 CPU 的指令吞吐率,使得大多数 ARM 指令可以在一个时钟周期内完成。在执行无跳转的线性代码时,流水线的效率最高。当出现分支时,Intel 的 80486 和 Pentium 均使用了 6 步流水线结构,流水线的 6 步为:

(1)取指令。CPU 从高速缓存或内存中取一条指令。

(2)指令译码。分析指令性质。

(3)地址生成。很多指令要访问存储器中的操作数,操作数的地址也许在指令字中,也许要经过某些运算得到。

（4）取操作数。当指令需要操作数时，就需再访问存储器，对操作数寻址并读出。

（5）执行指令。由 ALU 执行指令规定的操作。

（6）存储或"回写"结果。最后运算结果存放至某一内存单元或写回累加器 A。

在理想情况下，每步需要一个时钟周期。当流水线完全装满时，每个时钟周期平均有一条指令从流水线上执行完毕，输出结果，就像轿车从组装线上开出来一样。Pentium、Pentium Pro 和 Pentium Ⅱ 处理器的超标量设计更是分别结合了 2 条和 3 条独立的指令流水线，每条流水线平均在一个时钟周期内执行一条指令，所以它们平均一个时钟周期分别可执行 2 条和 3 条指令。流水线技术是通过增加计算机硬件来实现的。例如，要能预取指令，就需要增加取指令的硬件电路，并把取来的指令存放到指令队列缓存器中，使MPU 能同时进行取指令和分析、执行指令的操作。因此，在 16 位/32 位微处理器中一般含有两个算术逻辑单元 ALU，一个主 ALU 用于执行指令，另一个 ALU 专用于地址生成，这样才可使地址计算与其他操作重叠进行。

还有一种流水线被称为超流水线技术。超流水线是指某些 CPU 内部的流水线超过通常的 5～6 步以上，例如 Pentium Pro 的流水线就长达 14 步。将流水线设计的步（级）数越多，其平均完成一条指令的速度越快，才能适应工作主频更高的 CPU。

还有一种超标量（Super Scalar）技术，它是指在 CPU 中有一条以上的流水线，并且每时钟周期内可以完成一条以上的指令，这种设计就叫超标量技术。

流水线技术中有两个需要解决的问题：相关和转移。一个流水线系统中，如果第二条指令需要用到第一条指令的结果，这种情况叫做相关。以一个五级流水线为例，当第二条指令需要取操作数时，第一条指令的运算还没有完成，如果这时第二条指令就去取操作数，就会得到错误的结果。所以，这时整条流水线不得不停顿下来，等待第一条指令的完成。流水线的级数越高，其可能停顿的时钟周期就越大。目前解决这个问题的方法之一是乱序执行，乱序执行的原理是在两条相关指令中插入不相关的指令，使整条流水线顺畅。比如上面的例子中，开始执行第一条指令后直接开始执行第三条指令（假设第三条指令不相关），然后才开始执行第二条指令，这样当第二条指令需要取操作数时第一条指令刚好完成，而且第三条指令也快要完成了，整条流水线不会停顿。当然，流水线的阻塞现象还是不能完全避免的，尤其是当相关指令非常多的时候。

流水线技术中的另一个问题是条件转移。在执行无跳转的线性代码时，流水线的效率最高。当程序出现分支时，例如遇到跳转语句，流水线将被清空，需要重新填满才能恢复到全速执行，这时，CPU 就需要花费更多的指令周期。例如对于三级流水线操作，当遇到跳转指令时，CPU 需要多花费两个指令周期才能执行一次跳转指令。因此，在程序设计时，应尽量采用条件执行语句来代替跳转指令。

然而，程序中的分支有时是无法避免的，此时，分支预测技术就显得非常重要。例如，在遇到条件转移指令时，系统就会不清楚下面应该执行哪一条指令？这时就必须等第一条指令的判断结果出来才能执行第二条指令。条件转移所造成的流水线停顿甚至比相关还要严重。采用分支预测技术可以处理转移问题，虽然程序中充满着分支，而且哪一条分支都是有可能的，但大多数情况下总是选择某一分支。比如一个循环的末尾是一个分支，除了最后一次需要跳出循环外,其他的时候总是选择继续循环这条分支。根据这些原理,分支预测技术可以在没有得到结果之前预测下一条指令是什么,并执行它。现在的分支预测技术能够达到 90% 以上的正确率,但是,一旦预测错误,CPU 仍然不得不清理整条流水线并回到分支点,这将损失大量的时钟周期。所以,进一步提高分支预测的准确率也是正在研究的一个课题。

越是长的流水线,相关和转移问题就越严重,所以,流水线并不是越长越好,超标量也不是越多越好,找到一个速度与效率的平衡点才是最重要的。

3.1.3　CISC & RISC

从指令集上来看,计算机可以就分成两个阵营:RISC(Reduced Instruction Set Computer,精简指令集计算机)和 CISC(Complex Instruction Set Computer,复杂指令集计算机)。

CISC 复杂指令系统计算机通过增强计算机指令系统功能,通过微程序去执行大量功能各异的指令,从而优化计算机系统性能。由于 CISC 具有大量的指令,其优点是:

(1)丰富的指令系统很大程度简化了程序设计的难度。

(2)CISC 中指令的长度不一,可以节省存储空间。

(3)CISC 指令可以直接对存储器操作,使得通用寄存数目较少。

同时,CISC 结构和思路也存在许多问题:

(1)由于指令系统庞大,寻址方式、指令格式较多,指令长度不一,增加了硬件复杂度,设计成本高。

(2)指令操作复杂、执行周期长、速度低,难以优化编译生成高效的机器语言。

(3)许多指令使用频度低,不但增加了设计负担,也降低了系统的性价比。

RISC 的指令大约只有几十条,其基本思想是尽量简化计算机指令功能。只保留了数量很少的、功能简单、能在一个节拍内执行完成的指令,如果实现较复杂的功能则用一段子程序而非是一个复杂的指令来实现。RISC 追求的是通过减少指令种类,来规范指令格式和简化寻址方式,方便处理器内部的并行处理,减少执行每条指令所需要的平均周期数,从而大幅度提高 CPU 性能。

采用 RISC 结构可以带来如下好处:

(1)精简指令系统的设计适合超大规模集成电路(VLSI)实现。由于指令条数相对较少,寻址方式简单,指令格式规整,与 CISC 结构相比,控制器的译码和执行硬件相对简单,因此 VLSI 片子中用于实现控制器的晶体面积明显减少。

(2)可以提供直接支持高级语言的能力,简化编译程序的设计。指令总数的减少,缩小了编译过程中对功能类似的机器指令进行选择的范围,减轻了对各种寻址方式进行选择、分析和变换的负担,易于更换或取消指令、调整指令顺序,提高程序的运行速度。

(3)提高机器的执行速度和效率,降低设计成本,提高系统的可靠性。指令系统的精简可以加快指令的译码,控制器的简化可以缩短指令的执行延时等,这些都可以提高程序执行的速度。

RISC 结构也存在一些缺点,主要有:

（1）由于指令少，加重了汇编语言程序员的负担，增加了机器语言程序的长度，从而占用了较大的存储空间。

（2）早期的 RISC 结构对浮点运算的支持不够，对虚拟存储器的支持也不够理想。

（3）相对来说，RISC 机器上的编译程序比 CISC 机器上的难写。因为指令简单，RISC 结构的性能就依赖于编译程序的效率。因为有大量的寄存器，寄存器的分配策略也变得更复杂，这些都增加了编译程序的复杂性。因此，RISC 结构的主要缺点是必须有一个编写很好的编译程序，否则，其结构的潜在优势就发挥不出来。

目前，CISC 与 RISC 正在逐步走向融合，一些设计者在研究这两种结构的混合体——CRISC，它有变长度的指令、少量的通用寄存器、流水线技术、浮点单元等，结合了 CISC 和 RISC 的诸多优点。

近来，还出现了一种新的计算机结构——超长指令字（VLIW）体系结构。VLIW 是一种有效提高指令级并行度的方法，通过编译器静脉调度发掘程序中潜在的并行性，有效地降低了硬件复杂度，删除了处理器内部许多复杂的控制电路等一些技术，都是 CISC 和 RISC 所无法比拟的，正是这种优势，将会促使 CISC 和 RISC 技术与 VLIW 不断融合。

3.1.4　大端存储和小端存储

大端存储（Big Endian）和小端存储（Little Endian）是指数据在内存中的字节排列顺序。

例如在 ARM 体系结构中，存储器的存储格式有三种类型，即字节（Byte）、半字（Half-Word）和字（Word）。其中，字节的长度均为 8 位。半字（Half-Word）的长度为 16 位，在内存中占用 2 个字节空间。字（Word）的长度为 32 位，在内存中占用 4 个字节空间。

存储器中对数据的存储是以字节为基本单位的，字和半字由多个字节组成，因此，字和半字在存储器中的存放就有两种次序，一种是大端存储次序，另一种是小端存储次序。

大端存储是指字或者半字的最高位字节（Most Significant Bit，MSB）存放在内存的最低位字节地址上。例如有一个字为 0x12345678（0x 表示一个 16 进制的数），这个字由 4 个字节组成，按照从高位到低位的次序分别是：0x12，0x34，0x56，0x78。如果把这个字放到以 0x00008000 起始的内存中，这个字在内存中的实际存放情况如表 3.1 所示。

表 3.1　大端存储一个字的情况

内存地址	存储的数据（Byte）
0x00008000	0x12
0x00008001	0x34
0x00008002	0x56
0x00008003	0x78
0x00008004	…

　　同样,如果有一个半字为 0x1234,这个字由 2 个字节组成,按照从高位到低位的次序分别是:0x12,0x34。如果把这个字放到以 0x00008000 起始的内存中,这个字在内存中的实际存放情况如表 3.2 所示。

表 3.2　大端存储一个半字的情况

内存地址	存储的数据(Byte)
0x00008000	0x12
0x00008001	0x34
0x00008002	……
0x00008003	……
0x00008004	……

　　大端存储次序非常像平时的书写次序,即先写大数,后写小数。比如,我们平时总是按照千、百、十、个位来书写数字。另外,大端存储次序还广泛运用在 TCP/IP 协议上,因此又称作网络字节次序。例如在网络中传递的 IP 地址是 10.13.82.13(16 进制是:0A.0D.52.0D),在 TCP/IP 数据包的封装中,IP 地址也被封装为如表 3.3 所示。

表 3.3　TCP/IP 网络数据包的封装

……	0x0A	0x0D	0x52	0x0D	……

　　采用大端存储得处理器主要有摩托罗拉的 6800 系列,68000 系列和 ColdFire 系列。

　　小端存储是指字或者半字的最低位字节(Lowest Significant Bit,LSB)存放在内存的最低位字节地址上。还以 16 进制数 0x12345678 为例,这个字由 4 个字节组成,按照从高位到低位的次序分别是:0x12,0x34,0x56,0x78。如果把这个字放到以 0x00008000 起始的内存中,这个字在内存中的实际存放情况如表 3.4 所示。

表 3.4　小端存储一个字的情况

内存地址	存储的数据(Byte)
0x00008000	0x78
0x00008001	0x56
0x00008002	0x34
0x00008003	0x12
0x00008004	…

　　同样,如果有一个半字为 0x1234,这个字由 2 个字节组成,按照从高位到低位的次序分别是:0x12,0x34。如果把这个字放到以 0x00008000 起始的内存中,这个字在内存中的实际存放情况如表 3.5 所示。

表 3.5　一段内存中的存储情况

内存地址	存储的数据（Byte）
0x00008000	0x34
0x00008001	0x12
0x00008002	……
0x00008003	……
0x00008004	……

采用小端存储格式存储数据的处理器有 Motorola 的 PowerPC，Intel 的 x86 系列。在对存储次序的理解中，还需要了解以下几点：

（1）数据在寄存器中都是以大端存储次序存放的。

（2）数据在内存中的存放方式根据不同的处理器而不同。

（3）对于内存中以小端存储存放的数据。CPU 存取数据时，小端和大端之间的转换是通过硬件实现的，没有数据加载/存储的开销。

思考题：观察如表 3.6 所示的内存中的数据，请考虑：

（1）如果处理器采用的是大端存储次序，那么在 0x00008000 地址单元中存储的字节是多少？存储的半字是多少？存储的字是多少？

（2）如果处理器采用的是小端存储次序，那么在 0x00008000 地址单元中存储的字节是多少？存储的半字是多少？存储的字是多少？

表 3.6　内存中的存储情况

内存地址	存储的数据（Byte）
0x00007FFFF	0x12
0x00008000	0x34
0x00008001	0x56
0x00008002	0x78
0x00008003	0x01
0x00008004	0x02

答案：

（1）处理器采用的大端存储次序时，0x00008000 地址单元中存储的字节是 0x34；存储的半字是 0x3456；存储的字是 0x34567801。

（2）处理器采用的小端存储次序时，0x00008000 地址单元中存储的字节是 0x34；存储的半字是 0x5634；存储的字是 0x01785634。

3.1.5　存储器管理单元 MMU

在支持虚拟内存机制的计算机中，CPU 都是以虚拟地址形式生成指令地址或者数据地址的，而这个虚拟地址对于物理内存来说是不可见的，如何实现物理地址和虚拟地址的转换？答案是 MMU（Memory Management Unit）。它主要有两个功能，即将虚地址转换成物理地址和对存储器访问权限的控制。

　　MMU 通常是 CPU 的一部分,同时需要操作系统的支持,操作系统在物理内存中为 MMU 维护着一张全局的映射表,此表称作 TLB(Translation Lookaside Buffers:转换旁置缓冲区),来帮助 MMU 找到正确的物理内存地址。所有数据请求都送往 MMU,由 MMU 决定数据是在 RAM 内还是在大容量存储器设备内。如果数据不在存储空间内,MMU 将产生页面错误中断。

　　在虚拟内存系统中,进程所使用的地址不直接对应物理的存储单元。每个进程都有自己的虚拟内存空间虚拟地址空间,对虚拟地址的引用通过地址转换机制转换成为物理地址的引用。正因为所有进程共享物理内存资源,所以必须通过一定的方法来保护这种共享资源,通过虚拟内存系统很好地实现了这种保护:每个进程的地址空间通过地址转换机制映射到不同的物理存储页面上,这样就保证了进程只能访问自己的地址空间所对应的页面而不能访问或修改其他进程的地址空间对应的页面。

　　虚拟内存地址空间分为两个部分:用户空间和系统空间。在用户模式下只能访问用户空间,而在核心模式下可以访问系统空间和用户空间。系统空间在每个进程的虚拟地址空间中都是固定的,而且由于系统中只有一个内核实例在运行,因此所有进程都映射到单一内核地址空间。内核中维护全局数据结构和每个进程的一些对象信息,后者包括的信息使得内核可以访问任何进程的地址空间。通过地址转换机制进程可以直接访问当前进程的地址空间,而通过一些特殊的方法也可以访问到其他进程的地址空间。

　　尽管所有进程都共享内核,但是系统空间是受保护的,进程在用户态无法访问。进程如果需要访问内核,则必须通过系统调用接口。进程调用一个系统调用时,通过执行一组特殊的指令(这个指令是与平台相关的,每种系统都提供了专门的 trap 命令,基于 x86 的 Linux 中使用 int 指令)使系统进入内核态,并将控制权交给内核,由内核替代进程完成操作。当系统调用完成后,内核执行另一组特征指令将系统返回到用户态,控制权返回给进程。

　　ARM7TDMI 处理器中没有 MMU,不支持 Windows CE 和标准 Linux 操作系统,但目前有 uCLinux 等不需要 MMU 支持的操作系统可运行于 ARM7TDMI 硬件平台之上。uCLinux 系统对于内存的访问是直接的,(它对地址的访问不需要经过 MMU,而是直接送到地址线上输出),所有程序中访问的地址都是实际的物理地址。操作系统对内存空间没有保护(这实际上是很多嵌入式系统的特点),各个进程实际上共享一个运行空间(没有独立的地址转换表)。一个进程在执行前,系统必须为进程分配足够的连续地址空间,然后全部载入主存储器的连续空间中。与之相对应的是标准 Linux 系统在分配内存时没有必要保证实际物理存储空间是连续的,而只要保证虚拟内存地址空间连续就可以了。此外,磁盘交换空间也是无法使用的,系统执行时如果缺少内存将无法通过磁盘交换来得到改善。

　　在 ucLinux 中,应用程序和操作系统共享相同的地址空间,它们一般是一次链接而成的。所以应用程序是不需要加载的。当然也可以把应用程序做成 Modules,从盘上加载,但其本质是动态链接,和使用 MMU 的操作系统运行一个应用程序是不一样的。例如,在用 MMU 的操作系统中,一个应用程序里的全局变量可以和操作系统里的一个全局变量具有相同的地址,但是在 ucLinux 里是不能有相同地址的。

3.1.6 BSP

BSP(Board Support Packet)就是针对嵌入式系统开发板的开发工具包,对 BSP 比较贴切的翻译应该是"板级开发包"。BSP 既然是一个开发包,里面就会包含各种开发软件、工具以及文档。不同的 BSP 内部所包含的内容是不一样的,通常都回包含以下内容:

(1)C/C++语言的交叉编译器(具体概念见 3.2.4)。

(2)BootLoader 程序(具体概念见 3.1.7)。

(3)嵌入式操作系统,例如嵌入式 Linux、WinCE 等。

(4)调试、下载工具,例如 JTAG 调试下载软件,串口调试下载软件等。

(5)开发板上设备的驱动程序。

(6)开发板相关的技术文档等。

BSP 为什么是板级开发包? 这是因为,开发中的很多内容是和具体的开发板相关的,开发板不相同,即使 CPU 相同,开发包中的有些内容也就不同,例如 BootLoader、驱动程序、文档等。对于同一块开发板而言,针对不同的嵌入式操作系统也会有不同的BSP。例如同一块板子的 Linux BSP 和 WinCE 的 BSP 就会完全不一样,其 OS、编译器、驱动程序、文档是不能通用的。因此,BSP 是和"板"密切相关的,这正是其被称为板及开发包的原因。

BSP 提供的开发包为在开发板上快速开发应用系统提供了便利,一般来说,在购买开发板时,供货商提供的光盘中就会提供 BSP。由于版权的问题,Linux 的 BSP 是免费提供的,WinCE 的 BSP 则需要另外付费。

3.1.7 BootLoader 和 OSLoader

BootLoader(启动加载器),是用来完成系统启动和系统软件加载工作的程序。它是底层硬件和上层应用软件之间的一个中间软件,其主要功能是:

(1)完成处理器和周边电路正常运行所要的初始化工作。

(2)可以屏蔽底层硬件的差异,使上层应用软件的编写和移植更加方便。

(3)不仅具有类似 PC 机上常用的 BIOS(Basic Input Output System,基本输入、输出系统监控程序)功能,而且还可具有一定的调试、下载、网络更新等功能。

BootLoader 程序与需要载入的操作系统、系统 CPU 型号、系统内存的大小、具体芯片的型号、系统的硬件设计都有关系。每种不同的 CPU 体系结构都有不同的BootLoader。除了依赖于 CPU 的体系结构外,BootLoader 实际上也依赖于具体的嵌入式板级设备的配置。这也就是说,对于两块不同的嵌入式开发板而言,即使它们是基于同一种 CPU 而构建的,其 BootLoader 也不一定能够通用。这也是为什么把 BootLoader 作为 BSP 中一部分的原因。BootLoader 的开发或移植是嵌入式系统开发中的一个重要内容之一,有关 BootLoader 的具体开发可以参考本书 10.3 节和 11.7.3 节。

OSLoader 顾名思义就是操作系统的载入器,它是用来载入操作系统的,也通常用于

多操作系统的载入管理,OSLoader 在 PC 系统中比较常见,例如 Linux 下的 Grub、Lilo,
Windows 下的 Windows 2k/NT/XP 的 OSLoader(就是装有多操作系统的计算机启动时
的启动选择画面)。OSLoader 对于引导多个操作系统十分有效,在嵌入式系统中,由于
很少会装载多个操作系统,因此嵌入式系统中一般不会使用专门的 OSLoader,OSLoader
一般作为 BootLoader 程序的一部分功能而在 BootLoader 中实现。一般的,PC 机上的
BIOS 程序加上 OSLoader 程序相当于嵌入式系统中的 BootLoader 程序的功能。

在有些嵌入式处理器中(例如 Atmel 的 AT 91RM9200),其内部也有一部分 ROM 空间
用来存放处理器的启动代码(相当于 PC 上 BIOS 的部分功能,由 CPU 生产厂家设定),这部
分程序会初始化处理器的一些基本寄存器,使某些设备(例如串口)开始工作,方便系统的调
试和其他程序的下载。这部分代码启动之后,才会运行用户编写的 BootLoader 程序。

3.1.8　进程和线程

一个进程是一个正在运行的应用程序的实例。它由两个部分组成:一个是操作系统
用来管理这个进程的内核对象。另一个是这个进程拥有的地址空间。这个地址空间包含
应用程序的代码段、静态数据段、堆、栈,非 XIP(Execute In Place:片内执行)DLL。

从执行角度方面看,一个进程由一个或多个线程组成。一个线程是一个执行单元,它
控制 CPU 执行进程中某一段代码段。一个线程可以访问这个进程中所有的地址空间和
资源。一个进程最少包括一个线程来执行代码,这个线程又叫做主线程。

3.2　开发相关知识

3.2.1　ICE 和 ICD

ICE(In-Circuit Emulator)即在线仿真器。ICE 是仿照目标机上的 CPU 而专门设计
的硬件,可以完全仿真处理器芯片的行为,并且提供丰富的调试功能。在使用在线仿真器
进行调试的过程中,可以按顺序单步执行,还可以实时查看所有需要的数据,从而给调试
过程带来了很多的便利。ICE 的另一个主要功能是在应用系统中仿真处理器的实时执
行,发现和排除由于硬件干扰等引起的异常执行行为。此外,高级的 ICE 带有完善的跟
踪功能,可以将应用系统的实际状态变化、微控制器对状态变化的反应以及应用系统对控
制的响应等以一种录像的方式连续记录下来,以供分析,在分析中优化控制过程。

ICE 一般包括了软件部分和硬件部分,软件部分通过控制硬件部分来产生相应的时
序,以实现读写 CPU 内部的状态,访问内存,设置断点等操作。ICE 在调试底层程序时十
分有效,尽管其在线仿真器的价格非常昂贵,但仍然得到了非常广泛的应用。常见的 ICE
有单片机仿真器、ARM 的 JTAG 在线仿真器等。

ICD(In-Circuit Debugger)是在线调试器,它是 ICE 的简化调试工具。由于 ICE 的价格非常昂贵,并且每种 CPU 都需要一种与之对应的 ICE,使得开发成本非常高,一个比较好的解决办法是让 CPU 直接在其内部实现调试功能,并通过在开发板上引出的调试端口,发送调试命令和接收调试信息,完成调试过程。目前大多数号称 ICE 的低价 ARM ICE 工具其实都是 ICD 工具。虽然,ICD 没有 ICE 强大,但是通过处理器内部的调试功能,使用 ICD 可以获得与 ICE 类似的调试效果。当然,使用 ICD 的一个前提条件就是,被调试的处理器内部必须具有调试功能和相应接口。

3.2.2　其他硬件调试工具

硬件调试器的基本原理是通过观测硬件的执行过程,让开发者在调试时可以随时了解到系统的当前执行情况。嵌入式系统开发中最常用到的硬件调试工具还有 ROM Monitor 和 ROM Emulator。

ROM Monitor 即 ROM 监视器。它是通过在开发主机上运行一个 ROM 的软件调试工具,同时在目标机上运行 ROM 监视器(ROM Monitor)和被调试程序,开发主机通过软件调试工具与目标机上的 ROM 监视器建立通信连接。ROM 监视器可以是一段运行在目标机 ROM 上的可执行程序,也可以是一个专门的硬件调试设备,它负责监控目标机上被调试程序的运行情况,能够与开发主机端的调试器一同完成对应用程序的调试。在使用这种调试方式时,被调试程序首先通过 ROM 监视器下载到目标机,然后在 ROM 监视器的监控下完成调试。目前使用的绝大部分 ROM 监视器能够完成设置断点、单步执行、查看寄存器、修改内存空间等各项调试功能。

ROM Emulator 即 ROM 仿真器。它是一个硬件设备,在使用时,它通常被插入到目标机上的 ROM 插槽中,专门用于仿真目标机上的 ROM 芯片。在使用这种调试方式时,被调试程序首先下载到 ROM 仿真器中,它等效于下载到目标机的 ROM 芯片上,然后在 ROM 仿真器中完成对目标程序的调试。ROM Emulator 调试方式通过使用一个 ROM 仿真器,虽然避免了每次修改程序后都必须重新烧写到目标机 ROM 中这一费时费力的操作,但由于 ROM 仿真器本身比较昂贵,功能相对来讲又比较单一,因此只适用于某些特定场合。

3.2.3　JTAG

20 世纪 80 年代,联合测试行动组(Joint Test Action Group,JTAG)起草了边界扫描测试(Boundary Scan Testing,BST)规范,后来在 1990 年被批准为 IEEE 标准,即 IEEE 1149.1 规定,简称为 JTAG 标准。

在 JTAG 调试当中,边界扫描(Boundary-Scan)是一个很重要的概念。边界扫描技术的基本思想是在靠近芯片的输入输出管脚上增加一个移位寄存器单元。因为这些移位寄存器单元都分布在芯片的边界上(周围),所以被称为边界扫描寄存器(Boundary-Scan Register Cell)。当芯片处于调试状态的时候,这些边界扫描寄存器可以将芯片和外围的输入输出隔离开来,通过这些边界扫描寄存器单元,可以实现对芯片输入输出信号的观察和控制。

在边界扫描还有一个重要概念就是 TAP(Test Access Port)。TAP 是一个通用的端口,通过 TAP 可以访问芯片提供的所有数据寄存器(DR)和指令寄存器(IR)。对整个 TAP 的控制是通过 TAP Controller 来完成的。TAP 总共包括 5 个信号接口 TCK、TMS、TDA、TDO 和 TRST;其中 TCK、TMS、TDI、TRST 是输入信号接口和 TDO 是输出信号接口。一般,开发板上都有一个 JTAG 接口,该 JTAG 接口的主要信号接口就是这 5 个。

(1)Test Clock Input(TCK)

TCK 为 TAP 的操作提供了一个独立的、基本的时钟信号。

(2)Test Mode Selection Input(TMS)

TMS 信号用来控制 TAP 状态机的转换。通过 TMS 信号,可以控制 TAP 在不同的状态间相互转换。

(3)Test Data Input(TDI)

TDI 是数据串行输入的接口。所有要输入到特定寄存器的数据都是通过 TDI 接口一位一位串行输入的(由 TCK 驱动)。

(4)Test Data Output(TDO)

TDO 是数据串行输出的接口。

(5)Test Reset Input(TRST)

TRST 可以用来对 TAP Controller 进行复位(初始化)。不过这个信号接口在 IEEE 1149.1 标准里是可选的,并不是强制要求的,这是因为通过 TMS 也可以对 TAP Controller 进行复位。

JTAG 最初是被设计用来实现测试为主的,后来人们开发出它的其他功能,如处理器的程序下载、调试,FPGA 和 CPLD 的配置,内部逻辑的分析等。

通常,把具有 TAP 接口的调试器称之为 JTAG 调试器,采用 JTAG 调试器通常可以完成程序的下载、运行和调试。目前,市面上常见的 JTAG 接口有两种,一种是 14 脚的,一种是 20 脚的,如图 3.5 所示。两种接口中有效的信号都是 TAP 接口中规定的信号再加上电源和地线。另外,这两类接口之间的信号电气特性都是一样的,因此可以把对应的信号直接连起来进行转接。20 脚接口的引脚说明如表 3.7 所示。

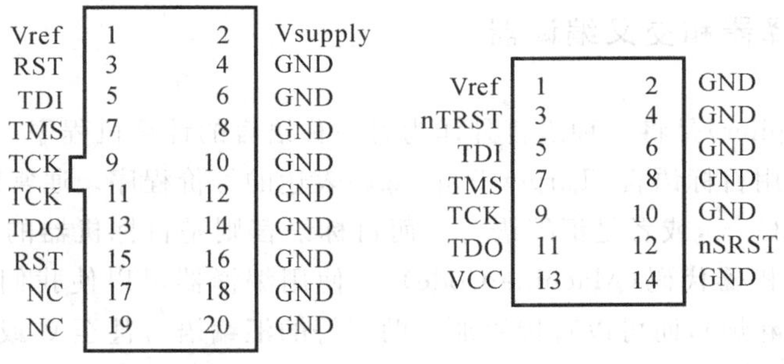

Vref	1	2	Vsupply		Vref	1	2	GND
RST	3	4	GND		nTRST	3	4	GND
TDI	5	6	GND		TDI	5	6	GND
TMS	7	8	GND		TMS	7	8	GND
TCK	9	10	GND		TCK	9	10	GND
TCK	11	12	GND		TDO	11	12	nSRST
TDO	13	14	GND		VCC	13	14	GND
RST	15	16	GND					
NC	17	18	GND					
NC	19	20	GND					

图 3.5　JTAG 接口

　　JTAG 调试器和计算机的接口主要有串口、并行口和 USB 接口。由于目前的家用计算机上没有串口和并行口,因此,购买 JTAG 调试器时,和计算机的接口端最好选用 USB接口的。

表 3.7　20 脚 JTAG 端口的引脚说明

序号	信号名	方　向	说　明
1	Vref	Input	接口电平参考电压,通常可直接接电源
2	Vsupply	Input	电源
3	nTRST	Output	(可选项) JTAG 复位。在目标端应加适当的上拉电阻以防误触发
4	GND	——	接地
5	TDI	Output	Test Data In from Dragon-ICE to the Target
6	GND	——	接地
7	TMS	Output	Test Mode Select
8	GND	——	接地
9	TCK	Output	Test Clock Output from Dragon-ICE to the Target
10	GND	——	接地
11	RTCK	Input	(可选项) Return Test Clock。由目标端反馈给 Dragon-ICE 的时钟信号,用来同步 TCK 信号的产生。不使用时可以直接接地
12	GND	——	接地
13	TDO	Input	Test Data Out from Target to Dragon-ICE
14	GND	——	接地
15	nSRST	Input /Output	(可选项) System Reset,与目标板上的系统复位信号相连。可以直接对目标系统复位,同时可以检测目标系统的复位情况。为了防止误触发,应在目标端加上适当的上拉电阻
16	GND	——	接地
17	NC		保留
18	GND	——	接地
19	NC	——	保留
20	GND	——	接地

3.2.4　编译器和交叉编译器

　　编译器(Compiler)是将一种语言翻译为另一种语言的计算机程序。编译器将源程序作为输入,而产生用目标语言(Target language)表达的等价程序。通常地,源程序为高级语言编写,如 C 或C++,或者是汇编语言。而目标语言则是目标机器的目标代码(ObjectCode,有时也称作机器代码(Machine Code))。使用编译器可以使我们不必直接编写机器代码(编写非常麻烦),而可以直接用加入助记符的汇编语言甚至 C 或C++来编写可以在目标机器上运行的程序。常用的编译器有 Borland C,Visual C++,C++Builder,Linux

环境下的 GCC 等。

通常,编译器所生成目标代码是运行在和编译器运行环境相似的硬件平台上的。例如在 Windows 环境下,使用 Visual C++ 开发了一个应用程序,这个应用程序只能在 Windows 环境下运行,而不能在 Linux 环境下运行。同样在 Linux 环境下用 GCC 开发了一个应用程序,这个应用程序也只能运行在 Linux 环境下,而不能运行在 Windows 环境下,也不能运行在基于 ARM 处理器的 Linux 环境下。

在嵌入式系统开发中,开发模式通常是在开发主机(例如 PC 机)上,开发能够运行在目标系统(如 ARM 系统)的程序,如图 3.6 所示。如何实现这种开发模式? 这就需要交叉编译器(Cross Compiler)的帮忙。交叉编译器的功能和编译器类似,它也是将一种语言翻译为另一种语言的计算机程序。不同之处是它产生的目标程序不是运行在本机上的(开发主机),而是运行在目标系统上的。例如,在 PC 机的环境下,使用 GCC For ARM 的交叉编译器,就可以开发出能够在 ARM 系统上运行的程序。

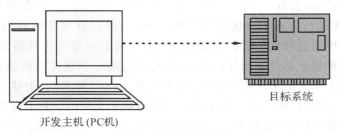

开发主机(PC机)　　　　　　　　　　目标系统

图 3.6　交叉开发环境

交叉编译器的概念是在 Linux 系统中提出来的,Linux 下的交叉编译器基本上都是基于 GCC 编译器而来的。观察 Linux 下的 C/C＋语言的交叉编译器时,通常会发现 GCC 的影子。在 Windows 环境中,也有很多交叉编译器,例如单片机开发工具 Keil C 中就有,它可以在 Windows 环境中开发运行在单片机上的程序;ARM 开发工具 ADS (ARM Developer Suite)中也可以在 Windows 环境中开发运行在 ARM 处理器上的程序。需要指出的是,在 Windows 环境中,一般不称它们为交叉编译器,而统称为开发工具。

3.2.5　模拟器和仿真器

模拟器(Simulator)和仿真器(Emulator)是有一定区别的,但是对于系统的开发而言,二者的区别不大,没有必要关注二者的细节差别,而应关注它可以做哪些事情。

模拟器可以从计算机游戏讲起。可能很多人曾经到游戏机房玩过"街霸"之类的游戏,当然去游戏机房玩游戏是需要付费的,有的游戏者为了达到免费玩游戏的目的,就想到了能不能把游戏机房的游戏移植到自己的 PC 机上,这样不仅可以不用去游戏机房,也可以省下不少费用。但是由于游戏机的硬件配置(包含 CPU 结构、总线结构等)和 PC 机差别很大,游戏机上的游戏程序不能直接运行在 PC 机上,如何解决这个难题? 这就需要一个游戏机模拟器,游戏机模拟器是一个运行在 PC 机上的软件,它可以在 PC 机上模拟一台游戏机的硬件环境,这样游戏机房的游戏就可以运行在 PC 机上了,从而实现在 PC 机上玩游戏机上游戏的效果,其示意图如图 3.7 所示。目前,游戏机的模拟器很多,感兴趣的读者可以在网上搜索一下。

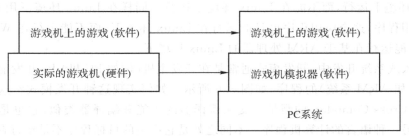

图 3.7 游戏机模拟器

嵌入式系统开发中所用到的模拟器和游戏机的模拟器的概念是一样的。例如,在开发一个单片机程序时,会有一个汇编语言或者 C 语言的编译工具,在编写的程序没有语法错误时,就应该进行仿真了。仿真有两种情况:一种具有硬件仿真器(例如 ICE、ICD 等)时,可以把程序通过硬件仿真器下载到目标系统或者在硬件仿真器中运行,进行硬件仿真调试。另一种情况是没有硬件仿真器,这时就需要一个软件的模拟器来模仿具体的硬件环境,针对 51 系列的单片机开发而言,需要在 PC(开发主机)上建立一个模拟的 51 单片机运行环境,这个模拟的运行环境就是由模拟器来实现的。有了这个模拟环境,就可以在没有任何硬件(硬件仿真器和目标系统)的情况下,在 PC 上运行单片机的程序,进行软件仿真。其工作过程如图 3.8 所示。

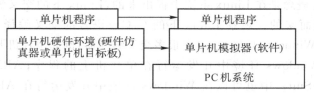

图 3.8 单片机的模拟器

单片机的模拟器有很多,基本上,每个单片机的开发工具中都带有模拟器,例如在 Keil C51 开发工具中,任意打开一个工程,打开菜单 Project → Option for Target 'Target 1'。在 Debug 栏会发现一个 Use Simulator 的选项,如图 3.9 所示。选中这个选项,说明启用系统的单片机模拟器对程序进行模拟运行,此时,不需要任何硬件就可以在 Keil C51 开发工具中进行软件的调试仿真(Debug)。如果不选择这一项,就需要硬件仿真器对单片机程序进行模拟。

在 ARM 的开发中,其模拟器和单片机开发中也是一样的,例如在常用的 ARM 集成开发工具 ADS(ARM Developer Suite)中,调用 ADS 集成调试环境 AXD Debuger 时,打开菜单 Options → Configure Target,出现如图 3.10 所示的 Choose Target 窗口,在 Choose Target 窗口中有两个选项,其中一个是 ARMUL,这就是 ADS 开发环境中自带的 ARM 环境的模拟器,选择这个选项,就可以在没有任何 ARM 硬件的情况下对 ARM 程序进行仿真调试。

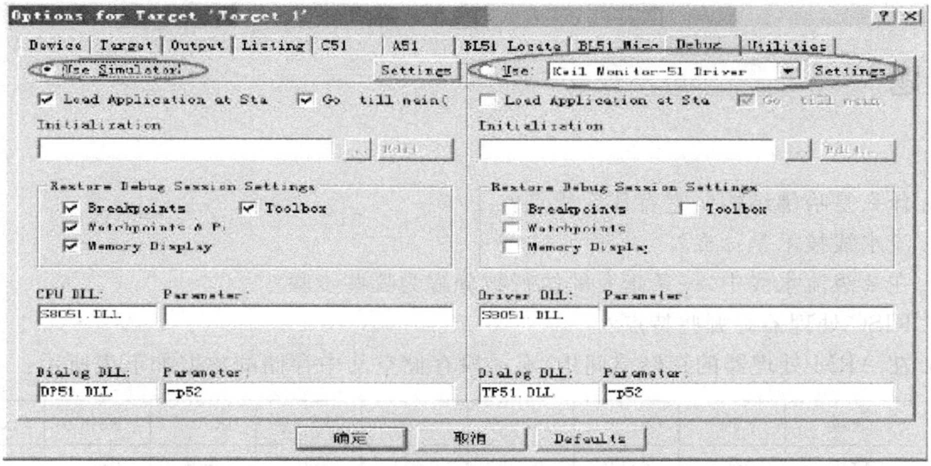

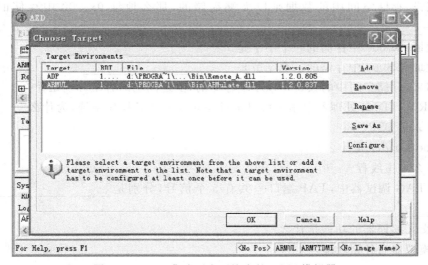

图 3.9　Keil C 中的单片机模拟器

图 3.10　ADS 集成开发环境中的 ARM 模拟器

　　除了以上提到的对硬件环境的模拟器之外,还有对软件环境的模拟器。例如在一台装有 RedHat 9.0 Linux 的 PC 机上开发了一个 uCLinux 上运行的程序 A,但是,现在还没有一个能够运行 uCLinux 操作系统的硬件平台,如何调试程序 A? 可以使用 uCLinux 模拟器,它可以在装有 RedHat 9.0 Linux 的 PC 机上建立一个 uCLinux 的模拟环境,这样就可以在模拟环境中调试程序 A 了。

　　总之,模拟器是对一个实际系统的软件模拟,其目的就是在开发平台(如 PC 机)上建立一个目标平台(例如单片机系统、ARM 系统)的软件模拟环境。从而可以在没有目标平台的情况下,完成"程序"(最终运行在目标平台上)的调试、仿真工作。

习 题

1. 什么是哈佛结构？它有什么优点？

2. 流水线技术是什么？

3. 在 3 级流水线中，一条指令的执行被分解为哪些步骤？

4. RISC 处理器有哪些特点？

5. 在 ARM 处理器的存储空间中，有一段存储空间中存储的数据如下表所示：

地址	0x8000	0x8001	0x8002	0x8003	0x8004	0x8005	0x8006	0x8007
数据	0x01	0x02	0x03	0x04	0x05	0x06	0x07	0x08

假设，存储空间中的数据是以大端存储的，那么地址 0x8000 中存储的一个字是_____。

地址 0x8000 中存储的一个半字是_____。

地址 0x8003 中存储的一个字节是_____。

如果，存储空间中的数据是以小端存储的，上述问题的答案分别是什么？

6. ARM7TDMI 处理器上是否可以运行 Windows CE 操作系统，为什么？

7. 什么是 BSP？

8. BootLoader 是什么？

9. 什么是主线程？

10. JTAG 调试器中，TAP 端口一共有 5 个信号，分别是_____、_____、_____、_____、_____。

11. 交叉编译器的功能是什么？

12. 模拟器有什么功能？

第4章

嵌入式系统的开发模式

嵌入式系统的开发可有两种主要模式,一是面向硬件的开发模式,二是面向操作系统的开发模式。本章将讲述这两种不同的开发模式。

4.1 面向硬件的开发模式

4.1.1 适用情况

(1)开发没有操作系统的目标机上的应用程序。
(2)开发目标系统的硬件测试程序,验证目标系统的正确性。
(3)开发 BootLoader 程序。

4.1.2 需要的工具

(1)硬件调试器。
(2)汇编语言/高级语言交叉编译器。
(3)模拟器和仿真器。
(4)开发主机。

4.1.3 开发场景

开发场景如图 4.1 所示。

此种开发模式适合开发目标机上没有安装操作系统的应用程序,在开发主机上完成程序的编写、编译之后可以通过 ICE 工具直接下载到目标系统上进行在线运行和调试。

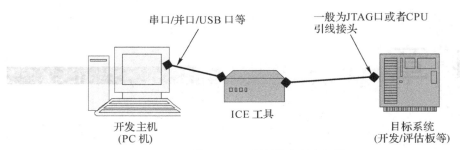

图 4.1 面向硬件的开发场景

此种开发模式的优点是可以对程序进行实时仿真和测试,可以直接针对硬件进行调试。缺点是需要购买硬件调试工具(ICE),调试时必须要有目标系统。

面向硬件的开发模式主要是用于目标系统的硬件调试和 BootLoader 的调试,当这些工作完成之后,就可以转入面向操作系统的开发模式。

4.2 面向操作系统的开发模式

当面向一个内部已经装好了操作系统(或者具有程序下载功能)的目标系统的开发时,就可以采用面向操作系统的开发模式。

4.2.1 适用情况

(1)目标系统中装好了操作系统。

(2)或者目标系统装好了可以下载操作系统的 BootLoader。

(3)或者目标系统装好了可以下载其他程序的下载程序。

(4)开发基于操作系统的应用程序、驱动程序。

情况(3)相当于目标系统中已经有了一个小程序(例如 BIOS 程序),利用这个程序,可以完成 BootLoader 和操作系统的下载,从而可以在目标系统中构建一个操作系统环境。

4.2.2 需要的工具

(1)汇编语言/高级语言交叉编译器。

(2)模拟器和仿真器。

(3)开发主机。

4.2.3　开发场景

面向操作系统的开发场景如图 4.2 所示。

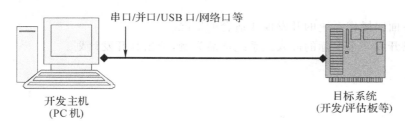

图 4.2　面向操作系统的开发场景

开发主机上运行编译器、交叉编译器、模拟器等工具,开发者可以在开发主机上完成大部分的开发工作,例如操作系统的定制、应用程序开发等。开发完成之后,可以通过下载工具(串口、网络)等把它们下载到目标板上进行运行、调试等。如果有问题,重新在开发主机上进行修改,然后重新下载调试。

这种开发模式的优点是不需要购买硬件调试工具(ICE),节省开发成本。最为重要的是,通过使用模拟器和仿真器可以在没有目标系统的情况下完成大部分开发工作,利于多人同时进行开发工作。一般而言,在目标系统的硬件调试和 BootLoader 的调试完成之后,就开始采用这种开发模式,此时硬件仿真调试器就可以被束之高阁了。

4.3　开发模式的控制

由于两种开发模式的区别很大,因此在具体的开发过程中,应该合理安排任务,充分利用不同开发模式的优点。常用的开发过程如表 4.1 所示。任务 1 到任务 5 并行进行。

表 4.1　开发任务的过程

时间轴		
任务 1	购买评估板、ICE 工具	评估板、ICE 工具到货	
任务 2		开始进行应用系统硬件设计。开始调试硬件系统,调试 BootLoader	硬件设计调试完毕
任务 3		开始进行驱动程序开发	
任务 4		开始进行基于操作系统的应用程序设计	
任务 5			操作系统、驱动程序、应用程序联合调试

从表 4.1 中可以看出,在一开始没有任何硬件调试工具和目标系统的情况下就可以进行应用程序设计。在目标板准备好之后,就可以进行系统调试。这样的开发方式可以节省大量的时间,利于任务的顺利完成。

习　题

1. 简答面向操作系统的开发模式适合的情况。
2. 请以开发一个实际的嵌入式系统产品为例，给出其开发计划。

第 5 章

ARM 处理器概述

5.1　ARM 处理器概述

5.1.1　ARM 的发展历史

ARM 公司成立于 1991 年,从事处理器芯片的设计工作。公司虽然设计处理器芯片,却没有自己的芯片生产厂家,主要靠出售 ARM 处理器设计技术给其他芯片制造公司盈利。半导体生产商从 ARM 公司购买其设计的 ARM 微处理器内核,根据各自不同的应用领域,加入适当的外围电路,从而形成自己的 ARM 微处理器芯片进入市场。目前,全世界有几十家半导体公司都在使用 ARM 公司的授权。通常,我们把采用 ARM 内核的处理器统称为 ARM(Advanced RISC Machines)微处理器。目前,基于 ARM 技术的微处理器占据了 32 位 RISC 微处理器的大部分市场,ARM 技术正在逐步渗入到我们生活的各个方面。可以这样说,近几年嵌入式系统开发应用热潮的出现和 ARM 处理器的迅速发展有着密不可分的关系。

5.1.2　ARM 处理器的特点

采用 RISC 架构的 ARM 微处理器一般具有如下特点:
(1)体积小、低功耗、低成本、高性能。
(2)支持 Thumb(16 位)/ARM(32 位)双指令集。
(3)大量使用寄存器,指令执行速度更快。
(4)大多数数据操作都在寄存器中完成。
(5)寻址方式灵活简单,执行效率高。
(6)指令长度固定。

5.1.3 ARM 微处理器系列

ARM 处理器根据应用的不同可以分为传统的通用处理器、应用处理器和嵌入式处理器。不同的处理器类型采用了不同的处理器构架和指令集合,不同类型的处理器的构架关系如图 5.1 所示。

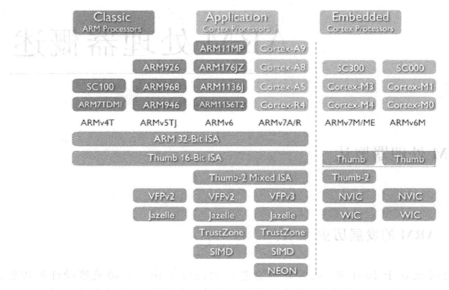

图 5.1 ARM 处理器的分类及其构架

目前主要 ARM 处理器的体系结构如图 5.2 所示。

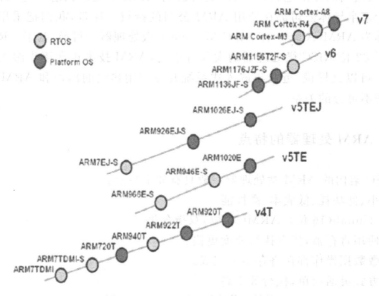

图 5.2 ARM 处理器的体系结构

ARM 在专业处理器方面，主要包含以下几个系列：

（1）SecurCore 系列——面向高安全性应用的处理器；

（2）FPGA Cores——面向 FPGA 的处理器。

SecurCore 系列微处理器主要应用于一些对安全性要求较高的应用产品及应用系统，如手机 SIM 卡、证件认证、电子商务、电子政务、电子银行业务、网络和认证系统等领域。SecurCore 系列微处理器包含 SecurCore SC100、SecurCore SC110、SecurCore SC200 和 SecurCore SC210 等不同类型，以适用于不同的应用场合。

面向 FPGA 构造的 ARM 处理器，在保持与传统 ARM 设备兼容的同时，使用户产品快速上市。此外，这些处理器具有独立于构造的特性，因此开发人员可以根据应用选择相应的目标设备，而不会被绑定于特定供应商。

ARM 在通用处理器方面，目前主要包括下面几个系列：

（1）ARM7 系列；

（2）ARM9 系列；

（3）ARM9E 系列；

（4）ARM10E 系列；

（5）ARM11 系列；

（6）ARM Cotex 系列。

下面来详细了解以上各种处理器的特点及其应用领域。

1. ARM7 系列

ARM7 系列微处理器为低功耗的 32 位 RISC 处理器，其成本低、集成度高、非常适合小型嵌入式系统的应用。ARM7 微处理器系列具有如下特点：

（1）具有嵌入式 ICE－RT 逻辑，调试开发方便。

（2）极低的功耗，适合对功耗要求较高的应用，如便携式产品。

（3）能够提供三级流水线结构。

（4）代码密度高并兼容 16 位的 Thumb 指令集。

（5）对操作系统的支持广泛，包括 Windows CE、Linux、Palm OS 等（不带 MMU 的除外）。

（6）指令系统与 ARM9 系列、ARM9E 系列和 ARM10E 系列兼容，便于用户的产品升级换代。

ARM7 系列微处理器包括如下几种类型的内核：ARM7TDMI、ARM7TDMI-S、ARM720T、ARM7EJ。其中，ARM7TMDI 是 ARM7 系列中使用最广泛的 32 位嵌入式 RISC 处理器，ARM7TMDI 属于 ARMv4 体系结构，属低端 ARM 处理器核。TDMI 的基本含义为：

T：支持 16 位压缩指令集 Thumb；

D：支持片上 Debug；

M：内嵌硬件乘法器（Multiplier）；

I：嵌入式 ICE，支持片上断点和调试点。

2. ARM9 系列

ARM9 仍属于 ARMv4 体系结构,ARM9 系列微处理器在高性能和低功耗方面提供最佳的性能。具有以下特点:

(1)5 级整数流水线,指令执行效率更高。

(2)支持 32 位 ARM 指令集和 16 位 Thumb 指令集。

(3)支持 32 位的高速 AMBA 总线接口。

(4)具有全性能的 MMU,支持 Windows CE、Linux、Palm OS 等多种主流嵌入式操作系统。

(5)MPU 支持实时操作系统。

(6)支持数据 Cache 和指令 Cache,具有更高的指令和数据处理能力。

ARM9 系列微处理器包含 ARM920T、ARM922T 和 ARM940T 三种类型,以适用于不同的应用场合。

3. ARM9E 系列

ARM9E 属于 ARMv5TE 体系结构。ARM9E 系列微处理器为可综合处理器,使用单一的处理器内核提供了微控制器、DSP、Java 应用系统的解决方案,极大地减少了芯片面积和系统复杂度。ARM9E 系列微处理器提供了增强的 DSP 处理能力,很适合于那些需要同时使用 DSP 和微控制器的应用场合。ARM9E 系列微处理器的主要特点如下:

(1)支持 DSP 指令集,适合于需要高速数字信号处理的场合。

(2)5 级整数流水线,指令执行效率更高。

(3)支持 32 位 ARM 指令集和 16 位 Thumb 指令集。

(4)支持 32 位的高速 AMBA 总线接口。

(5)支持 VFP9 浮点处理协处理器。

(6)具有全性能的 MMU,支持 Windows CE、Linux、Palm OS 等多种主流嵌入式操作系统。

(7)MPU 支持实时操作系统。

(8)支持数据 Cache 和指令 Cache,具有更高的指令和数据处理能力。

ARM9E 系列微处理器包含 ARM926EJ-S、ARM946E-S 和 ARM966E-S 三种类型,以适用于不同的应用场合。

4. ARM10E 系列

ARM10E 属于 ARMv5TE 体系结构。ARM10E 系列微处理器具有高性能、低功耗的特点,由于采用了新的体系结构,与同等的 ARM9 器件相比较,在同样的时钟频率下,性能提高了近 50%;同时,ARM10E 系列微处理器采用了两种先进的节能方式,使其功耗极低。ARM10E 系列微处理器的主要特点如下:

(1)支持 DSP 指令集。

(2)6 级整数流水线,指令执行效率更高。

（3）支持 32 位 ARM 指令集和 16 位 Thumb 指令集。

（4）支持 32 位的高速 AMBA 总线接口。

（5）支持 VFP10 浮点处理协处理器。

（6）具有全性能的 MMU，支持 Windows CE、Linux、Palm OS 等多种主流嵌入式操作系统。

（7）支持数据 Cache 和指令 Cache，具有更高的指令和数据处理能力。

（8）内嵌并行读/写操作部件。

ARM10E 系列微处理器包含 ARM1020E、ARM1022E 和 ARM1026EJ-S 三种类型，以适用于不同的应用场合。

5. ARM11 系列

ARM11 系列主要有 ARM1136、ARM1156、ARM1176 和 ARM11 MP-Core 等，它们都是 v6 体系结构，相比 v5 系列增加了 SIMD 多媒体指令，获得 1.75x 多媒体处理能力的提升。另外，除了 ARM1136 外，其他的处理器都支持 AMBA 3.0-AXI 总线。ARM11 系列内核最高的处理速度可达 500MHz 以上。基于 ARMv6 架构的 ARM11 系列处理器是根据下一代的消费类电子、无线设备、网络应用和汽车电子产品等需求而制定的。其多媒体处理能力和低功耗特点使它特别适合于无线和消费类电子产品；其高数据吞吐量和高性能的结合非常适合网络处理应用；另外，在实时性能和浮点处理等方面 ARM11 可以满足汽车电子应用的需求。

6. ARM Cortex 系列

ARM 公司在经典处理器 ARM11 以后的产品改用 Cortex 命名，并分成 A、R 和 M 三类，旨在为各种不同的市场提供服务。Cortex 系列属于 ARMv7 架构，这是 ARM 公司最新的指令集架构。ARMv7 架构定义了三大分工明确的系列："A"系列面向尖端的基于虚拟内存的操作系统和用户应用；"R"系列针对实时系统；"M"系列针对微控制器。

Cortex-A 系列处理器目前应用的主要有 A8、A9 和 A15 系列。Cortex-A 系列处理器近来在移动市场大行其道，iPhone 3GS、Palm Pre、东芝 TG-01、iPhone 4、iPad 和 Smartbook 都是基于 Coretex-A8 核心处理器的应用产品。

Cortex-A9 把处理器频率拉高到 2GHz 以上，同时依然保持超低功耗，预计高性能 Smartbook 将是它的主要战场。和 Cortex-A8 一样，ARM 将把该 A9 核心设计授权给多家厂商进行再开发和制造，包括德州仪器、Broadcom、高通、三星等 ARM 授权厂商。

Cortex-A15 多核处理器是 Cortex-A 系列处理器的最新成员，确保在应用方面与所有其他获得高度赞誉的 Cortex-A 处理器完全兼容。Cortex-A15 多核处理器具有无序超标量管道，带有紧密耦合的低延迟 2 级高速缓存，该高速缓存的大小最高可达 4MB。浮点和 NEON 媒体性能方面的其他改进使设备能够为消费者提供下一代用户体验，并为 Web 基础结构应用提供高性能计算。预计 Cortex-A15 多核处理器的移动配置所能提供的性能是当前的高级智能手机性能的五倍还多。在高级基础结构应用中，Cortex-A15 的运行速度最高可达 2.5GHz，这将支持在不断降低功耗、散热和成本预算方面实现高度可伸缩的解决方案。

Cortex-R 系列目前应用的主要有 R4、R5 和 R7 等处理器。其中 Cortex-R4 是最为成熟的处理器,其于 2006 年 5 月投放市场,如今已在数百万的 ASIC、ASSP 和 MCU 设备中使用。Cortex-R4 是为基于 90nm 至 28nm 的高级芯片工艺的实现而设计的,此外其设计重点在于提升能效、实时响应性、高级功能和使得系统设计更加容易。R4 可以以将近 1GHz 的频率运行。该处理器提供高度灵活且有效的双周期本地内存接口,使 SoC 设计者可以最大限度地降低系统成本和功耗。

Cortex-R5 处理器为市场上的实时应用提供高性能解决方案,包括移动基带、汽车、大容量存储、工业和医疗市场。该处理器基于 ARMv7R 体系结构。Cortex-R5 处理器扩展了 Cortex-R4 处理器的功能集,支持在可靠的实时系统中获得更高级别的系统性能、提高效率和可靠性并加强错误管理。

Cortex-R7 处理器是目前 Cortex-R 系列中性能最高的处理器。它基于 65nm 至 28nm 的高级芯片工艺的实现而设计的,设计重点在于提升能效、实时响应性、高级功能和简化系统设计。Cortex-R7 处理器可以实现以超过 1 GHz 的频率运行,此时它可提供 2700 Dhrystone MIPS 的性能(Dhrystone 是一种整数运算的测试程序)。该处理器提供支持紧密耦合内存(TCM)本地共享内存和外设端口的灵活的本地内存系统,使 SoC 设计人员可在受限制的芯片资源内达到高标准的硬实时要求。

Cortex-M 系列中常用的有 M4 和 M3 处理器。Cortex-M3 是一个 32 位的核,在传统的单片机领域中,有一些不同于通用 32 位 CPU 应用的要求。例如在工控领域,用户要求具有更快的中断速度,Cortex-M3 采用了 Tail-Chaining 中断技术,完全基于硬件进行中断处理,最多可减少 12 个时钟周期数,在实际应用中可减少 70% 中断。ARM Cortex-M3 处理器结合了多种突破性技术,令芯片供应商提供超低费用的芯片,仅 33000 门的内核性能可达 1. 2DMIPS/MHz(DMIPS:Dhrystone MIPS)。该处理器还集成了许多紧耦合系统外设,令系统能满足下一代产品的控制需求。ARM 公司希望 Cortex-M3 能帮助单片机厂商改善设计。单片机的一个重要特点是调试工具非常便宜,不像 ARM 的仿真器动辄几千上万。针对这个特点,Cortex-M3 采用了新型的单线调试(Single Wire)技术,专门拿出一个引脚来做调试,从而节约了大笔的调试工具费用。同时,Cortex-M3 中还集成了大部分存储器控制器,这样工程师可以直接在 MCU 外连接 Flash,降低了设计难度和应用障碍。

和 ARM7TDMI 相比,M3 的面积更小,功耗更低,性能更高。Cortex-M3 处理器的核心是基于哈佛架构的 3 级流水线内核,该内核集成了分支预测,单周期乘法,硬件除法等众多功能强大的特性,其在 Dhrystone benchmark 上具有出色的表现(1. 25DMIPS/MHz)。根据 Dhrystone benchmark 的测评结果,采用新的 Thumb-2 指令集架构的 Cortex-M3 处理器,与执行 Thumb 指令的 ARM7TDMI-S 处理器相比,每兆赫的效率提高了 70%,与执行 ARM 指令的 ARM7TDMI-S 处理器相比,效率提高了 35%。

Cortex-M4 和 M3 相比,加强了信号处理功能。其高效的信号处理功能与 Cortex-M 处理器系列的低功耗、低成本和易于使用的优点的组合,旨在满足专门面向电动机控制、汽车、电源管理、嵌入式音频和工业自动化市场的新兴类别的灵活解决方案。

5.1.4　ARM 微处理器的应用选型

鉴于 ARM 微处理器的众多优点,随着国内外嵌入式应用领域的逐步发展,ARM 微处理器被应用的越来越多。但是,由于 ARM 微处理器有多达十几种的内核结构,几十个芯片生产厂家,以及千变万化的内部功能,给开发人员在选择上带来一定的困难。下面从应用的角度出发,讲述一下如何选择合适的 ARM 微处理器。

嵌入式系统是面向应用的,ARM 芯片的选型也应从应用的角度出发,选择适合应用系统的处理器。例如,可以参见图 5.3,从应用的功能角度出发,选择具体的处理器。

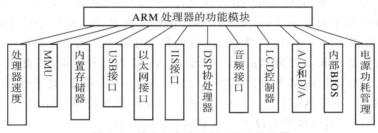

图 5.3　从应用角度选择 ARM 处理器

例如,如果应用系统需要使用 WinCE 或标准 Linux 等操作系统以减少软件开发时间,就不能选择不带 MMU(Memory Management Unit)的 ARM 处理器,需要选择 ARM720T 以上带有 MMU 功能的 ARM 芯片。ARM7TDMI 没有 MMU,不支持 Windows CE 和标准 Linux,如果选择 ARM7TDMI,又想运行 Linux,只有使用 uCLinux。uCLinux 可以运行于 ARM7TDMI 硬件平台之上。

再如,处理器的速度决定了 ARM 微处理器的处理能力。ARM7 系列微处理器的典型处理速度为 0.9MIPS/MHz,常见的 ARM7 芯片系统主时钟为 20MHz～133MHz,ARM9 系列微处理器的典型处理速度为 1.1MIPS/MHz,常见的 ARM9 的系统主时钟频率为 100MHz～233MHz,ARM10 最高可以达到 700MHz。

另外,ARM 芯片内部存储器的容量也是选型的因素之一,大多数的 ARM 微处理器片内存储器的容量都不大,需要用户在设计系统时外扩存储器,但也有部分芯片具有相对较大的片内存储空间,如 ATMEL 的 AT91F40162 就具有高达 2MB 的片内程序存储空间,用户在设计时可考虑选用这种类型,以简化系统的设计。

除 ARM 微处理器内核以外,几乎所有的 ARM 芯片均根据各自不同的应用领域,扩展了相关功能模块,并集成在芯片之中,我们称之为片内外围电路,如 USB 接口、IIS 接口、LCD 控制器、键盘接口、RTC、ADC 和 DAC、DSP 协处理器等,设计者应分析系统的需求,尽可能采用片内已包含的模块完成所需的功能,这样既可简化系统的设计,又同时提高系统的可靠性。

5.2 ARM 微处理器的工作状态和工作模式

5.2.1 工作状态

ARM 微处理器一般可以工作在两种状态下：ARM 状态和 Thumb 状态。ARM 状态是指处理器执行 32 位的字对齐的 ARM 指令程序时的工作状态。Thumb 状态是指处理器执行 16 位的、半字对齐的 Thumb 指令程序时的工作状态。在程序设计时，程序员可以控制 ARM 处理器的工作状态，并可以在这两种工作状态之间进行切换。

需要指出的是，ARM 处理器的运行都是从 ARM 状态开始的，因此独立的 Thumb 程序是无法运行的，即 ARM 处理器不能仅仅运行在 Thumb 状态，对于单独的 Thumb 指令程序必须添加一小段 ARM 指令程序，实现从 ARM 状态到 Thumb 状态的跳转，才能执行 Thumb 程序。具体细节可以参考本书第 7 章的内容。

另外，Thumb 指令集可以看做是 ARM 指令集压缩形式的子集。Thumb 指令集是针对代码密度的问题而提出的，它以 16 位的形式存储的，使用的是 16 位半字对齐的存储结构。在处理器执行 Thumb 指令时，将会把 16 位指令还原为 32 位指令执行。虽然 Thumb 指令集是 16 位的，但是其指令针对的操作数据都是 32 位的，其指令地址也是 32 位的。

在指令编码上，Thumb 指令减少了 ARM 指令的条件代码，因此大多数 Thumb 指令都是无条件执行的。由于大多数的 Thumb 数据处理指令中目的寄存器和其中一个源寄存器相同，因此，Thumb 指令在指令编码时由三个操作数改为两个操作数。

1. 状态切换方法

ARM 指令集和 Thumb 指令集均有切换处理器状态的指令，并可在两种工作状态之间切换，但 ARM 微处理器在复位后开始执行代码时，是处于 ARM 状态的。

2. ARM 状态进入 Thumb 状态

在 ARM 状态下，可以采用执行 BX 指令的方法，使微处理器从 ARM 状态切换到 Thumb 状态，具体可以参考 6.2.2 节的内容。此外，当处理器在 Thumb 状态时发生异常（如 irq、fiq、undef、abt、swi）后，异常处理返回时，自动切换到 Thumb 状态。

3. Thumb 状态进入 ARM 状态

在 Thumb 状态下，执行 BX 指令时可以使微处理器从 Thumb 状态切换到 ARM 状态，具体可以参考 6.2.2 节的内容。此外，在处理器进行异常处理时，把 PC 指针放入异常模式链接寄存器中，并从异常向量地址开始执行程序，也可以使处理器切换到 ARM 状态。

5.2.2 ARM 的工作模式

ARM 微处理器支持 7 种运行模式,分别为:

(1)用户模式(usr,User Mode):ARM 处理器正常的程序执行状态。

(2)快速中断模式(fiq,Fast Interrupt Request Mode):用于高速数据传输或通道处理。当触发快速中断时进入此模式。

(3)外部中断模式(irq:Interrupt Request Mode):用于通用的中断处理。当触发外部中断时进入此模式。

(4)管理模式(svc,Supervisor Mode):操作系统使用的保护模式。在系统复位或者执行软中断指令 SWI 时进入。

(5)数据访问终止模式(abt,Abort Mode):当数据或指令预取终止时进入该模式,可用于虚拟存储及存储保护。

(6)系统模式(sys,System Mode):运行具有特权的操作系统任务。

(7)未定义指令中止模式(und,Undefined Mode):当未定义的指令执行时进入该模式,可用于支持硬件协处理器的软件仿真。

ARM 微处理器的运行模式可以通过软件改变,也可以通过外部中断或异常处理改变。大多数的应用程序运行在用户模式下,当处理器运行在用户模式下时,某些被保护的系统资源是不能被访问的。

除用户模式以外,其余的所有 6 种模式称之为非用户模式或特权模式(Privileged Mode),其中系统模式以外的 5 种又称为异常模式(Exception Mode),它们常用于处理中断或异常,以及需要访问受保护的系统资源等情况。

在 usr 模式下,对系统资源的访问是受限制的,用户无法主动地改变处理器模式。异常模式通常都和硬件相关,如中断或执行未定义指令等。与移植相关的处理器模式有两种:svc 和 irq,分别指操作系统的保护模式和通用中断处理模式。这两种模式之间的转换可以通过硬件方式或软件方式。

5.3 ARM 微处理器的寄存器

5.3.1 ARM 微处理器的寄存器结构

ARM 微处理器共有 37 个 32 位寄存器,其中包括 31 个通用寄存器(包括程序计数器 PC)和 6 个状态寄存器。这 37 个寄存器不能被同时访问的,具体可以访问寄存器与处理器的工作状态(ARM 或者 Thumb)及具体的运行模式有关。

下面我们首将分别介绍一下 ARM 工作状态和 Thumb 工作状态下寄存器的组织。

1. ARM 状态下的通用寄存器

ARM 工作状态下的 31 个通用寄存器可以分为三类,即:

● 未分组寄存器 R0～R7;

● 分组寄存器 R8～R14;

● 程序计数器 PC(R15)。

(1)未分组寄存器 R0～R7

未分组寄存器 R0～R7 是在所有的 7 种工作模式下可以被访问的。未分组寄存器都指向同一个物理寄存器,因此,在不同的工作模式下,访问的 R0～R7 是相同的。因此,在处理器的工作模式发生切换时,R0～R7 寄存器的值有可能被其他模式的程序所改写。使用时必须小心,例如在正常的程序执行模式(usr)下执行以下操作:

第一步,R0 中的值设为 10;

第二步,R1 中的值设为 25;

第三步,计算 R1～R0 的值。

正常情况下,在执行完第三步后,得到 R1～R0 的结果为 15。但是,如果在执行第三步前,系统出现中断请求,处理器会进入 irq 运行模式,开始运行 irq 处理程序。irq 处理完毕后处理器将返回 usr 状态,继续执行第三步的操作。此时可能出现的问题是,在 irq 程序处理中,可能会用到 R0、R1 寄存器,从而造成其中数据的更改。因此,返回 usr 状态后,R0 中的值可能不是 10,R1 中的值也很有可能不是 25,继续执行第三步的操作将会得到错误的结果。解决这个问题的办法是在进入新的工作模式后,一定要首先对这些通用寄存器中的数值进行保护,在返回旧的工作模式前再恢复通用寄存器的值。保护的方式可以采用堆栈存储这些寄存器的数值。

(2)分组寄存器 R8～R14

R8～R14 被称为分组寄存器是因为在处理器在不同的工作模式下访问 R8～R14 时,实际访问的寄存器是不一样的。不同模式下的 R8～R14 寄存器指向的物理寄存器是有差异的,如图 5.2 所示。

对于 R13 和 R14 寄存器,usr 模式下实际访问的是 R13 和 R14;abt 模式下实际访问的是 R13_abt 和 R14_abt;und 模式下实际访问的是 R13_und 和 R14_und;svc 模式下实际访问的是 R13_svc 和 R14_svc;irq 模式下实际访问的是 R13_irq 和 R14_irq;fiq 模式下实际访问的是 R13_fiq 和 R14_fiq。

对于 R8～R12 寄存器,usr 模式、abt 模式、und 模式、svc 模式、irq 模式下实际访问的都是同样的,即 R8～R12;fiq 模式下实际访问的却是 R8_fiq、R9_fiq、R10_fiq、R11_fiq、R12_fiq。

从上面的分析可以看出,不同模式下的 R8～R14 是有区别的,实际上对应 R8～R14 的物理寄存器共有 22 个即 R8、R8_fiq、R9、R9_fiq、R10、R10_fiq、R11、R11_fiq、R12、R12_fiq、R13、R13_abt、R13_und、R13_svc、R13_irq、R13_fiq、R14、R14_abt、R14_und、R14_svc、R14_irq、R14_fiq

另外,寄存器 R13 在 ARM 指令中常用作堆栈指针(SP),这是一种习惯用法,用户也可使用其他的寄存器作为堆栈指针。而在 Thumb 指令集中,某些指令强制性的要求使用 R13 作为堆栈指针。

由于处理器的每种运行模式均有自己独立的物理寄存器 R13,在用户应用程序的初始化部分,一般都要初始化每种模式下的 R13,使其指向该运行模式的栈空间,这样,当程序的运行进入异常模式时,可以将需要保护的寄存器放入 R13 所指向的堆栈,而当程序从异常模式返回时,则从对应的堆栈中恢复。采用这种方式可以保证异常发生后程序的正常执行。

R14 也称为子程序连接寄存器(Subroutine Link Register)或连接寄存器(LR)。当执行 BL 子程序调用指令时,R14 中得到 R15(程序计数器 PC)的备份。其他情况下,R14 用作通用寄存器。与之类似,当发生中断或异常时,对应的分组寄存器 R14_svc、R14_irq、R14_fiq、R14_abt 和 R14_und 用来保存 R15 的返回值。

在每一种运行模式下,都可用 R14 保存子程序的返回地址,当用 BL 或 BLX 指令调用子程序时,将 PC 的当前值拷贝给 R14,执行完子程序后,又将 R14 的值拷贝回 PC,即可完成子程序的调用返回。当然,R14 也可作为通用寄存器。

(3)程序计数器 PC(R15)

寄存器 R15 用作程序计数器 PC,它和未分组寄存器 R0~R7 一样,在不同工作模式下访问的是一样的。

在 ARM 状态下,PC 的最低两位[1∶0]为 0,其他位[31∶2]用于保存 PC;在 Thumb 状态下,位[0]为 0,其他位[31∶1]用于保存 PC。

R15 虽然也可用作通用寄存器,但一般不这么使用,因为对 R15 的使用有一些特殊的限制,当违反了这些限制时,程序的执行结果是未知的。

由于 ARM 体系结构采用了多级流水线技术,PC 的值并不指向当前指令,对于采用 3 级流水线的 ARM7 处理器而言,PC 总是指向当前指令的下两条指令的地址,即 PC 的值为当前指令的地址值加 8 个字节。

2. ARM 状态下的状态寄存器

ARM 状态下的状态寄存器共有 6 个,被分为两类。一是当前程序状态寄存器 CPSR(Current Program Status Register);二是备份的程序状态寄存器 SPSR(Saved Program Status Register)。

对于 CPSR,在处理器的 6 种工作模式下是相同的。

SPSR 用于保存 CPSR 的当前值,主要用于进行异常处理,例如从异常退出时则可由 SPSR 来恢复 CPSR。不同模式下有不同的 SPSR,abt 模式下实际访问的是 SPSR_abt; und 模式下实际访问的是 SPSR_und;svc 模式下实际访问的是 SPSR_svc;irq 模式下实际访问的是 SPSR_irq;fiq 模式下实际访问的是 SPSR_fiq;由于用户模式 usr 不属于异常模式,因此没有 SPSR,当在 usr 模式下访问 SPSR 时,结果是未知的。

程序状态寄存器(CPSR)的功能包括:

(1)保存 ALU 中的当前操作信息。

(2)控制允许和禁止中断。

(3)设置处理器的运行模式。

程序状态寄存器的每一位的安排如图 5.4 所示：

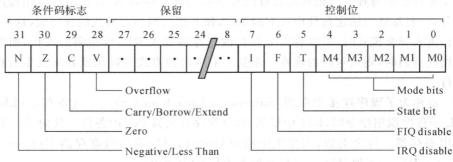

图 5.4　程序状态寄存器格式

其中各个位数的含义如下：

(1)条件码标志(Condition Code Flags)

CPSR 的 28～31 位为条件码标志，定义为：N、Z、C、V。它们的内容可被算术或逻辑运算的结果所改变，并且可以决定某条指令是否被执行。条件码标志各位的具体含义如表 5.1 所示。

表 5.1　条件码标志的具体含义

标志位	含　义
N	当用两个补码表示的带符号数进行运算时，N＝1 表示运算的结果为负数；N＝0 表示运算的结果为正数或零
Z	Z＝1 表示运算的结果为零；Z＝0 表示运算的结果为非零
C	有 4 种方法设置 C 的值： ● 加法运算：当运算结果产生了进位时(无符号数溢出)，C＝1，否则 C＝0 ● 减法运算(包括比较指令 CMP)：当运算时产生了借位(无符号数溢出)时，C＝0，否则 C＝1 ● 对于包含移位操作的非加/减运算指令，C 为移出值的最后一位 ● 对于其他的非加/减运算指令，C 的值通常不改变
V	有 2 种方法设置 V 的值： ● 对于加/减法运算指令，当操作数和运算结果为二进制的补码表示的带符号数时，V＝1 表示符号位溢出 ●对于其他的非加/减运算指令，C 的值通常不改变
Q	在 ARMv5 及以上版本的 E 系列处理器中，用 Q 标志位指示增强的 DSP 运算指令是否发生了溢出。在其他版本的处理器中，Q 标志位无定义

(2)控制位

CPSR 的低 8 位(包括 I、F、T 和 M[4：0])称为控制位，当发生异常时这些位可以被改变。如果处理器运行特权模式，这些位也可以由程序修改，控制位的具体含义如下。

● 中断禁止位 I、F

　　I＝1　禁止 IRQ 中断；

　　F＝1　禁止 FIQ 中断。

● T 标志位

该位反映处理器的运行状态。对于 ARM 体系结构 v5 及以上的版本的 T 系列处理器，当该位为 1 时，程序运行于 Thumb 状态，否则运行于 ARM 状态。

对于 ARM 体系结构 v5 及以上的版本的非 T 系列处理器，当该位为 1 时，执行下一条指令会引起为未定义指令异常。当该位为 0 时，表示运行于 ARM 状态。

● 运行模式位 M[4：0]

M0、M1、M2、M3、M4 是模式位。这些位决定了处理器的运行模式，具体含义如表 5.2 所示。

表 5.2　运行模式位 M[4：0]的具体含义

M[4：0]	处理器模式	可访问的寄存器
10000	用户模式	PC、CPSR、R0～R14
10001	FIQ 模式	PC、CPSR、SPSR_fiq、R14_fiq～R8_fiq、R7～R0
10010	IRQ 模式	PC、CPSR、SPSR_irq、R14_irq、R13_irq、R12～R0
10011	管理模式	PC、CPSR、SPSR_svc、R14_svc、R13_svc、R12～R0
10111	中止模式	PC、CPSR、SPSR_abt、R14_abt、R13_abt、R12～R0
11011	未定义模式	PC、CPSR、SPSR_und、R14_und、R13_und、R12～R0
11111	系统模式	PC、CPSR(ARMv4 及以上版本)、R14～R0

由表 5.2 可知，并不是所有的运行模式位的组合都是有效的，无效的组合结果会导致处理器进入一个不可恢复的状态。

（3）保留位

CPSR 中的其余没有用到的位是保留位，当改变 CPSR 中的条件码标志位或者控制位时，保留位不会被改变，在程序中也不要使用保留位来存储数据。保留位将用于 ARM 以后版本的扩展。

综上所述，在 ARM 状态下，每种工作模式可以访问的寄存器如表 5.3 所示。

表 5.3　ARM 状态下的寄存器组织

System & User 模式	Abt 模式	Und 模式	SVC 模式	IRQ 模式	FIQ 模式
R0	R0	R0	R0	R0	R0
R1	R1	R1	R1	R1	R1
R2	R2	R2	R2	R2	R2
R3	R3	R3	R3	R3	R3
R4	R4	R4	R4	R4	R4
R5	R5	R5	R5	R5	R5
R6	R6	R6	R6	R6	R6

续表

System & User 模式	Abt 模式	Und 模式	SVC 模式	IRQ 模式	FIQ 模式
R7	R7	R7	R7	R7	R7
R8	R8	R8	R8	R8	R8_fiq
R9	R9	R9	R9	R9	R9_fiq
R10	R10	R10	R10	R10	R10_fiq
R11	R11	R11	R11	R11	R11_fiq
R12	R12	R12	R12	R12	R12_fiq
R13	R13_abt	R13_und	R13_svc	R13_irq	R13_fiq
R14	R14_abt	R14_und	R14_svc	R14_irq	R14_fiq
R15(PC)	R15(PC)	R15(PC)	R15(PC)	R15(PC)	R15(PC)
CPSR	CPSR	CPSR	CPSR	CPSR	CPSR
无	SPSR_abt	SPSR_und	SPSR_svc	SPSR_irq	SPSR_fiq

5.3.2　Thumb 状态下的寄存器组织

Thumb 状态下的寄存器集是 ARM 状态下寄存器集的一个子集,程序可以直接访问 8 个通用寄存器(R7～R0)、程序计数器(PC)、堆栈指针(SP)、连接寄存器(LR)和 CPSR。同时,在每一种特权模式下都有一组 SP、LR 和 SPSR。表 5.4 表明 Thumb 状态下的寄存器组织。

表 5.4　Thumb 状态下的寄存器组织

System & User 模式	Abt 模式	Und 模式	SVC 模式	IRQ 模式	FIQ 模式
R0	R0	R0	R0	R0	R0
R1	R1	R1	R1	R1	R1
R2	R2	R2	R2	R2	R2
R3	R3	R3	R3	R3	R3
R4	R4	R4	R4	R4	R4
R5	R5	R5	R5	R5	R5
R6	R6	R6	R6	R6	R6
R7	R7	R7	R7	R7	R7
SP	SP_abt	SP_und	SP_svc	SP_irq	SP_fiq
LR	LR1_abt	LR_und	LR_svc	LR_irq	LR_fiq
PC	PC	PC	PC	PC	PC
CPSR	CPSR	CPSR	CPSR	CPSR	CPSR
无	SPSR_abt	SPSR_und	SPSR_svc	SPSR_irq	SPSR_fiq

Thumb 状态下的寄存器组织与 ARM 状态下的寄存器组织的关系:

- Thumb 状态下和 ARM 状态下的 R0~R7 是相同的。
- Thumb 状态下和 ARM 状态下的 CPSR 和所有的 SPSR 是相同的。
- Thumb 状态下的 SP 对应于 ARM 状态下的 R13。
- Thumb 状态下的 LR 对应于 ARM 状态下的 R14。
- Thumb 状态下的程序计数器对应于 ARM 状态下 R15。

以上的对应关系如图 5.5 所示。

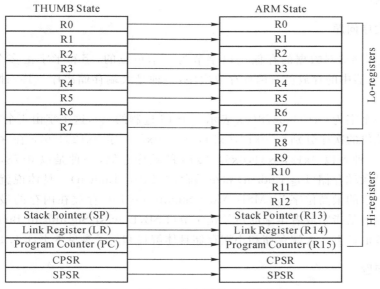

图 5.5 Thumb 状态下的寄存器组织

在 Thumb 状态下,寄存器 R8~R12 并不是标准寄存器集的一部分,但可使用汇编语言程序受限制的访问这些寄存器。使用带特殊变量的 MOV 指令,数据可以在低位寄存器和高位寄存器之间进行传送。高位寄存器的值可以使用 CMP 和 ADD 指令进行比较或加上低位寄存器中的值。

5.4 ARM 处理器的存储器组织结构

5.4.1 ARM 的数据类型

在 ARM 体系结构中,存储器的存储格式有三种类型,即字节(Byte)、半字(Half-Word)和字(Word)。其中,字节的长度均为 8 位。半字(Half-Word)的长度为 16 位,在内存中占用 2 个字节空间。字(Word)的长度为 32 位,在内存中占用 4 个字节空间。

5.4.2　存储器的格式

ARM 体系结构将存储器看作是从零地址开始的字节的线性组合。从 0 字节到 3 字节放置第一个存储的字数据,从第 4 个字节到第 7 个字节放置第二个存储的字数据,依次排列。作为 32 位的微处理器,ARM 体系结构所支持的最大寻址空间为 4GB(2^{32}字节)。

在对字和半字类型的数据进行存取时,有两个问题需要注意,一是存储次序问题,二是地址对齐问题。

1. 存储次序问题

ARM 的存储器对数据的存储是以字节为基本单位的,字和半字由多个字节组成。因此,其在存储器中的存放就有两种存放次序,一种是大端存储次序,另一种是小端存储次序。

例如有一个字为 0x12345678(0x 表示一个 16 进制的数),这个字由 4 个字节组成,按照从高位到低位的次序分别是:0x12,0x34,0x56,0x78。字 0x12345678 在存储器中有两种存储方式,一种是以 0x12,0x34,0x56,0x78 的顺序存储,一种是以 0x78,0x56,0x34,0x12。这就是大端存储(Big Endian)和小端存储(Little Endian)。具体说就是大端存储是指字或者半字的最高位字节(MSB,Most Significant Bit)存放在内存的最低位字节地址上。小端存储是指字或者半字的最低位字节(LSB,Lowest Significant Bit)存放在内存的最低位字节地址上。大端存储和小端存储具体解释和例子参见本书 3.1.4 节。

2. 对齐问题

在对 32 位的字和 16 位的半字进行数据存取时,访问字和半字的地址需要对齐操作。具体来讲就是,访问 32 位字的地址必须是字对齐的,访问 16 位半字的地址必须是半字对齐的。

字对齐是指地址必须是以 4 为单位递增的,也就是说,字对齐时的地址必须能够被 4 整除,这样的地址才是字对齐的。如果以 2 进制数表示地址,那么地址的最后 2 位必须是 00。

半字对齐是指地址必须是以 2 为单位递增的,也就是说,字对齐时的地址必须能够被 2 整除。这样的地址才是字对齐的。如果以 2 进制数表示地址,那么地址的最后一位必须是 0。

例如,在 ARM 处理器的存储空间中,有一段存储空间中存储的数据如表 5.5 所示。

表 5.5　数据在存储器中的存储

地址	0x00008000	0x00008001	0x00008002	0x00008003	0x00008004
数据	0x01	0x02	0x03	0x04	0x05

如果从地址 0x00008000 或者 0x00008004 读取一个字,是可以正常取到的,因为地址 0x00008000 是字对齐的,但是如果从 0x00008001 或者 0x00008002 或者 0x00008003 读

取一个字,结果是随机的,因为这些地址是没有字对齐的。

同样,如果从 0x00008000、0x00008002、0x00008004 读取一个半字,是可以正常取到的,因为它们是半字对齐的,但是如果我们从 0x00008001 或者 0x00008003 读取一个半字,结果也是随机的,因为这些地址是没有半字对齐的。

思考题:

上例中,如果存储空间中的数据是以大端存储的那么地址 0x00008000 中存储的一个字是_____,地址 0x00008000 中存储的一个半字是_____,地址 0x00008003 中存储的一个字节是_____。

如果存储空间中的数据是以小端存储的那么地址 0x00008000 中存储的一个字是_____,地址 0x00008000 中存储的一个半字是_____,地址 0x00008003 中存储的一个字节是_____。

答案:0x01020304　0x0102　0x04　0x04030201　0x0201　0x04

5.5 ARM 处理器的异常

当正常的程序执行流程发生暂停时,称为异常(Exceptions)。在处理异常之前,当前处理器的状态必须保留,这样当异常处理完成之后,当前程序可以继续执行。处理器允许多个异常同时发生,它们将会按固定的优先级进行处理。

5.5.1 ARM 体系结构所支持的异常类型

ARM 体系结构所支持的异常及具体含义如表 5.6 所示。

表 5.6　ARM 体系结构所支持的异常

异常类型	具体含义
复位	当处理器的复位电平有效时,产生复位异常,程序跳转到复位异常处理程序处执行
未定义指令	当 ARM 处理器或协处理器遇到不能处理的指令时,产生未定义指令异常。可使用该异常机制进行软件仿真
软件中断	该异常由执行 SWI 指令产生,可用于用户模式下的程序调用特权操作指令。可使用该异常机制实现系统功能调用
指令预取中止	若处理器预取指令的地址不存在,或该地址不允许当前指令访问,存储器会向处理器发出中止信号,但当预取的指令被执行时,才会产生指令预取中止异常

续表

异常类型	具体含义
数据中止	若处理器数据访问指令的地址不存在,或该地址不允许当前指令访问时,产生数据中止异常
IRQ(外部中断请求)	当处理器的外部中断请求引脚有效,且 CPSR 中的 I 位为 0 时,产生 IRQ 异常。系统的外设可通过该异常请求中断服务
FIQ(快速中断请求)	当处理器的快速中断请求引脚有效,且 CPSR 中的 F 位为 0 时,产生 FIQ 异常

各个异常的具体描述如下:

1. 复位异常

当处理器的复位信号电平有效时,产生复位异常(Reset),程序跳转到复位异常处理程序处执行。

2. 未定义指令异常

当 ARM 处理器遇到不能处理的指令时,会产生未定义指令异常(und,Undefined)。有意的使用未定义指令异常可以通过软件仿真来扩展 ARM 或 Thumb 指令集。

在仿真未定义指令后,处理器执行"MOV PC,R14_und"命令返回,无论是在 ARM 状态还是 Thumb 状态,使用以下命令可以恢复 PC(从 R14_und)和 CPSR(从 SPSR_und)的值,并返回到未定义指令后的下一条指令。

3. 软件中断异常

软件中断指令(Software Interrupt,SWI)可以产生 SWI 异常,用于进入管理模式,常用于请求执行特定的管理功能。软件中断处理程序执行以下指令从 SWI 模式返回,无论是在 ARM 状态还是 Thumb 状态,使用"MOV PC,R14_svc"命令可以恢复 PC(从 R14_svc)和 CPSR(从 SPSR_svc)的值,并返回到 SWI 的下一条指令。

4. 中止异常

中止异常(abt,Abort)包括两种类型,指令预取中止(PAbt)和数据中止(DAbt),产生中止异常意味着对存储器的访问失败。当指令预取访问存储器失败时,存储器系统向 ARM 处理器发出存储器中止信号,预取的指令被记为无效,但只有当处理器试图执行无效指令时,指令预取中止异常才会发生,如果指令未被执行,例如在指令流水线中发生了跳转,则预取指令中止不会发生。若数据中止发生,系统的响应与指令的类型有关。

当确定了中止的原因后,Abort 处理程序均会执行以下指令从中止模式返回。

```
SUBS PC,R14_abt,#4        ;指令预取中止
SUBS PC,R14_abt,#8        ;数据中止
```

无论是在 ARM 状态还是 Thumb 状态,可以使用以上命令恢复 PC(从 R14_abt)和 CPSR(从 SPSR_abt)的值,并重新执行中止的指令。

5. IRQ 异常

IRQ(Interrupt Request)异常属于正常的中断请求,可通过对处理器的 nIRQ 引脚输入低电平产生,IRQ 的优先级低于 FIQ,当程序执行进入 FIQ 异常时,IRQ 可能被屏蔽。

若将 CPSR 的 I 位置为 1,则会禁止 IRQ 中断,若将 CPSR 的 I 位清零,处理器会在指令执行完之前检查 IRQ 的输入。注意只有在特权模式下才能改变 I 位的状态。

不管是在 ARM 状态还是在 Thumb 状态下进入 IRQ 模式,IRQ 处理程序均会执行以下指令从 IRQ 模式返回:

```
SUBS  PC,R14_irq,#4
```

该指令将寄存器 R14_irq 的值减去 4 后,复制到程序计数器 PC 中,从而实现从异常处理程序中的返回,同时将 SPSR_mode 寄存器的内容复制到当前程序状态寄存器 CPSR 中。

6. FIQ 异常

FIQ(Fast Interrupt Request)异常是为了支持数据传输或者通道处理而设计的。在 ARM 状态下,系统有足够的私有寄存器,从而可以避免对寄存器保存的需求,并减小了系统上下文切换的开销。

若将 CPSR 的 F 位置为 1,则会禁止 FIQ 中断,若将 CPSR 的 F 位清零,处理器会在指令执行时检查 FIQ 的输入。注意只有在特权模式下才能改变 F 位的状态。

可由外部通过对处理器上的 nFIQ 引脚输入低电平产生 FIQ。不管是在 ARM 状态还是在 Thumb 状态下进入 FIQ 模式,FIQ 处理程序均会执行以下指令从 FIQ 模式返回:

```
SUBS  PC,R14_fiq,#4
```

该指令将寄存器 R14_fiq 的值减去 4 后,复制到程序计数器 PC 中,从而实现从异常处理程序中的返回,同时将 SPSR_mode 寄存器的内容复制到当前程序状态寄存器 CPSR 中。

5.5.2　异常优先级(Exception Priorities)

当多个异常同时发生时,系统根据固定的优先级决定异常的处理次序。异常优先级由高到低的排列次序如表 5.7 所示。

表 5.7　异常优先级

优先级	异　常
1(最高)	复位
2	数据中止
3	FIQ
4	IRQ
5	预取指令中止
6(最低)	未定义指令、SWI

5.5.3　应用程序中的异常处理

当系统运行时,异常可能会随时发生,为保证在 ARM 处理器发生异常时不至于处于未知状态,在应用程序的设计中,首先要进行异常处理,采用的方式是在异常向量表中的特定位置放置一条跳转指令,跳转到异常处理程序,当 ARM 处理器发生异常时,程序计数器 PC 会被强制设置为对应的异常向量,从而跳转到异常处理程序,当异常处理完成以后,返回到主程序继续执行。如果异常发生时,处理器处于 Thumb 状态,则当异常向量地址载入 PC 时,处理器自动切换到 ARM 状态。表 5.8 是处理各个异常时的入口地址,即异常向量地址。

表 5.8　异常向量地址

地址	异常	进入模式
0x00000000	复位	管理模式
0x00000004	未定义指令	未定义模式
0x00000008	软件中断	管理模式
0x0000000C	中止(预取指令)	中止模式
0x0000010	中止(数据)	中止模式
0x00000014	保留	保留
0x00000018	IRQ	IRQ
0x0000001C	FIQ	FIQ

5.5.4　对异常的响应

当一个异常出现以后,ARM 微处理器会执行以下几步操作:

(1)将下一条指令的地址存入相应连接寄存器 LR,以便程序在处理异常返回时能从正确的位置重新开始执行。若异常是从 ARM 状态进入,LR 寄存器中保存的是下一条指令的地址(当前 PC+4 或 PC+8,与异常的类型有关);若异常是从 Thumb 状态进入,则在 LR 寄存器中保存当前 PC 的偏移量,这样,异常处理程序就不需要确定异常是从何种状态进入的。例如:在软件中断异常 SWI 执行后,指令 MOV PC,R14_svc 总是返回到下一条指令,不管 SWI 是在 ARM 状态执行,还是在 Thumb 状态执行。

(2)将 CPSR 复制到相应的 SPSR 中。

(3)根据异常类型,强制设置 CPSR 的运行模式位。

(4)强制 PC 从相关的异常向量地址取下一条指令执行,从而跳转到相应的异常处理程序处。

异常的响应过程可以用伪指令描述为:

(1)R14_＜Exception_Mode＞ ：＝ Return Link

(2)SPSR_＜Exception_Mode＞ ：＝ CPSR

(3)CPSR[4:0]：＝ Exception Mode Number

(4)CPSR[5]：＝ 0　　　　　　　　　　　;当运行于 ARM 工作状态时

(5)If ＜Exception_Mode＞ ＝＝ Reset or FIQ then　;当响应 FIQ 时,禁止新的 FIQ

　　CPSR[6] ：＝ 1

　　CPSR[7] ：＝ 1

　PC：＝ Exception Vector Address

5.5.5　异常返回

异常处理完毕之后,ARM 微处理器会执行以下几步操作从异常返回:

(1)将连接寄存器 LR 的值减去相应的偏移量后送到 PC 中。

(2)将 SPSR 复制回 CPSR 中。

(3)若在进入异常处理时设置了中断禁止位,要在此清除。

可以认为应用程序总是从复位异常处理程序开始执行的,因此复位异常处理程序不需要返回。

5.5.6　异常进入/退出时的指令

表 5.9 总结了进入异常处理时保存在相应 R14 中的 PC 值,及在退出异常处理时推荐使用的指令。

表 5.9　异常进入/退出的指令

异常	返回指令	以前的状态		注意
		ARM R14_x	Thumb R14_x	
BL	MOV PC,R14	PC+4	PC+2	PC 应是产生异常指令所取的地址
SWI	MOV PC,R14_svc	PC+4	PC+2	
UDEF	MOS PC,R14_und	PC+4	PC+2	
PABT	SUBS PC,R14_abt,♯4	PC+4	PC+4	
DABT	SUBS PC,R14_abt,♯8	PC+8	PC+8	PC 是产生异常指令的地址
IRQ	SUBS PC,R14_irq,♯4	PC+4	PC+4	PC 是从 FIQ 或 IRQ 取得不能执行的指令的地址
FIQ	SUBS PC,R14_fiq,♯4	PC+4	PC+4	
RESET	无	—	—	系统复位时,保存在 R14_svc 中的值是不可预知的

习 题

1. ARM 微处理器有哪些特点？

2. ARM 微处理器有哪些工作状态和工作模式？

3. ARM 处理器在 ARM 工作状态下，一共有多少个寄存器，具体是哪些？

4. ARM 微处理器的寄存器中，R13 通常用作_____，R14 通常用作_____，R15 通常用作_____。

5. ARM 程序状态寄存器的功能主要有哪些？

6. ARM 处理器对字、半字进行存储和读取时需要注意什么？

7. 简述 ARM 处理器对异常的相应过程。

8. 请描述 IRQ 异常产生的条件是什么？进入和退出该异常时内核分别执行怎样的操作（请具体说明涉及的寄存器及其有关的值的变化）？退出时的返回指令是什么？

第 6 章

ARM 指令系统

6.1 ARM 处理器的寻址方式

一条汇编语句包含指令和操作数两部分,处理器在执行一条汇编语句时需要按照一定的方式取得操作数,这种处理器在执行指令的过程中寻找操作数的方式就称为寻址方式。例如,下面一条汇编语句:

```
MOV R0,♯0x20
```

这条语句是将一些数据送到相应的位置中去,其中"MOV"是指令本身,决定做什么事情(这里是做数据的传递)。进行数据的传递需要明确两件事情,一是要传递哪个数据,即要有一个数据源;二是要传递到哪里去,即数据传递的目的。在上述指令中,要送的数是 0x20,而要送达的目的是 R0 这个寄存器。在这里,源操作数 0x20 的获得是直接出现在语句中的,此时处理器不需要特别的处理就可以得到操作数,像这种直接得到操作数的方式称为立即数寻址。目前 ARM 处理器支持 9 种寻址方式,分别是立即数寻址、寄存器寻址、寄存器偏移寻址、寄存器间接寻址、基址变址寻址、多寄存器寻址、相对寻址、堆栈寻址和块拷贝寻址。

6.1.1 立即数寻址

立即数寻址也叫立即寻址,这是一种特殊的寻址方式,操作数本身就在指令中给出,只要取出指令也就取到了操作数。这个操作数被称为立即数,对应的寻址方式也就叫做立即寻址。例如以下语句:

```
MOV R0,♯64          ;R0←64
ADD R0,R0,♯1        ;R0←R0 + 1
SUB R0,R0,♯0x3d     ;R0←R0 - 0x3d
```

在立即数寻址中,要求立即数以"♯"为前缀,对于以十六进制表示的立即数,还要求在"♯"后加上"0x"或"&"。

在 ARM 处理器中,立即数必须是对应 8 位位图格式,即立即数是由一个 8bit 的常数在 16 位或 32 位的寄存器中,经循环移动偶数位得到的。合法的立即数必须能够找到得到它的那个常数,否则这个立即数就是非法的。

例如:0x80 是合法的,它可以通过 0x80 向右或向左移动 0 位得到,由于 8 位的常数都可以由其自身移动 0 位得到,因此 8 位的立即数肯定都是合法的。

0x3F8 也是合法的,我们把它写成二进制形式为:0011111111000b,可以看出如果使用 0xFE(11111110b)这个 8 位的常数在 16 位寄存器中循环向左移动 2 位就可以得到 0x3F8,如图 6.1 所示。

图 6.1   合法立即数的得到过程

同理,0xC0000003、0x6000000E 都是合法的。0x1010、0x1FA、0x1FF、0x10000010 是不合法的。

判断一个立即数是否合法可以采用如下办法:即对这个立即数进行循环左移或右移操作,看看经过移动偶数位后,是否可以得到一个不大于 0xFF 的立即数(即不超过 8 位的立即数),如果可以得到,这个立即数就是合法的,否则就是非法的。例如对于立即数 0xC0000003,对其向左循环移动 2 位,可以得到 0x0F,因此它是合法的;对于立即数 0x6000000E,对其向左循环移动 4 位,可以得到 0xE6,因此它也是合法的;对于立即数 0x1010,对其无论如何移动偶数位,都无法得到小于 0xFF 的立即数 6,因此 0x1010 是非法的立即数。

6.1.2   寄存器寻址

寄存器寻址就是利用寄存器中的数值作为操作数,这种寻址方式是各类微处理器经常采用的一种方式,也是一种执行效率较高的寻址方式。例如以下语句:

```
ADD      R0,R1,R2            ;R0←R1 + R2
```

该指令的执行效果是将寄存器 R1 和 R2 的内容相加,其结果存放在寄存器 R0 中。

6.1.3　寄存器偏移寻址

寄存器偏移寻址是 ARM 指令集特有的寻址方式,它是在寄存器寻址得到操作数后再进行偏移操作,得到最终的操作数。例如以下语句:

```
MOV R0,R2,LSL #3      ;R0←R2 * 8,R2 的值左移 3 位,结果放入 R0
MOV R0,R2,LSL R1      ;R2 的值左移 R1 位,结果放入 R0
ANDS R1,R1,R2,LSL #3
  ;R1←R1 and (R2 * 8),R2 的值左移 R3 位,然后和 R1 相与操作,结果放入 R1
```

可采用的移位操作如下:

● LSL:逻辑左移(Logical Shift Left),寄存器中字的低端空出的位补 0。

● LSR:逻辑右移(Logical Shift Right),寄存器中字的高端空出的位补 0。

● ASL:算术左移(Arithmetic Shift Left),其操作和逻辑左移 LSL 相同。

● ASR:算术右移(Arithmetic Shift Right),移位过程中保持符号位不变,即如果源操作数为正数,则字的高端空出的位补 0,否则补 1。

● ROR:循环右移(Rotate Right),由字的低端移出的位填入字的高端空出的位。

● RRX:带扩展的循环右移(Rotate Right eXtended by 1place),操作数右移一位,高端空出的位用原 C 标志值填充。

各移位操作如图 6.2 所示。

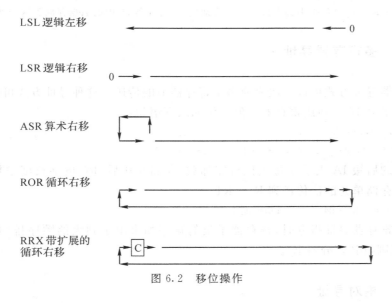

图 6.2　移位操作

6.1.4　寄存器间接寻址

寄存器间接寻址就是以寄存器中的值作为地址,再通过这个地址去取得操作数。举例如下:

```
LDR    R0,[R1]
```
;R0←[R1]，以寄存器 R2 的值作为操作数的地址，把取得操作数传送到 R0 中
```
ADD R0,R1,[R2]
```
;R0←R1＋[R2]，以寄存器 R2 的值作为操作数的地址，取得操作数后与 R1 相加，结果存入寄存器 R0 中

6.1.5 寄存器基址变址寻址

寄存器基址变址寻址又称为基址变址寻址，它是在寄存器间接寻址的基础上扩展来的。它将寄存器（该寄存器一般称作基址寄存器）中的值与指令中给出的地址偏移量相加，从而得到一个地址，通过这个地址取得操作数。例如以下语句：
```
LDR R0,[R1,♯4]
```
;R0←[R1＋4]，将寄存器 R1 的内容加上 4 形成操作数的地址，取得的操作数存入寄存器 R0 中
```
LDR R0,[R1,♯4]!
```
;R0←[R1＋4]、R1←R1＋4，将寄存器 R1 的内容加上 4 形成操作数的地址，取得的操作数存入寄存器 R0 中，然后，R1 的内容自增 4 个字节。其中! 表示自增的意思
```
LDR R0,[R1,R2]
```
;R0←[R1＋R2]，将寄存器 R1 的内容加上寄存器 R2 的内容形成操作数的地址，取得的操作数存入寄存器 R0 中
```
STR R0,[R1,♯－4]
```
;R0→[R1－4]，将 R1 中的数值减 4 作为地址，把寄存器 R0 中的数据存放到这个地址中

6.1.6 多寄存器寻址

多寄存器寻址方式可以一次完成多个寄存器值的传送。这种寻址方式可以用一条指令完成传送最多 16 个通用寄存器的值。例如以下语句：
```
LDMIA R0,{R1,R2,R3,R4}
```
;R1←[R0]，R2←[R0＋4]，R3←[R0＋8]，R4←[R0＋12]

该指令的后缀 IA 表示在每次执行完加载/存储操作后，R0 按字长度增加，因此，指令可将连续存储单元的值传送到 R1～R4。
```
LDMIA R0,{R1～R4}        ;功能同上
```

使用多寄存器寻址指令时，寄存器子集的顺序如果由小到大的顺序排列，可以使用"－"连接，否则，用"，"分隔书写。

6.1.7 相对寻址

相对寻址也可以看成是一种特殊的基址寻址，特殊性是它把程序计数器 PC 中的当前值作为基地址，语句中的地址标号作为偏移量，将两者相加之后得到操作数的地址。例如以下语句：

```
        BL    NEXT        ;相对寻址,跳转到 NEXT 处执行
              ……
              ……
        NEXT
              ……
```

6.1.8　堆栈寻址

堆栈是一种数据结构,按先进后出(First In Last Out,FILO)的方式工作,使用一个称作堆栈指针(Stack Pointer,SP)的专用寄存器指示当前的操作位置,堆栈指针总是指向栈顶。

根据堆栈的生成方式不同,可以把堆栈分为两种类型,如图 6.3 所示。

(1)递增堆栈:向堆栈写入数据时,堆栈由低地址向高地址生长。

(2)递减堆栈:向堆栈写入数据时,堆栈由高地址向低地址生长。

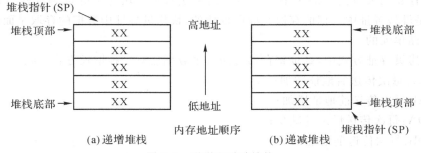

图 6.3　递增和递减堆栈

同时,根据堆栈的堆栈指针(SP)指向的位置,又可以把堆栈分为满堆栈(Full Stack)和空堆栈(Empty Stack)两种类型。

(1)满堆栈(Full Stack):堆栈指针 SP 指向最后压入堆栈的数据。满堆栈在向堆栈存放数据时的操作是先移动 SP 指针,然后存放数据。在向堆栈取数据时,是先取数据,然后移动 SP 指针。这样的操作保证了 SP 一直指向有效的数据,由于 SP 一直指向一个有效的数据地址,满堆栈由此得名。

(2)空堆栈(Empty Stack):堆栈指针 SP 指向下一个将要放入数据的空位置。空堆栈在向堆栈存放数据时的操作是先存放数据,然后移动 SP 指针。在向堆栈取数据时,是先移动 SP 指针,然后取数据。这样的操作保证了 SP 一直指向一个空地址(没有有效数据的地址)。由于 SP 一直指向没有有效数据的"空"地址,空堆栈由此得名。

这两种堆栈方式的自由组合,可以得到 4 种基本的堆栈类型,即:

(1)满递增堆栈(FA):满堆栈+递增堆栈。堆栈指针指向最后压入的数据,且由低地址向高地址生长。

(2)满递减堆栈(FD):满堆栈+递减堆栈。堆栈指针指向最后压入的数据,且由高地址向低地址生长。

（3）空递增堆栈（EA）：空堆栈＋递增堆栈。堆栈指针指向下一个将要放入数据的空位置，且由低地址向高地址生长。

（4）空递减堆栈（ED）：空堆栈＋递减堆栈。堆栈指针指向下一个将要放入数据的空位置，且由高地址向低地址生长。

这 4 种堆栈种类作为基本传送命令的后缀使用，说明命令中堆栈的类型。堆栈寻址举例如下：

```
STMFD SP!,{R1～R7,LR}        ;将 R1～R7,LR 入栈。满递减堆栈
LDMED SP!,{R1～R7,LR}        ;数据出栈，放入 R1～R7,LR 寄存器。空递减堆栈
```

上述语句中，指令 STM 和 LDM 是基本指令，FD 表示堆栈的类型为满递减堆栈，ED表示堆栈的类型为空递减堆栈。

6.1.9　块拷贝寻址

块拷贝寻址用于寄存器数据批量复制，它实现从由基址寄存器所指示的一片连续存储器到寄存器列表所指示的多个寄存器之间传送数据。块拷贝寻址和堆栈寻址有些类似，区别是堆栈寻址中数据的存取是面向堆栈的，块拷贝寻址中数据的存取是面向寄存器指向的存储单元的。

在块拷贝寻址方式中，基址寄存器传送一个数据后有 4 种增长方式，即：

（1）IA：每次传送后地址增加；

（2）IB：每次传送前地址增加；

（3）DA：每次传送后地址减少；

（4）DB：每次传送前地址减少。

对于 32 位的 ARM 指令，每次地址的增加和减少都是 4。

这 4 种增长方式作为基本传送命令的后缀使用，说明命令中基址寄存器的增长方式。块拷贝寻址指令举例如下：

```
STMIA R0!,{R1～R7}
```

;将 R1～R7 的数据保存到 R0 指向存储器中，存储器指针在保存第一个值之后增加，增长方向为向上增长。R0 此时是基址寄存器

```
STMIB R0!,{R1～R7}
```

;将 R1～R7 的数据保存到存储器中，存储器指针在保存第一个值之前增加，增长方向为向上增长

```
STMDA R0!,{R1～R7}
```

;将 R1～R7 的数据保存到存储器中，存储器指针在保存第一个值之后减少，减少方向为向下减少

```
STMDB R0!,{R1,R3～R6,LR}
```

;将 R1,R3～R6,LR 的数据保存到存储器中，存储器指针在保存第一个值之前减少，减少方向为向下减少

6.2　ARM 指令集合

ARM 微处理器的在较新的体系结构中支持两种指令集：ARM 指令集和 Thumb 指令集。其中，ARM 指令为 32 位的长度，Thumb 指令为 16 位长度。Thumb 指令集为 ARM 指令集的功能子集，但与等价的 ARM 代码相比较，可节省 30%～40% 以上的存储空间，同时具备 32 位代码的所有优点。下面首先介绍 ARM 指令集合。

6.2.1　ARM 指令的基本格式

ARM 指令的基本格式为：

　　<opcode>{<cond>}{S} <Rd>,<Rn> {,<opcode2>}

其中，<>内的项是必需的，{}内的项是可选的。

1. opcode 项

opcode 是指令助记符，即我们见到的用英文字母表示的汇编指令，例如 MOV，ADD，LDR 等。opcode 说明了指令要进行的操作，其在指令中是必需的。

2. cond 项

cond 项表明了指令的执行条件，每一条 ARM 指令都可以在规定的条件下执行的，每条 ARM 指令包含 4 位的条件码，位于指令的最高 4 位[31：28]。条件码共有 16 种，每种条件码可用两个字符表示，这两个字符可以添加在指令助记符的后面和指令同时使用。当指令的执行条件满足时，指令才被执行，否则指令被忽略。如果在指令后不写条件码，则使用默认条件 AL(无条件执行)。

在 16 种条件标志码中，只有 15 种可以使用，如表 6.1 所示，第 16 种(1111)为系统保留，暂时不能使用。具体条件码的说明如表 6.1 所示。

表 6.1　指令的条件码

条件码	助记符后缀	标　志	含　义
0000	EQ	Z 置位	相等
0001	NE	Z 清零	不相等
0010	CS	C 置位	无符号数大于或等于
0011	CC	C 清零	无符号数小于
0100	MI	N 置位	负数
0101	PL	N 清零	正数或零

续表

条件码	助记符后缀	标　志	含　义
0110	VS	V 置位	溢出
0111	VC	V 清零	未溢出
1000	HI	C 置位 Z 清零	无符号数大于
1001	LS	C 清零 Z 置位	无符号数小于或等于
1010	GE	N 等于 V	带符号数大于或等于
1011	LT	N 不等于 V	带符号数小于
1100	GT	Z 清零且(N 等于 V)	带符号数大于
1101	LE	Z 置位或(N 不等于 V)	带符号数小于或等于
1110	AL	忽略	无条件执行

条件码应用举例如下：

例：比较两个值大小，并进行相应加 1 处理，C 语言代码为：

```
if (a>b)a++;
   else b++;
```

对应的 ARM 指令如下(其中 R0 中保存的值为 a,R1 中保存的值为 b)：

```
CMP R0,R1          ;R0 与 R1 比较
ADDHI R0,R0,♯1     ;若 R0>R1,则 R0 = R0 + 1
ADDLS R1,R1,♯1     ;若 R0< = R1,则 R1 = R1 + 1
```

3. S 项

S 项是条件码设置项，它决定本次指令执行的结果是否影响 CPSR 寄存器的相应状态位的值，书写时影响 CPSR，否则不影响。S 项是可选的。

4. Rd 项

Rd 是指令中目标寄存器，它是必需的。根据具体指令的不同，有些指令中要求 Rd 必须在 R0～R7 之间，有些要求 Rd 必须在 R0～R14 之间，有些则没有特殊要求。

5. Rn 项

Rn 是指第一个操作数的寄存器，和 Rd 一样，有些指令中要求 Rn 必须在 R0～R7 之间，有些要求 Rn 必须在 R0～R14 之间，有些则没有特殊要求。

6. opcode 2 项

opcode 2 项是指第 2 个操作数，在 ARM 指令中，灵活的使用第 2 个操作数能提高代码效率，第 2 个操作数有 3 种形式：立即数♯immed_8r 形式，寄存器 Rm 形式和寄存器移位(Rm,shift)形式。

（1）立即数 ♯immed_8r 形式

立即数必须对应 8 位位图，即常数是由一个 8 位的常数循环移位偶数位得到，使用时必须考虑其合法性，具体说明参见 6.1.1 节。

（2）寄存器 Rm 形式

在寄存器 Rm 形式下，操作数即为寄存器的数值。应用举例如下：

```
SUB R1,R1,R2        ;R1←R1－R2
LDR R0,[R1],－R2    ;读取 R1 地址上的存储器单元内容并存入 R0,且 R1 = R1 - R2
```

（3）寄存器移位（Rm,shift）形式

opcode 2 还可以使用寄存器移位方式（Rm,shift）。将寄存器的移位结果作为操作数，但 RM 值保存不变，在（Rm,shift）中 Rm 是系统的通用机寄存器，shift 为移位操作，共有 6 种，具体如下：

- LSL 逻辑左移；
- ASL 算术左移；
- LSR 逻辑右移；
- ASR 算术右移；
- ROR 循环右移；
- RRX 带扩展的循环右移。

其中 ASL 和 LSL 是等价的，可以自由互换。

移位操作的基本格式有两种，分别是：

（1）"Rm,移位操作 ♯n"

Rm 按照移位操作的要求移动 n 位，其中 $1 \leqslant n \leqslant 31$。

（2）"Rm,移位操作 R0"

Rm 按照移位操作的要求移动 R0 中指定的位数。

移位操作的具体解释如下：

- LSL（或 ASL）逻辑（或算术）左移操作

LSL（或 ASL）对通用寄存器中的内容进行逻辑（或算术）的左移操作，按操作数所指定的数量向左移位，低位用零来填充。如 6.1.3 节的图 6.2 所示。

举例如下：

```
MOV  R0,R1,LSL♯2          ;将 R1 中的内容左移两位后传送到 R0 中
```

- LSR 逻辑右移操作

LSR 对通用寄存器中的内容进行逻辑右移的操作，按操作数所指定的数量向右移位，左端用零来填充。

举例如下：

```
MOV  R0,R1,LSR♯2        ;将 R1 中的内容右移两位后传送到 R0 中,左端用零来填充
```

- ASR 算术右移操作

ASP 对通用寄存器中的内容进行算术右移的操作，按操作数所指定的数量向右移位，左端用第 31 位的值来填充。

举例如下：

```
MOV  R0,R1,ASR#2
```
　　；将 R1 中的内容算术右移两位后传送到 R0 中,左端用第 31 位的值来填充

● ROR 循环右移操作

ROR 对通用寄存器中的内容进行循环右移的操作,按操作数所指定的数量向右循环移位,左端用右端移出的位来填充。

举例如下：
```
MOV  R0,R1,ROR#2        ；将 R1 中的内容循环右移两位后传送到 R0 中
```

● RRX 带扩展的循环右移操作

RRX 可完成对通用寄存器中的内容进行带扩展的循环右移的操作,按操作数所指定的数量向右循环移位,左端用进位标志位 C 来填充。

举例如下：
```
MOV  R0,R1,RRX#2        ；将 R1 中的内容进行带扩展的循环右移两位后传送到 R0 中
```

6.2.2　ARM 指令详解

　　ARM 微处理器的指令集是加载/存储型的,也即指令集仅能处理寄存器中的数据,而且处理结果都要放回寄存器中,而对系统存储器的访问则需要通过专门的加载/存储指令来完成。

　　ARM 微处理器的指令集可以分为跳转指令、数据处理指令、程序状态寄存器(PSR)处理指令、加载/存储指令、协处理器指令和异常产生指令六大类,具体的指令及功能如表6.2 所示(表中指令为基本 ARM 指令,不包括派生的 ARM 指令)。

表 6.2　ARM 指令及功能描述

助记符	指令功能描述
ADC	带进位加法指令
ADD	加法指令
AND	逻辑与指令
B	跳转指令
BIC	位清零指令
BL	带返回的跳转指令
BX	带状态切换的跳转指令
CDP	协处理器数据操作指令
CMN	取反比较指令
CMP	比较指令
EOR	异或指令
LDC	存储器到协处理器的数据传输指令
LDM	加载多个寄存器指令

续表

助记符	指令功能描述
LDR	存储器到寄存器的数据传输指令
MCR	从 ARM 寄存器到协处理器寄存器的数据传输指令
MOV	数据传送指令
MRC	从协处理器寄存器到 ARM 寄存器的数据传输指令
MRS	传送 CPSR 或 SPSR 的内容到通用寄存器指令
MSR	传送通用寄存器或立即数到 CPSR 或 SPSR 的指令
MUL	32 位乘法指令
MLA	32 位乘加指令
MVN	数据取反传送指令
ORR	逻辑或指令
RSB	逆向减法指令
RSC	带借位的逆向减法指令
SBC	带借位减法指令
STC	协处理器寄存器写入存储器指令
STM	批量内存字写入指令
STR	寄存器到存储器的数据传输指令
SUB	减法指令
SWI	软件中断指令
SWP	交换指令
TEQ	相等测试指令
TST	位测试指令

1. 跳转指令

跳转指令用于实现程序流程的跳转,在 ARM 程序中有两种方法可以实现程序流程的跳转:一是使用专门的跳转指令,二是直接向程序计数器 PC 写入跳转地址值。通过向程序计数器 PC 写入跳转地址值,可以实现在 4GB 的地址空间中的任意跳转,在跳转之前结合使用"MOV LR,PC"等类似指令,可以保存将来的返回地址值,从而实现在 4GB 连续的线性地址空间的子程序调用。

ARM 指令集中的跳转指令可以完成从当前指令向前或向后的 32MB 的地址空间的跳转,包括以下 3 条指令。

表 6.3　ARM 指令集中的跳转指令

助记符	说明	操作	条件码位置
B Label	跳转指令	PC←Label	B{cond}
L Label	带返回的跳转指令	LR←PC+4,PC←Label	BL{cond}
BX Rm	带状态切换的跳转指令	PC←Label1,切换处理器状态	BX{cond}

● B 指令

指令的格式为：

B{条件}　　　目标地址

B 指令是最简单的跳转指令。一旦遇到一个 B 指令，ARM 处理器将立即跳转到给定的目标地址，从那里继续执行。注意存储在跳转指令中的实际值是相对当前 PC 值的一个偏移量，而不是一个绝对地址，它的值由汇编器来计算（相对寻址）。它是 24 位有符号数，左移两位后表示的有效偏移为 26 位（前后 32MB 的地址空间）。举例如下：

```
B    Label    ;程序无条件跳转到标号 Label 处执行

BEQ  Label    ;当 CPSR 寄存器中的 Z=1 时,跳转到标号 Label 处执行
```

● BL 指令

指令格式为：

BL{条件}　　　目标地址

BL 是另一个跳转指令，但跳转之前，会在寄存器 R14 中保存当前 PC+4，因此，可以通过将 R14 的内容重新加载到 PC 中，来返回到跳转指令之后的那个指令处执行。该指令是实现子程序调用的一个基本但常用的手段。举例如下：

```
BL    Label ;程序无条件跳转到标号 Label 处执行时,同时将当前 PC+4 保存到 R14 中
```

● BX 指令

带状态切换的分支指令，指令格式为：

BX{条件}　　　目标地址

BX 指令跳转到指令中所指定的目标地址，并将处理器的工作状态进行切换（ARM 状态←→Thumb 状态）。BX 指令只有寄存器寻址方式，用寄存器的最低位表示指令的切换目标，若 Rm 的最低位 Rm[0]=1，则把目标地址的代码解释为 Thumb 代码，跳转时自动将 CPSR 中的标志位 T 置 1；若 Rm[0]=0，把目标地址的代码解释为 ARM 代码，跳转时自动将 CPSR 中的标志 T 清零。举例如下：

```
        ...
        ADRL R0,ThumbFun+1     ;生成分支地址并置最低位为 1
        BX R0 ;跳转到 R0 指定的地址,并根据 R0 的最低位来切换处理器状态
        ...
ThumbFun
        ...          ;Thumb 指令汇编
        ...
```

2. 数据处理指令

数据处理指令可分为数据传送指令、算术逻辑运算指令和比较指令等。数据传送指令用于在寄存器和存储器之间进行数据的双向传输。所有 ARM 数据处理指令均可选择使用 S 后缀，以影响状态标志。比较指令（CMP、CMN、TST 和 TEQ）不保存运算结果，这类指令不需要后缀 S，它们会直接影响 CPSR 中相应的状态标志位。数据处理指令包括：

- MOV　　　　　数据传送指令
- MVN　　　　　数据取反传送指令
- CMP　　　　　比较指令
- CMN　　　　　取反比较指令
- TST　　　　　位测试指令
- TEQ　　　　　相等测试指令
- ADD　　　　　加法指令
- ADC　　　　　带进位加法指令
- SUB　　　　　减法指令
- SBC　　　　　带借位减法指令
- RSB　　　　　逆向减法指令
- RSC　　　　　带借位的逆向减法指令
- AND　　　　　逻辑与指令
- ORR　　　　　逻辑或指令
- EOR　　　　　逻辑异或指令
- BIC　　　　　位清除指令

（1）数据传送指令 MOV 和 MVN

- MOV 传送指令

指令格式为：

MOV{条件}{S}　　　目的寄存器，源操作数

MOV 指令可完成从另一个寄存器、被移位的寄存器或将一个立即数加载到目的寄存器。其中 S 选项决定指令的操作是否影响 CPSR 中条件标志位的值，当没有 S 时指令不更新 CPSR 中条件标志位的值。

举例如下：

```
MOV  R1,R0        ;将寄存器 R0 的值传送到寄存器 R1
MOV  PC,R14       ;将寄存器 R14 的值传送到 PC,常用于子程序返回
MOV  R1,R0,LSL#3  ;将寄存器 R0 的值左移 3 位后传送到 R1
```

- MVN 取反传送指令

指令格式为：

MVN{条件}{S}　　　目的寄存器，源操作数

MVN 指令可完成从另一个寄存器、被移位的寄存器、或将一个立即数加载到目的寄存器。与 MOV 指令不同之处是在传送之前按位被取反了，即把一个被取反的值传送到

目的寄存器中。其中 S 决定指令的操作是否影响 CPSR 中条件标志位的值,当没有 S 时指令不更新 CPSR 中条件标志位的值。

举例如下:

```
MVN  R1,#0xFF  ;R1 = 0xFFFFFF00
MVN  R1,R2    ;将 R2 取反,结果存到 R1
```

(2)数据比较指令:CMP,CMN,TST,TEQ

● CMP 比较指令

指令格式为:

CMP〈条件〉操作数 1,操作数 2

CMP 指令用于把一个寄存器的内容和另一个寄存器的内容或立即数进行比较,同时更新 CPSR 中条件标志位的值。该指令进行一次减法运算,但不存储结果,只更改条件标志位。标志位表示的是操作数 1 与操作数 2 的关系(大、小、相等),例如,当操作数 1 大于操作操作数 2,则此后的有 GT 后缀的指令将可以执行。

举例如下:

```
CMP  R1,R0    ;将寄存器 R1 的值与寄存器 R0 的值相减,并根据结果设置 CPSR 的标志位
CMP  R1,#10   ;将寄存器 R1 的值与立即数 10 相减,并根据结果设置 CPSR 的标志位
```

● CMN 取反比较指令

指令格式为:

CMN〈条件〉操作数 1,操作数 2

CMN 指令用于把一个寄存器的内容和另一个寄存器的内容或立即数取反后进行比较,同时更新 CPSR 中条件标志位的值。该指令实际完成操作数 1 和操作数 2 相加,并根据结果更改条件标志位。

举例如下:

```
CMN  R1,R0    ;将寄存器 R1 的值与寄存器 R0 的值相加,并根据结果设置 CPSR 的标志位
CMN  R1,#10   ;将寄存器 R1 的值与立即数 10 相加,并根据结果设置 CPSR 的标志位
```

● TST 位测试指令

指令格式为:

TST〈条件〉操作数 1,操作数 2

TST 指令用于把一个寄存器的内容和另一个寄存器的内容或立即数进行按位的与运算,并根据运算结果更新 CPSR 中条件标志位的值。操作数 1 是要测试的数据,而操作数 2 是一个位掩码,该指令一般用来检测是否设置了特定的位。

举例如下:

```
TST  R0,#0x01  ;判断 R0 的最低位是否为 0,并根据结果设置 CPSR 的标志位
TST  R1,#0x0F  ;判断 R1 的低 4 位是否为 0,并根据结果设置 CPSR 的标志位
```

TST 指令与 ANDS 指令的区别在于 TST 指令不保存运算结果。TST 指令通常和 EQ、NE 条件码配合使用,当所有测试位均为 0 时,EQ 有效,而只要有一个测试位不为 0,则 NE 有效。

● TEQ 相等测试指令

指令格式为:

TEQ〈条件〉操作数 1,操作数 2

TEQ 指令用于把一个寄存器的内容和另一个寄存器的内容或立即数进行按位的异或运算,并根据运算结果更新 CPSR 中条件标志位的值。该指令通常用于比较操作数 1 和操作数 2 是否相等。举例如下:

```
     TEQ  R1,R2    ;将寄存器 R1 的值与寄存器 R2 的值按位异或,根据结果设置 CPSR 的标志位
```

TEQ 指令与 EORS 指令的区别在于 TEQ 指令不保存运算结果。使用 TEQ 进行相等测试,常与 EQ、NE 条件码配合使用,当两个数据相等时,EQ 有效,否则 NE 有效。

(3)逻辑运算类指令:AND,ORR,EOR,BIC

● AND 逻辑与操作指令

指令格式为:

AND〈条件〉〈S〉目的寄存器,操作数 1,操作数 2

AND 指令用于在两个操作数上进行逻辑与运算,并把结果放置到目的寄存器中。操作数 1 应是一个寄存器,操作数 2 可以是一个寄存器,被移位的寄存器,或一个立即数。该指令常用于屏蔽操作数 1 的某些位。举例如下:

```
AND   R0,R0,#3           ;该指令取出 R0 的 0、1 位,其余位清零
ANDS  R0,R0,#x01         ;R0 = R0&0x01,取出最低位数据
AND   R2,R1,R3           ;R2 = R1&R3
```

● ORR 逻辑或指令

指令格式为:

ORR〈条件〉〈S〉目的寄存器,操作数 1,操作数 2

ORR 指令用于在两个操作数上进行逻辑或运算,并把结果放置到目的寄存器中。操作数 1 应是一个寄存器,操作数 2 可以是一个寄存器,被移位的寄存器,或一个立即数。该指令常用于设置操作数 1 的某些位。举例如下:

```
ORR   R0,R0,#3    ;该指令把 R0 的 0、1 位置 1,其余位保持不变。
ORR   R0,R0,#x0F  ;将 R0 的低 4 位置 1
```

● EOR 逻辑异或指令

指令格式为:

EOR〈条件〉〈S〉目的寄存器,操作数 1,操作数 2

EOR 指令用于在两个操作数上进行逻辑异或运算,并把结果放置到目的寄存器中。操作数 1 应是一个寄存器,操作数 2 可以是一个寄存器,被移位的寄存器,或一个立即数。该指令常用于对操作数 1 的某些位取反。

举例如下:

```
EOR   R0,R0,#3           ;将 R0 的 0、1 位取反,其余位保持不变
EOR   R1,R1,#0x0F        ;将 R1 的低 4 位取反
EOR   R2,R1,R0           ;R2 = R1^R0
EORS  R0,R5,#0x01        ;将 R5 和 0x01 进行逻辑异或,结果保存到 R0,并影响标志位
```

● BIC 位清除指令

指令格式为:

BIC〈条件〉〈S〉目的寄存器,操作数 1,操作数 2

BIC 指令用于清除操作数 1 的某些位,并把结果放置到目的寄存器中。操作数 1 应是一个寄存器,操作数 2 可以是一个寄存器,被移位的寄存器,或一个立即数。操作数 2 为 32 位的挡码,如果在掩码中设置了某一位,则清除这一位。未设置的掩码位保持不变。举例如下:

```
BIC  R1,R1,♯0x0F      ;将 R1 的低 4 位清零,其他位不变
```

(4)算术运算类指令:ADD、ADC、SUB、SBC、RSB、RSC

● ADD 指令

指令格式为:

ADD{条仔}{S} 目的寄存器,操作数 1,操作数 2

ADD 指令用于把两个操作数相加,并将结果存放到目的寄存器中。操作数 1 应是一个寄存器,操作数 2 可以是一个寄存器、被移位的寄存器或一个立即数。

注意:目的寄存器,操作数 1,操作数 2 使用的寄存器必须在 R0~R7 之间。举例如下:

```
ADDS  R1,R1,♯1          ;R1 = R1 + 1,结果影响标志位
ADD   R1,R1,R2          ;R1 = R1 + R2
ADD   R3,R1,R2,LSL ♯2   ;R3 = R1 + R2<<2
```

● ADC 指令

指令格式为:

ADC{条件}{S} 目的寄存器,操作数 1,操作数 2

ADC 指令用于把两个操作数相加,再加上 CPSR 中的 C 条件标志位的值,并将结果存放到目的寄存器中。它使用一个进位标志位,这样就可以做比 32 位大的数的加法。操作数 1 应是一个寄存器,操作数 2 可以是一个寄存器,被移位的寄存器,或一个立即数。注意:目的寄存器,操作数 1,操作数 2 使用的寄存器必须在 R0~R7 之间。

例 1 实现两个 64 位加法,(R1,R0)+(R3,R2)

```
ADDS  R0,R0,R2,
ADC   R1,R1,R3 ;使用 ADC 实现 64 位加法,(R1,R0) + (R3,R2) = (R1,R0)
```

例 2 实现两个 128 位的加法,(R7,R6,R5,R4)存放第一个 128 位数,(R11,R10,R9,R8)存放第二个 128 位数,计算结果存放在(C,R3,R2,R1,R0)中。如下:

```
(R7,R6,R5,R4)
+(R11,R10,R9,R8)
C(R3,R2,R1,R0)
```

汇编程序如下:

```
ADDS  R0,R4,R8    ;加低端的字
ADCS  R1,R5,R9    ;加第二个字,带进位
ADCS  R2,R6,R10   ;加第三个字,带进位
ADCS  R3,R7,R11   ;加第四个字,带进位
```

● SUB 减法指令

指令格式为:

SUB{条件}{S} 目的寄存器,操作数 1,操作数 2

SUB 指令用于把操作数 1 减去操作数 2,并将结果存放到目的寄存器中。操作数 1 应是一个寄存器,操作数 2 可以是一个寄存器,被移位的寄存器,或一个立即数。该指令可用于有符号数或无符号数的减法运算。

注意:目的寄存器、操作数 1、操作数 2 使用的寄存器必须在 R0～R7 之间,或者是 SP。举例如下:

```
SUB  R0,R1,#256        ; R0 = R1 - 256
SUB  R0,R2,R3,LSL#1    ; R0 = R2 - (R3 << 1)
SUB  R2,R1,#1          ;R2 = R1 - 1
SUB  SP,SP,#380        ;SP = SP - 380
```

● SBC 带借位减法指令

指令格式为:

SBC{条件}{S} 目的寄存器,操作数 1,操作数 2

SBC 指令用于把操作数 1 减去操作数 2,再减去 CPSR 中的 C 条件标志位的反码,并将结果存放到目的寄存器中。操作数 1 应是一个寄存器,操作数 2 可以是一个寄存器,被移位的寄存器,或一个立即数。该指令使用进位标志来表示借位,这样就可以做大于 32 位的减法。该指令可用于有符号数或无符号数的减法运算。

注意:目的寄存器,操作数 1,操作数 2 使用的寄存器必须在 R0～R7 之间。举例如下:

```
SBCS  R0,R1,R2         ;R0 = R1 - R2 - ! C,并根据结果设置 CPSR 的进位标志位
```

使用 SBC 实现 64 位减法,(R1,R0)=(R1,R0)-(R3,R2)

```
SUBS  R0,R0,R2
SBC   R1,R1,R3
```

● RSB 逆向减法指令

指令格式为:

RSB{条件}{S} 目的寄存器,操作数 1,操作数 2

RSB 指令称为逆向减法指令,用于把操作数 2 减去操作数 1,并将结果存放到目的寄存器中。操作数 1 应是一个寄存器,操作数 2 可以是一个寄存器,被移位的寄存器,或一个立即数。该指令可用于有符号数或无符号数的减法运算。

注意:目的寄存器、操作数 1、操作数 2 使用的寄存器必须在 R0～R7 之间。举例如下:

```
RSB   R3,R1,#0xFF00     ;R3 = 0xFF00 - R1
RSBS  R1,R2,R2,LSL #2   ;R1 = R2<<2 - R2 = R2×3,并根据结果设置 CPSR 的标志位
RSB   R0,R1,#0          ;R0 = - R1
```

● RSC 带借位逆向减法指令

指令格式为:

RSC{条件}{S} 目的寄存器,操作数 1,操作数 2

RSC 指令用于把操作数 2 减去操作数 1,再减去 CPSR 中的 C 条件标志位的反码,并将结果存放到目的寄存器中。操作数 1 应是一个寄存器,操作数 2 可以是一个寄存器,被移位的寄存器,或一个立即数。该指令使用进位标志来表示借位,这样就可以做大于 32 位的减法。该指令可用于有符号数或无符号数的减法运算。

注意：目的寄存器，操作数 1，操作数 2 使用的寄存器必须在 R0～R7 之间。举例如下：

```
RSC R0,R1,R2              ;R0 = R2～R1 -！C
```

使用 RSC 指令实现求 64 位数值的负数例子如下：

```
RSBS R2,R0,♯0
RSC R3,R1,♯0
```

（5）乘法指令与乘加指令

ARM 微处理器支持的乘法指令与乘加指令共有 6 条，可分为运算结果为 32 位和运算结果为 64 位两类，与前面的数据处理指令不同，指令中的所有操作数、目的寄存器必须为通用寄存器，不能对操作数使用立即数或被移位的寄存器，同时，目的寄存器和操作数 1 必须是不同的寄存器。

乘法指令与乘加指令共有以下 6 条：

MUL   32 位乘法指令

MLA   32 位乘加指令

SMULL   64 位有符号数乘法指令

SMLAL   64 位有符号数乘加指令

UMULL   64 位无符号数乘法指令

UMLAL   64 位无符号数乘加指令

● MUL 指令

指令格式为：

MUL{条件}{S}   目的寄存器，操作数 1，操作数 2

MUL 指令完成将操作数 1 与操作数 2 的乘法运算，并把结果放置到目的寄存器中，同时可以根据运算结果设置 CPSR 中相应的条件标志位。其中，操作数 1 和操作数 2 均为 32 位的有符号数或无符号数。

举例如下：

```
MUL  R1,R2,R3      ;R1 = R2 × R3
MULS  R0,R3,R7     ;R0 = R3 × R7,同时设置 CPSR 中的 N 位和 Z 位
```

● MLA 指令

指令格式为：

MLA{条件}{S}   目的寄存器，操作数 1，操作数 2，操作数 3

MLA 指令完成将操作数 1 与操作数 2 的乘法运算，再将乘积加上操作数 3，并把结果放置到目的寄存器中，同时可以根据运算结果设置 CPSR 中相应的条件标志位。其中，操作数 1 和操作数 2 均为 32 位的有符号数或无符号数。

举例如下：

```
MLA  R0,R1,R2,R3      ;R0 = R1 × R2 + R3
MLAS  R0,R1,R2,R3     ;R0 = R1 × R2 + R3,同时设置 CPSR 中的 N 位和 Z 位
```

● SMULL 指令

指令格式为：

SMULL{条件}{S} 目的寄存器 Low，目的寄存器低 High，操作数 1，操作数 2

　　SMULL 指令完成将操作数 1 与操作数 2 的乘法运算,并把结果的低 32 位放置到目的寄存器 Low 中,结果的高 32 位放置到目的寄存器 High 中,同时可以根据运算结果设置 CPSR 中相应的条件标志位。其中,操作数 1 和操作数 2 均为 32 位的有符号数。

　　举例如下:

```
    SMULL   R0,R1,R2,R3 ;R0 =(R2 × R3)的低 32 位,R1 =(R2 × R3)的高 32 位。
```

　　● SMLAL 指令

　　SMLAL 指令的格式为:

　　　　SMLAL{条件}{S} 目的寄存器 Low,目的寄存器低 High,操作数 1,操作数 2

　　SMLAL 指令完成将操作数 1 与操作数 2 的乘法运算,并把结果的低 32 位同目的寄存器 Low 中的值相加后又放置到目的寄存器 Low 中,结果的高 32 位同目的寄存器 High 中的值相加后又放置到目的寄存器 High 中,同时可以根据运算结果设置 CPSR 中相应的条件标志位。其中,操作数 1 和操作数 2 均为 32 位的有符号数。对于目的寄存器 Low,在指令执行前存放 64 位加数的低 32 位,指令执行后存放结果的低 32 位。对于目的寄存器 High,在指令执行前存放 64 位加数的高 32 位,指令执行后存放结果的高 32 位。

　　举例如下:

```
    SMLAL   R0,R1,R2,R3;R0 =(R2 × R3)的低 32 位 + R0,R1 =(R2 × R3)的高 32 位 + R1。
```

　　● UMULL 指令

　　UMULL 指令的格式为:

　　　　UMULL{条件}{S} 目的寄存器 Low,目的寄存器低 High,操作数 1,操作数 2

　　UMULL 指令完成将操作数 1 与操作数 2 的乘法运算,并把结果的低 32 位放置到目的寄存器 Low 中,结果的高 32 位放置到目的寄存器 High 中,并根据运算结果设置 CPSR 中相应的条件标志位。其中,操作数 1 和操作数 2 均为 32 位的无符号数。

　　举例如下:

```
    UMULL   R0,R1,R2,R3      ;R0 =(R2 × R3)的低 32 位,R1 =(R2 × R3)的高 32 位。
```

　　● UMLAL 指令

　　指令格式为:

　　　　UMLAL{条件}{S} 目的寄存器 Low,目的寄存器低 High,操作数 1,操作数 2

　　UMLAL 指令完成将操作数 1 与操作数 2 的乘法运算,并把结果的低 32 位同目的寄存器 Low 中的值相加后又放置到目的寄存器 Low 中,结果的高 32 位同目的寄存器 High 中的值相加后又放置到目的寄存器 High 中,同时可以根据运算结果设置 CPSR 中相应的条件标志位。其中,操作数 1 和操作数 2 均为 32 位的无符号数。

　　对于目的寄存器 Low,在指令执行前存放 64 位加数的低 32 位,指令执行后存放结果的低 32 位。对于目的寄存器 High,在指令执行前存放 64 位加数的高 32 位,指令执行后存放结果的高 32 位。

　　举例如下:

```
    UMLAL   R0,R1,R2,R3      ;R0 =(R2 × R3)的低 32 位 + R0,R1 =(R2 × R3)的高 32 位 + R1
```

3. 程序状态寄存器访问指令

　　ARM 微处理器支持程序状态寄存器访问指令,用于在程序状态寄存器和通用寄存

器之间传送数据,程序状态寄存器访问指令包括以下两条:

MRS 程序状态寄存器到通用寄存器的数据传送指令。

MSR 通用寄存器或立即数到程序寄存器的数据传送指令。

● MRS 指令

指令格式为:

MRS〈条件〉　通用寄存器,程序状态寄存器(CPSR 或 SPSR)

MRS 指令用于将程序状态寄存器的内容传送到通用寄存器中。该指令一般用在以下几种情况:

(1)当需要改变程序状态寄存器的内容时,可用 MRS 将程序状态寄存器的内容读入通用寄存器,修改后再写回程序状态寄存器。

(2)当在异常处理或进程切换时,需要保存程序状态寄存器的值,可先用该指令读出程序状态寄存器的值,然后保存。

举例如下:

```
MRS   R0,CPSR        ;传送 CPSR 的内容到 R0
MRS   R0,SPSR        ;传送 SPSR 的内容到 R0
```

● MSR 指令

指令格式为:

MSR〈条件〉　程序状态寄存器(CPSR 或 SPSR)_〈域〉,操作数

MSR 指令用于将操作数的内容传送到程序状态寄存器的特定域中。其中,操作数可以为通用寄存器或立即数。〈域〉用于设置程序状态寄存器中需要操作的位,32 位的程序状态寄存器可分为 4 个域:

f 域:位[31:24]为条件标志位域;

s 域:位[23:16]为状态位域;

x 域:位[15:8]为扩展位域;

c 域:位[7:0]为控制位域。

该指令通常用于恢复或改变程序状态寄存器的内容,在使用时,一般要在 MSR 指令中指明将要操作的域。

举例如下:

```
MSR   CPSR,R0         ;传送 R0 的内容到 CPSR
MSR   SPSR,R0         ;传送 R0 的内容到 SPSR
MSR   CPSR_c,R0       ;传送 R0 的内容到 SPSR,但仅仅修改 CPSR 中的控制位域
MSR   CPSR_c,#0xD3    ;CPSR[7…0] = 0xD3,即切换到管理模式
MSR   CPSR_cxsf,R3    ;CPSR = R3
```

注意:

(1)只有在特权模式下才能修改状态寄存器。

(2)程序中不能通过 MSR 指令直接修改 CPSR 中的 T 控制位来实现 ARM/Thumb 状态的切换,必须使用 BX 指令完成处理器状态的切换(因为 BX 指令属于转移指令,它会打断流水线状态,实现处理器状态切换)。

　　MRS 与 MSR 配合使用,可以实现 CPSR 或 SPSR 寄存器的读/修改/写操作,进行处理器模式切换,允许/禁止 IRQ/FIQ 中断等设置。

　　(1)使能 IRQ 中断举例如下:

```
MRS   R0,CPSR
BIC   R0,R0,♯0x80
MSR   CPSR_c,R0
MOV   PC,LR
```

　　(2)禁止 IRQ 中断举例如下:

```
MRS   R0,CPSR
ORR   R0,R0,♯0x80
MSR   CPSR_c,R0
MOV   PC,LR
```

4. 存储器加载/存储指令

　　ARM 微处理器支持加载/存储指令用于在寄存器和存储器之间传送数据,加载指令用于将存储器中的数据传送到寄存器,存储指令则完成相反的操作。存储器加载/存储指令分为单个存储器加载/存储指令和多个存储器加载/存储指令。

　　(1)单个存储器加载/存储指令

　　常用的单个存储器加载/存储指令如下:

LDR　字数据加载指令

LDRH 半字数据加载指令

LDRB 字节数据加载指令

STR　字数据存储指令

STRH 半字数据存储指令

STRB 字节数据存储指令

● LDR 字数据加载指令

LDR 指令格式为:

LDR{条件} 目的寄存器,<存储器地址>

　　LDR 指令用于从存储器中将一个 32 位的字数据传送到目的寄存器中。该指令通常用于从存储器中读取 32 位的字数据到通用寄存器,然后对数据进行处理。当程序计数器 PC 作为目的寄存器时,指令从存储器中读取的字数据被当做目的地址,从而可以实现程序流程的跳转。

　　举例如下:

```
LDR   R0,[R1]          ;将地址为 R1 的字数据读入寄存器 R0
LDR   R0,[R1,R2]       ;将地址为 R1 + R2 的字数据读入寄存器 R0
LDR   R0,[R1,♯8]       ;将地址为 R1 + 8 的字数据读入寄存器 R0
LDR   R0,[R1,R2]!
     ;将地址为 R1 + R2 的字数据读入寄存器 R0,并将新地址 R1 + R2 写入 R1
LDR   R0,[R1,R2,LSL♯2]!
```

    ;将地址为 R1 + R2×4 的字数据读入寄存器 R0,并将新地址 R1 + R2×4 写入 R1

    LDR   R0,[R1],R2,LSL♯2

    ;将地址为 R1 的字数据读入寄存器 R0,并将新地址 R1 + R2×4 写入 R1

  LDR 是针对 32bit 字的操作,因此取得的地址必须是字对齐的,即二进制表示的地址的最后两位为 00b(具体参见 5.4.2 节)。如果地址没有字对齐,则取得的数据是随机的。例如,假设寄存器 R0 中的数据是 0x00008000,执行完"LDR R1,[R0,♯2]"语句后,R1 中的数据将是随机的,这是因为地址 0x00008002 不是字对齐的。

  ● LDRH 半字数据加载指令

  LDRH 指令的格式为:

      LDR⟨条件⟩H 目的寄存器,＜存储器地址＞

  LDRH 指令用于从存储器中将一个 16 位的半字数据传送到目的寄存器中,同时将寄存器的高 16 位清零。该指令通常用于从存储器中读取 16 位的半字数据到通用寄存器,然后对数据进行处理。

  举例如下:

    LDRH R0,[R1]   ;将存储器地址为 R1 的半字数据读入寄存器 R0,并将 R0 的高 16 位清零

    LDRH R0,[R1,♯8]

    ;将存储器地址为 R1 + 8 的半字数据读入寄存器 R0,并将 R0 的高 16 位清零

    LDRH R0,[R1,R2]

    ;将存储器地址为 R1 + R2 的半字数据读入寄存器 R0,并将 R0 的高 16 位清零

  LDRH 是针对 16bit 半字的操作,因此取得的地址必须是半字对齐的,即二进制表示的地址的最后 1 位为 0b(具体参见 5.4.2 节);如果地址没有半字对齐,取得的数据则是随机的。例如,假设寄存器 R0 中的数据是 0x00008000,执行完"LDRH R1,[R0,♯1]"语句后,R1 中的数据将是随机的,这是因为地址 0x00008001 不是半字对齐的。

  ● LDRB 字节数据加载指令

  LDRB 指令的格式为:

      LDR⟨条件⟩B 目的寄存器,＜存储器地址＞

  LDRB 指令用于从存储器中将一个 8 位的字节数据传送到目的寄存器中,同时将寄存器的高 24 位清零。该指令通常用于从存储器中读取 8 位的字节数据到通用寄存器,然后对数据进行处理。

  举例如下:

    LDRB R0,[R1]   ;将地址为 R1 的字节数据读入寄存器 R0,并将 R0 的高 24 位清零

    LDRB R0,[R1,♯8]

    ;将存储器地址为 R1 + 8 的字节数据读入寄存器 R0,并将 R0 的高 24 位清零

  ● STR 字数据存储指令

  STR 指令的格式为:

      STR⟨条件⟩源寄存器,＜存储器地址＞

  STR 指令用于从源寄存器中将一个 32 位的字数据传送到存储器中。

  举例如下:

    STR R0,[R1],♯8

        ;将 R0 中的字数据写入以 R1 为地址的存储器中,并将新地址 R1 + 8 写入 R1

  STR R0,[R1,#8]   ;将 R0 中的字数据写入以 R1 + 8 为地址的存储器中

  和 LDR 一样,STR 是针对 32bit 字的操作,其操作的地址也必须是字对齐的,如果地址没有字对齐,则数据不会被正确存放。例如,假设寄存器 R0 中的数据是 0x00008000,执行完"STR R1,[R0,#2]"语句后,R1 不会被正确存放到 0x00008002 中,这是因为地址 0x00008002 不是字对齐的。

  ● STRH 半字数据存储指令

  STRH 指令的格式为:

     STR{条件}H 源寄存器,<存储器地址>

  STRH 指令用于从源寄存器中将一个 16 位的半字数据传送到存储器中。该半字数据为源寄存器中的低 16 位。

  举例如下:

  STRH R0,[R1]   ;将寄存器 R0 中的半字数据写入以 R1 为地址的存储器中

  STRH R0,[R1,#8] ;将寄存器 R0 中的半字数据写入以 R1 + 8 为地址的存储器中

  和 LDRH 一样,STRH 是针对 16bit 半字操作的,因此操作的地址必须是半字对齐的。如果地址没有半字对齐,则数据不会被正确存放。例如,假设寄存器 R0 中的数据是 0x00008000,执行完"STRH R1,[R0,#1]"语句后,R1 不会被正确存放到 0x00008001 中,这是因为地址 0x00008001 不是字对齐的(具体参见 5.4.2 节)。

  ● STRB 字节数据存储指令

  STRB 指令的格式为:

     STR{条件}B 源寄存器,<存储器地址>

  STRB 指令用于从源寄存器中将一个 8 位的字节数据传送到存储器中。该字节数据为源寄存器中的低 8 位。

  举例如下:

  STRB R0,[R1]   ;将寄存器 R0 中的字节数据写入以 R1 为地址的存储器中

  STRB R0,[R1,#8] ;将寄存器 R0 中的字节数据写入以 R1 + 8 为地址的存储器中

  (2)批量数据加载/存储指令

  ARM 微处理器所支持批量数据加载/存储指令可以一次在一片连续的存储器单元和多个寄存器之间传送数据,批量加载指令用于将一片连续的存储器中的数据传送到多个寄存器,批量数据存储指令则完成相反的操作。常用的加载存储指令如下:

  LDM 批量数据加载指令;

  STM 批量数据存储指令。

  ● LDM(或 STM)指令

  LDM(或 STM)指令的格式为:

    LDM(或 STM){条件}{类型} 基址寄存器{!},寄存器列表{ ^ }

  LDM(或 STM)指令用于从由基址寄存器所指示的一片连续存储器到寄存器列表所指示的多个寄存器之间传送数据,该指令的常见用途是将多个寄存器的内容入栈或出栈。其中,{类型}为以下几种情况:(可参见 6.1.8 堆栈寻址和 6.1.9 块拷贝寻址)

IA   每次传送后地址加 4；

IB   每次传送前地址加 4；

DA   每次传送后地址减 4；

DB   每次传送前地址减 4；

FD   满递减堆栈；

ED   空递减堆栈；

FA   满递增堆栈；

EA   空递增堆栈。

{!}为可选后缀，若选用该后缀，则当数据传送完毕之后，将最后的地址写入基址寄存器，否则基址寄存器的内容不改变。

基址寄存器不允许为 R15，寄存器列表可以为 R0～R15 的任意组合。

{^}为可选后缀，当指令为 LDM 且寄存器列表中包含 R15，选用该后缀时表示：除了正常的数据传送之外，还将 SPSR 复制到 CPSR。同时，该后缀还表示传入或传出的是用户模式下的寄存器，而不是当前模式下的寄存器。

举例如下：

```
LDMIA R0!,{R3 - R9}      ；加载 R0 指向的地址上的多字数据，保存到 R3～R9 中，R0 值更新
STMIA R1!,{R3 - R9}      ；将 R3～R9 的数据存储到 R1 指向的地址上，R1 值更新
STMFD SP!,{R0 - R7,LR}   ；现场保存，将 R0～R7、LR 入栈，满递减堆栈
LDMFD SP!,{R0 - R7,PC}^  ；恢复现场，异常处理返回，满递减堆栈
```

在进行数据复制时，先设置好源数据指针，然后使用块拷贝寻址指令 LDMIA/STMIA、LDMIB/STMIB、LDMDA/STMDA、LDMDB/STMDB 进行读取和存储。而进行堆栈操作时，则要先设置堆栈指针，一般使用 SP 然后使用堆栈寻址指令 STMFD/LDMFD、STMED、LDMED、STMFA/LDMFA、STMEA/LDMEA 实现堆栈操作。

多寄存器传送指令示意图如图 6.4 所示，其中 R1 为指令执行前的基址寄存器，R1′则为指令执行完后的基址寄存器。

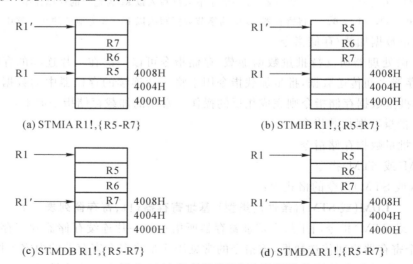

图 6.4   多寄存器传送指令示意图

5. 数据交换指令

ARM 微处理器所支持数据交换指令能在存储器和寄存器之间交换数据。数据交换指令有如下两条：

SWP 字数据交换指令；

SWPB 字节数据交换指令。

● SWP 指令

SWP 指令的格式为：

SWP{条件} 目的寄存器，源寄存器 1，[源寄存器 2]

SWP 指令用于将源寄存器 2 所指向的存储器中的字数据传送到目的寄存器中，同时将源寄存器 1 中的字数据传送到源寄存器 2 所指向的存储器中。显然，当源寄存器 1 和目的寄存器为同一个寄存器时，指令交换该寄存器和存储器的内容。

举例如下：

```
SWP   R0,R1,[R2]
```
　　;将 R2 所指向的存储器中的字数据传送到 R0,同时将 R1 中的字数据传送到 R2 所指向的存储单元
```
SWP   R0,R0,[R1]          ;将 R1 所指向的存储器中的字数据与 R0 中的字数据交换
```

● SWPB 指令

SWPB 指令的格式为：

SWPB 条件目的寄存器，源寄存器 1，[源寄存器 2]

SWPB 指令用于将源寄存器 2 所指向的存储器中的字节数据传送到目的寄存器中，目的寄存器的高 24 清零,同时将源寄存器 1 中的字节数据传送到源寄存器 2 所指向的存储器中。显然，当源寄存器 1 和目的寄存器为同一个寄存器时，指令交换该寄存器和存储器的内容。

举例如下：

```
SWPB  R0,R1,[R2]
```
　　;将 R2 所指向的存储器中的字节数据传送到 R0,R0 的高 24 位清零,同时将 R1 中的低 8 位数据传送到 R2 所指向的存储单元
```
SWPB  R0,R0,[R1]          ;将 R1 所指向的存储器中的字节数据与 R0 中的低 8 位数据交换
```

6. 异常产生指令

ARM 微处理器所支持的异常指令有如下两条：

SWI　软件中断指令；

BKPT 断点中断指令。

● SWI 软件中断指令

SWI 指令的格式为：

SWI{条件} 24 位的立即数

SWI 指令用于产生软件中断，以便用户程序能够调用操作系统的系统例程。SWI 具体所作的操作是：产生软件中断，实现在用户模式变换到管理模式；设置 PC 来执行在地

址 0x08 处的下一个指令;把处理器转换到超级用户模式会切换掉两个寄存器 R13 和 R14 并用 R13_svc 和 R14_svc 替换它们;进入超级用户模式的时候,还把 R14_svc 设置为在这个 SWI 指令之后的地址。这和实际上使用一个带连接的分支指令(BL 0x08)的效果一样,不同之处是 SWI 还带有指明系统例程的类型"24 位的立即数"。当系统开始在 0x08 地址处执行命令时,处理器需要知道要调用的操作系统系统例程的类型,这个系统例程的类型就由"24 位的立即数"指定。在具体使用中,为了便于记忆,可以使用字符串代替"24 位的立即数",例如:SWI "OS_Write0" 和 SWI 0x02 是一样的。

指令中 24 位的立即数说明了调用操作系统系统例程的类型,这个类型也可以看做是操作系统系统例程的入口,执行系统例程需要的参数通过通用寄存器传递,当指令中 24 位的立即数被忽略时,系统例程的类型由通用寄存器 R0 的内容决定,同时,参数通过其他通用寄存器传递。

● BKPT 指令

BKPT 指令的格式为:

BKPT   16 位的立即数

BKPT 指令产生软件断点中断,执行时中断正常指令,进入相应的调试子程序。

7. 协处理器指令

ARM 微处理器可支持多达 16 个协处理器,用于各种协处理操作,在程序执行的过程中,每个协处理器只执行针对自身的协处理指令,忽略 ARM 处理器和其他协处理器的指令。ARM 的协处理器指令主要用于 ARM 处理器初始化 ARM 协处理器的数据处理操作,以及在 ARM 处理器的寄存器和协处理器的寄存器之间传送数据,和在 ARM 协处理器的寄存器和存储器之间传送数据。ARM 协处理器指令包括以下 5 条:

CDP 协处理器数操作指令;

LDC 协处理器数据加载指令;

STC 协处理器数据存储指令;

MCRARM 处理器寄存器到协处理器寄存器的数据传送指令;

MRC 协处理器寄存器到 ARM 处理器寄存器的数据传送指令。

● CDP 协处理器数操作指令

CDP 指令的格式为:

CDP{条件}协处理器编码,协处理器操作码 1,目的寄存器,源寄存器 1,源寄存器 2,协处理器操作码 2

CDP 指令用于 ARM 处理器通知 ARM 协处理器执行特定的操作,若协处理器不能成功完成特定的操作,则产生未定义指令异常。其中协处理器操作码 1 和协处理器操作码 2 为协处理器将要执行的操作,目的寄存器和源寄存器均为协处理器的寄存器,指令不涉及 ARM 处理器的寄存器和存储器。

举例如下:

```
CDP p7,0,c0,c2,c3,0        ;对协处理器 7 操作,操作码为 0,可选操作码为 0
CDP p6,1,c3,c4,c5          ;对协处理器 6 操作,操作码为 1
```

● LDC 协处理器数据加载指令

LDC 指令的格式为：

LDC{条件}{L}协处理器编码,目的寄存器,[源寄存器]

LDC 指令用于将源寄存器所指向的存储器中的字数据传送到目的寄存器中,若协处理器不能成功完成传送操作,则产生未定义指令异常。其中,{L}选项表示指令为长读取操作,如用于双精度数据的传输。

举例如下：

```
LDC P3,    C4.[R0]
;将 ARM 处理器的寄存器 R0 所指向的存储器中的字数据传送到协处理器 P3 的寄存器 C4 中
LDC P5,C2.[R2,♯4]
;读取 R2 + 4 指向的内存单元的数据,传送到协处理器 P5 的 C2 寄存器中
LDC P6,C2.[R1]
;读取 R1 指向的内存单元的数据,传送到协处理器 P6 的 C2 寄存器中
```

● STC 协处理器数据存储指令

STC 指令的格式为：

STC{条件}{L}协处理器编码,源寄存器,[目的寄存器]

STC 指令用于将源寄存器中的字数据传送到目的寄存器所指向的存储器中,若协处理器不能成功完成传送操作,则产生未定义指令异常。其中,{L}选项表示指令为长读取操作,如用于双精度数据的传输。

举例如下：

```
STC P3,C4,[R0]
;将协处理器 P3 的寄存器 C4 中的数据传送到 ARM 处理器的寄存器 R0 所指向的存储器中
```

● MCR ARM 处理器寄存器到协处理器寄存器的数据传送指令

MCR 指令的栺式为：

MCR {条件}协处理器编码,协处理器操作码 1,源寄存器,目的寄存器 1,目的寄存器 2,协处理器操作码 2

MCR 指令用于将 ARM 处理器寄存器中的数据传送到协处理器寄存器中,若协处理器不能成功完成操作,则产生未定义指令异常。其中协处理器操作码 1 和协处理器操作码 2 为协处理器将要执行的操作,源寄存器为 ARM 处理器的寄存器,目的寄存器 1 和目的寄存器 2 均为协处理器的寄存器。

举例如下：

```
MCR P3,3,R0,C4,C5,6
;该指令将 ARM 的寄存器 R0 中的数据传送到协处理器 P3 的寄存器 C4 和 C5 中
```

● MRC 协处理器寄存器到 ARM 处理器寄存器的数据传送指令

MRC 指令的格式为：

MRC{条件}协处理器编码,协处理器操作码 1,目的寄存器,源寄存器 1,源寄存器 2,协处理器操作码 2

MRC 指令用于将协处理器寄存器中的数据传送到 ARM 处理器寄存器中,若协处理器不能成功完成操作,则产生未定义指令异常。其中协处理器操作码 1 和协处理器操作

码 2 为协处理器将要执行的操作,目的寄存器为 ARM 处理器的寄存器,源寄存器 1 和源寄存器 2 均为协处理器的寄存器。

举例如下:

```
MRC P3,3,R0,C4,C5,6
```

；该指令将协处理器 P3 的寄存器中的数据传送到 ARM 处理器寄存器中

6.3　Thumb 指令集合

6.3.1　Thumb 指令集合

为兼容数据总线宽度为 16 位的应用系统,ARM 体系结构除了支持 32 位 ARM 指令集以外,同时支持 16 位的 Thumb 指令集。Thumb 指令集是 ARM 指令集的一个子集,允许指令编码为 16 位的长度,Thumb 指令集在保留 32 代码优势的同时,大大地节省了系统的存储空间。

Thumb 指令集合可以看做是 ARM 指令压缩形式的一个子集,所有的 Thumb 指令都有对应的 ARM 指令,而且 Thumb 的编程模型也对应于 ARM 的编程模型。需要注意的是 Thumb 不是一个完整的体系结构,不能指望处理器只执行 Thumb 指令而不支持 ARM 指令集。因此,Thumb 指令只需要支持通用功能,必要时可以借助于完善的 ARM 指令集。在应用程序的编写过程中,只要遵循一定调用的规则,Thumb 子程序和 ARM 子程序就可以互相调用。当处理器在执行 ARM 程序段时,称 ARM 处理器处于 ARM 工作状态,当处理器在执行 Thumb 程序段时,称 ARM 处理器处于 Thumb 工作状态。

在编写 Thumb 指令时,先要使用伪指令 CODE16 声明以下为 Thumb 指令代码,在 ARM 指令代码中可以使用 BX 指令跳转到 Thumb 指令代码处。同样编写 ARM 指令时,则使用伪指令 CODE32 进行声明,在 Thumb 指令代码中使用 BX 指令可以跳转到 ARM 指令代码处。

与 ARM 指令集相比较,Thumb 指令集中的数据处理指令的操作数仍然是 32 位,指令地址也为 32 位,但 Thumb 指令集为实现 16 位的指令长度,舍弃了 ARM 指令集的一些特性,如大多数的 Thumb 指令是无条件执行的,而几乎所有的 ARM 指令都是有条件执行的。由于大多数的 Thumb 数据处理指令的目的寄存器与其中的一个源寄存器相同,Thumb 指令在指令编码时由三个操作数改为两个操作数。

由于 Thumb 指令的长度为 16 位,即只用 ARM 指令一半的位数来实现同样的功能,所以,实现同样的程序功能时,所需的 Thumb 指令的条数较 ARM 指令多。在一般的情况下,使用 Thumb 指令集合实现的代码有以下特点:

● Thumb 代码所需的存储空间约为 ARM 代码的 $60\% \sim 70\%$;

● Thumb 代码使用的指令数比 ARM 代码多约 30%～40%;

● 若使用 32 位的存储器,ARM 代码比 Thumb 代码快约 40%;

● 若使用 16 位的存储器,Thumb 代码比 ARM 代码快约 40%～50%;

● 与 ARM 代码相比较,使用 Thumb 代码,存储器的功耗会降低约 30%。

ARM 指令集和 Thumb 指令集各有其优点,若对系统的性能有较高要求,应使用 ARM 指令集,若对系统的成本及功耗有较高要求,则应使用 Thumb 指令集。当然,若两者结合使用,充分发挥其各自的优点,会取得更好的效果。

6.3.2　Thumb 指令集与 ARM 指令集的区别

Thumb 指令集中没有协处理器指令、信号量指令、访问 CPSR 或 SPSR 的指令、乘加指令及 64 位乘法指令。除此之外,Thumb 指令集与 ARM 指令的区别一般有如下几点:

（1）跳转指令

程序相对转移,特别是条件跳转与 ARM 代码下的跳转相比,在范围上有更多的限制,转向子程序是无条件的转移。

（2）数据处理指令

数据处理指令是对通用寄存器进行操作,在大多数情况下,操作的结果须放入其中一个操作数寄存器中,而不是第 3 个寄存器中。数据处理操作比 ARM 状态的更少,访问寄存器 R8～R15 受到一定限制。除 MOV 和 ADD 指令访问寄存器 R8～R15 外,其他数据处理指令总是更新 CPSR 中的 ALU 状态标志。访问寄存器 R8～R15 的 Thumb 数据处理指令不能更新 CPSR 中的 ALU 状态标志。

（3）单寄存器加载和存储指令

在 Thumb 状态下,单寄存器加载和存储指令只能访问寄存器 R0～R7。

（4）批量寄存器加载和存储指令

LDM 和 STM 指令可以将任何范围为 R0～R7 的寄存器子集加载或存储。PUSH 和 POP 指令使用堆栈指针 R13 作为基址实现满递减堆栈。除 R0～R7 外,PUSH 指令还可以存储链接寄存器 R14,并且 POP 指令可以加载程序计数器 PC。

6.3.3　Thumb 存储器访问指令

Thumb 指令集的 LDM 和 STM 指令可以将任何范围为 R0～R7 的寄存器子集加载或存储。批量寄存器加载和存储指令只有 LDMIA、STMIA 指令,即每次传送先加载/存储数据,然后地址加 4。对堆栈处理只能使用 PUSH 指令及 POP 指令。Thumb 存储器访问指令如表 6.4 所示。

表 6.4 Thumb 存储器访问指令

助记符	说明	操作
LDR Rd,[Rn,#immed_5×4]	加载字数据	Rd←[Rm,#immed_5×4],Rd,Rn 为 R0~R7
LDRH Rd,[Rn,#immed_5×2]	加载无符号半字	Rd←[Rm,#immed_5×2],Rd,Rn 为 R0~R7
LDRB Rd,[Rn,#immed_5×1]	加载无符号字节	Rd←[Rm,#immed_5×1],Rd,Rn 为 R0~R7
STR Rd,[Rn,#immed_5×4]	存储字	Rn,#immed_5×4Rd←Rd,Rn 为 R0~R7
STRH Rd,[Rn,#immed_5×2]	存储无符号半字	[Rn,#immed_5×2]Rd←Rd,Rn 为 R0~R7
STRB Rd,[Rn#immed_5×1]	存储无符号字节	[Rn,#immed_5×1]Rd←Rd,Rn 为 R0~R7
LDR Rd,[Rn,Rm]	加载字	Rd←[Rn,Rm],Rd,Rn,Rm 为 R0~R7
LDRH Rd,[Rn,Rm]	加载无符号半字	Rd←[Rn,Rm],Rd,Rn,Rm 为 R0~R7
LDRB Rd,[Rn,Rm]	加载无符号字节	Rd←[Rn,Rm],Rd,Rn,Rm 为 R0~R7
LDRSH Rd,[Rn,Rm]	加载有符号半字	Rd←[Rn,Rm],Rd,Rn,Rm 为 R0~R7
LDRSB Rd,[Rn,Rm]	加载有符号字节	Rd←[Rn,Rm],Rd,Rn,Rm 为 R0~R7
STR Rd,[Rn,Rm]	存储字	[Rn,Rm]←Rd,Rd,Rn,Rm 为 R0~R7
STRH Rd,[Rn,Rm]	存储无符号半字	[Rn,Rm]←Rd,Rd,Rn,Rm 为 R0~R7
STRB Rd,[Rn,Rm]	存储无符号字节	[Rn,Rm]←Rd,Rd,Rn,Rm 为 R0~R7
LDR Rd,[PC,#immed_8×4]	基于 PC 加载字	Rd←[PC,#immed_8×4]Rd 为 R0~R7
LDR Rd,label	基于 PC 加载字	Rd←[label],Rd 为 R0~R7
LDR Rd,[SP,#immed_8×4]	基于 SP 加载字	Rd←[SP,#immed_8×4]Rd 为 R0~R7
STR Rd,[SP,#immed_8×4]	基于 SP 存储字	[SP,#immed_8×4]←Rd,Rd 为 R0~R7
LDMIA Rn{!}reglist	批量(寄存器)加载	regist←[Rn…],Rn 回存等(R0~R7)
STMIA Rn{!}reglist	批量(寄存器)存储	[Rn…]←reglist,Rn 回存等(R0~R7)
PUSH {reglist[,LR]}	寄存器入栈指令	[SP…]←reglist[,LR],SP 回存等(R0~R7,LR)
POP {reglist[,PC]}	寄存器入栈指令	reglist[,PC]←[SP…],SP 回存等(R0~R7,PC)

其中：

#immed_5 表示一个范围在[0,(2^5−1)]的一个立即数。

#immed_5×4 表示这个立即数可以被 4 整除,即这个数的二进制形式的最后两位为 00b,#immed_5×4 保证了地址是字对齐的。

#immed_5×2 表示这个立即数可以被 2 整除,即这个数的二进制形式的最后一位为 0b,#immed_5×2 保证了地址是半字对齐的。

#immed_8 表示一个范围在[0,(2^8−1)]的一个立即数。

#immed_8×4 表示这个立即数可以被 4 整除,即这个数的二进制形式的最后两位为 00b,#immed_8×4 保证了地址是字对齐的。

6.3.4　Thumb 数据处理指令

大多数 Thumb 处理指令采用 2 地址格式,数据处理操作比 ARM 状态的更少,访问寄存器 R8~R15 受到一定限制。Thumb 数据处理指令如表 6.5 所示:

表 6.5　Thumb 数据处理指令

助记符	说　明	操　作	影响标志
MOV Rd,♯expr	数据转送	Rd←expr,Rd 为 R0~R7	影响 N,Z
MOV Rd,Rm	数据转送	Rd←Rm,Rd、Rm 均可为 R0~R15	Rd 和 Rm 均为 R0~R7 时,影响 N,Z,C,V
MVN Rd,Rm	数据非传送指令	Rd←(! Rm),Rd,Rm 均为 R0~R7	影响 N,Z
NEG Rd,Rm	数据取负指令	Rd←(−Rm),Rd,Rm 均为 R0~R7	影响 N,Z,C,V
ADD Rd,Rn,Rm	加法运算指令	Rd←Rn＋Rm,Rd,Rn,Rm 均为 R0~R7	影响 N,Z,C,V
ADD Rd,Rn,♯expr	加法运算指令	Rd←Rn＋♯expr,Rd,Rn 均为 R0~R7	影响 N,Z,C,V
ADD Rd,♯expr	加法运算指令	Rd←Rd＋expr8,Rd 为 R0~R7	影响 N,Z,C,V
ADD Rd,Rm	加法运算指令	Rd←Rd＋Rm,Rd,Rm 均可为 R0~R15	Rd 和 Rm 均为 R0~R7 时,影响 N,Z,C,V
ADD Rd,Rp,♯expr	加法运算指令	Rd←Rp＋expr,Rp 为 SP 或 PC,Rd 为 R0~R7	无
ADD SP,♯expr	加法运算指令	SP←SP＋expr	无
SUB Rd,Rn,Rm	减法运算指令	Rd←Rn−Rm,Rd、Rn、Rm 均为 R0~R7	影响 N,Z,C,V
SUB Rd,Rn,♯expr	减法运算指令	Rd←Rn−expr3,RdRn 均为 R0~R7	影响 N,Z,C,V
SUB Rd,♯expr	减法运算指令	RD←Rd−expr8,Rd 为 R0~R7	影响 N,Z,C,V
SUB SP,♯expr	减法运算指令	SP←SP−expr	无
ADC Rd,Rm	带进位加法指令	Rd←Rd＋Rm＋Carry,Rd、Rm 为 R0~R7	影响 N,Z,C,V
SBC Rd,Rm	带位减法指令	Rd←Rd-Rm-(NOT)Carry,Rd,Rm 为 R0~R7	影响 N,Z,C,V
MUL Rd,Rm	乘法运算指令	Rd←Rd * Rm,Rd,Rm 为 R0~R7	影响 N,Z
AND Rd,Rm	逻辑与操作指令	Rd←Rd&Rm,Rd,Rm 为 R0~R7	影响 N,Z
ORR Rd,Rm	逻辑或操作指令	Rd←Rd|Rm,Rd,Rm 为 R0~R7	影响 N,Z

续表

助记符	说　明	操　作	影响标志
EOR Rd,Rm	逻辑异或操作指令	Rd←Rd⁻Rm,Rd、Rm 为 R0～R7	影响 N、Z
BIC Rd,Rm	位清除指令	Rd←Rd&(~Rm),Rd、Rm 为 R0～R7	影响 N、Z
ASR Rd,Rs	算术右移指令	Rd←Rd 算术右移 Rs 位,Rd、Rs 为 R0～R7	影响 N、Z、C
ASR Rd,Rm,♯expr	算术右移指令	Rd←Rm 算术右移 expr 位,Rd、Rm 为 R0～R7	影响 N、Z、C
LSL Rd,Rs	逻辑左移指令	Rd←Rd<<Rs,Rd、Rs 为 R0～R7	影响 N、Z、C
LSL Rd,Rm,♯expr	逻辑左移指令	Rd←Rm<<expr,Rd、Rm 为 R0～R7	影响 N、Z、C
LSR Rd,Rs	逻辑右移指令	Rd←Rd>>Rs,Rd、Rs 为 R0～R7	影响 N、Z、C
LSR Rd,Rm,♯expr	逻辑右移指令	Rd←Rm>>mexpr,Rd、Rm 为 R0～R7	影响 N、Z、C
ROR Rd,Rs	循环右移指令	Rd←Rm 循环右移 Rs 位,Rd、Rs 为 R0～R7	影响 N、Z、C
CMP Rn,Rm	比较指令	计算 Rn−Rm, Rn、Rm 为 R0～R15,根据结果修改相应标志位	影响 N、Z、C、V
CMP Rn,♯expr	比较指令	计算 Rn−expr, Rn 为 R0～R7,根据结果修改相应标志位	影响 N、Z、C、V
CMN Rn,Rm	取反比较指令	计算 Rn+Rm, Rn、Rm 为 R0～R7,根据结果修改相应标志位	影响 N、Z、C、V
TST Rn,Rm	位测试指令	计算 Rn&Rm, Rn、Rm 为 R0～R7,根据结果修改相应标志位	影响 N、Z、C、V

6.3.5　Thumb 跳转指令

Thumb 跳转指令一共有三个：

B 跳转指令；

BL 带链接的跳转指令；

BX 带状态切换的跳转指令。

● B 跳转指令

跳转到指定的地址执行程序。这是 Thumb 指令集中的唯一的有条件执行指令。指令格式如下：

　　　　B{cond} label

跳转指令 B 举例如下：

```
B WAITB
```

```
BEQ LOOP1
```

若使用 cond 则 label 为必须在当前指令的－252～＋256 字节范围内；若指令是无条件的，则跳转指令 label 为必须在当前指令的±2K 字节范围内。

● BL 带链接的跳转指令

指令先将下一条指令的地址拷贝到 R14（即 LR）链接寄存器中，然后跳转到指定地址运行程序。指令格式如下：

BL label

带链接的跳转指令 BL 举例如下：

```
BL DELAYI
```

BL 限制在当前指令的±4Mb 的范围内。

● BX 带状态切换的跳转指令

指令格式

BX Rm

跳转到 Rm 指定的地址执行程序。若 Rm 的位[0]为 0，则 Rm 的位[1]也必须为 0，跳转时自动将 CPSR 中的标志 T 复位，即把目标地址的代码解释为 ARM 代码。

带状态切换的跳转指令 BX 举例如下：

```
ADR R0,ARMFun
BX R0        ;跳转到 R0 指定的地址,并根据 R0 的最低位来切换处理器状态
```

6.3.6　Thumb 杂项指令

● SWI 软中断指令

SWI 指令用于产生软中断，从而实现在用户模式变换到管理模式。CPSR 保存到管理模式的 SPSR 中，执行转移到 SWI 向量。在其他模式下也可使用 SWI 指令，处理器同样切换到管理模式。

指令格式如下：

SWI immed_8

其中 immed_8 为 8 位立即数，值为 0～255 之间的整数。SWI 的具体使用和 ARM 指令集中的 SWI 指令类似。

6.4　伪指令

ARM 汇编程序由机器指令、伪指令和宏指令组成。伪指令不像机器指令那样在运行期间由机器执行，而是汇编程序对源程序汇编期间由汇编程序处理。伪指令在汇编时会被合适的机器指令代替，实现真正机器指令操作。宏是一段独立的程序代码，它是通过伪指令定义的，在程序中使用宏指令即可调用宏。当程序被汇编时，汇编程序将对每个调

用进行展开,用宏定义取代源程序中的宏指令。

6.4.1　符号定义伪指令

符号定义伪指令用于定义 ARM 汇编程序的变量,对变量进行赋值以及定义寄存器名称,该类伪指令如下:

全局变量声明:GBLA,GBLL 和 GBLS。

局部变量声明:LCLA,LCLL 和 LCLS。

变量赋值:SETA,SETL 和 SETS。

为一个通用寄存器列表定义名称:RLIST。

为一个协处理器的寄存器定义名称:CN。

为一个协处理定义名称:CP。

为一个 VFP 寄存器定义名称:DN 和 SN。

为一个 FPA 浮点寄存器定义名称:FN。

● GBLA、GBLL、GBLS 全局变量声明伪指令

GBLA 伪指令用于声明一个全局的算术变量,并将其初始化为 0。

GBLL 伪指令用于声明一个全局的逻辑变量,并将其初始化为{FALSE}。

GBLS 伪指令用于声明一个全局的字符串变量,并将其初始化为空字符串""。

伪指令格式如下:

GBLA/GBLL/GBLS variable

其中 variable 定义的全局变量名,在其作用范围内必须唯一。全局变量的作用范围为包含该变量的源程序。

伪指令应用举例如下:

```
GBLL codedbg        ;声明一个全局逻辑变量
codebg SETL {TRUE}  ;设置变量为{TRUE}
...
```

● LCLA、LCLL、LCLS 局部变量声明伪指令

LCLA、LCLL、LCLS 用于宏定义的体中。

LCLA 伪指令用于声明一个局部的算术变量,并将其初始化为 0。

LCLL 伪指令用于声明一个局部的逻辑变量,并将其初始化为{FALSE}。

LCLS 伪指令用于声明一个局部的字符串变量,并将其初始化为空字符串""。

伪指令格式如下:

LCLA/LCLL/LCLSvariable

其中 variable 定义的局部变量名。在其作用范围内必须唯一。局部变量的作用范围为所在的 AREA,如果使用了 ROUT 伪指令,局部变量的作为范围为当前 ROUT 和下一个 ROUT 之间。

伪指令应用举例如下:

```
MACRO               ;声明一个宏
```

```
SENDDAT $ dat        ;宏的原型
LCLA bitno           ;声明一个局部算术变量
…
bitno SETA 8         ;设置变量值为 8
…
MEND
```

● SETA、SETL、SETS 变量赋值伪指令

SETA 伪指令用于给一个全局/局部的算术变量赋值。

SETL 伪指令用于给一个全局/局部的逻辑变量赋值。

SETS 伪指令用于给一个全局/局部的字符串变量赋值。

伪指令格式如下：

variable_a SETA expr_a

variable_l SETL expr_l

variable_s SETS expr_s

其中 variable_a 为用 GBLA,LCLA 伪指令定义的算术变量变量；expr_a 为赋值的常数。

variable_l 为用 GBLL,LCLL 伪指令定义的逻辑变量变量；expr_l 为逻辑值，即{TRUE}或{FALSE}。

variable_s 为用 GBLS,LCLS 伪指令定义的字符串变量变量；expr_s 为赋值的字符串。

伪指令应用举例如下。

```
GBLS ErrStr
…
ErrStr SETS "No,semaphone"
…
```

● RLIST 伪指令

RLIST 为一个通用寄存器列表定义名称。指令格式如下：

Name RLIST {reglist}

其中 Name 为要定义的寄存器列表的名称，reglist 通用寄存器列表。

伪指令应用举例如下：

```
LoReg RLIST {R0 - R7} ;定义寄存器列表 LoReg
…
STMFD SP!,LoReg ;保存寄存器列表 LoReg
…
```

● CN 伪指令

CN 为一个协处理器的寄存器定义名称。指令格式如下：

Name CN expr

其中 Name 为要定义的协处理器的寄存器名称，expr 为协处理器的寄存器编号，数值范围为 0～15。

伪指令应用举例如下：

        MemSet CN 1   ;将协处理的寄存器 1 名称定义为 MemSet

● CP 伪指令

CP 为一个协处理器定义的名称。伪指令格式如下：

Name CP expr

其中 Name 为要定义的协处理器名称，expr 为协处理器的编号，数值范围为 0～15。
伪指令应用举例如下：

        DivRun CP 5 ;将协处理器 5 名称定义为 DivRun

● DN 和 SN 伪指令

DN 和 SN 为 VFP 的寄存器的名称定义的伪指令。

DN 为一个双精度 VFP 寄存器定义名称。

SN 为一个单精度的 VFP 寄存器定义名称。

伪指令格式如下：

Name DN expr

Name SN expr

其中 Name 为要定义的 VFP 寄存器名称，expr 为双精度的 VFP 寄存器，编号为 0～
15，单精度的 VFP 寄存器编号为 0～31。

伪指令应用举例如下：

        cdn DN 1   ;将 VFP 双精度寄存器 1 名称定义为 cdn

        rex SN 3   ;将 VFP 单精度寄存器 3 名称定义为 rex

● FN 伪指令

FN 为一个 FPA 浮点寄存器定义名称，伪指令格式如下：

Name FN expr

其中 Name 为要定义的浮点寄存器名称，expr 为浮点寄存器的编号，值为 0～7。
伪指令应用举例如下：

        ibq FN 1   ;将浮点寄存器 1 名称定义为 ibq

6.4.2 数据定义伪指令

数据定义伪指令用于数据表定义，文字池定义，数据空间分配等。该类伪指令如下：

LTORG：声明一个文字池。

MAP：定义一个结构化的内存表的首地址。

FIELD：定义结构化内存表中的一个数据域。

SPACE：分配一块内存空间，并用 0 初始化。

DCB：分配一段字节的内存单元，并用指定的数据初始化。

DCD 和 DCDU：分配一段字的内存单元，并用指令的数据初始化。

DCDO：分配一段字的内存单元，将每个单元的内容初始化为该单元相对于静态基址
寄存器的偏移量。

DCFD 和 DCFDU：分配一段双字的内存单元，并用双精度的浮点数据初始化。

DCFS 和 DCFSU:分配一段字的内存单元,并用单精度的浮点数据初始化。

DCI:分配一段字的内存单元,并用单精度的浮点数据初始化,指定内存单元存放的是代码,而不是数据。

DCQ 和 DCQU:分配一段双字的内存单元,并用 64 位整数数据初始化。

DCW 和 DCWU:分配一段半字的内存单元,并用指定的数据初始化。

● LTORG 伪指令

LTORG 用于声明一个文字池,在使用 LDR 伪指令时,要在适当的地址加入 LTO-RG 声明文字池,这样就会把要加载的数据保存在文字池内,再用 ARM 的加载指令读出数据。(若没有使用 LTORG 声明文字池,则汇编器会在程序末尾自动声明)

伪指令格式如下:

LTORG

伪指令应用举例如下:

```
…
LDR R0, = 0x12345678
ADD R1,R1,R0
MOV PC,LR
LTORG      ;声明文字池,此地址存储 0x12345678
…
```

LTORG 伪指令常放在无条件跳转指令之后,或者子程序返回指令之后,这样处理器就不会错误地将文字池中的数据当做指令来执行。

● MAP 伪指令

MAP 用于定义一个结构化的内存表的首地址。此时,内存表的位置计数器{VAR}设置为该地址值{VAR}为汇编器的内置变量。˄与 MAP 同义。

伪指令格式如下:

MAP expr,{base_register}

其中 expr 为数字表达式或程序中的标号,当指令中没有 base_register 为时,expr 即为结构化内存表的首地址。

base_register 为一个寄存器。当指令中包含这一项时,结构化内存表的首地址为 expr 与 base_register 寄存器值的和。

伪指令应用举例如下:

```
MAP 0x00,R9       ;定义内存表的首地址为 R9
Timer FIELD 4     ;定义数据域 Timer,长度为 4 字节
Attrib FIELD 4    ;定义数据域 Attrib,长度为 4 字节
String FIELD 100  ;定义数据域 String,长度为 100 字节
…
ADR R9,DataStart  ;的内存表设置 R9 的值,即设置结构化地址
LDR R0,Atrrib     ;相当于 LDR,R0,[R9,♯4]
…
```

MAP 伪指令和 FIELD 伪指令配合使用,用于定义结构化的内存表结构。MAP 伪

指令中的 base-register 为寄存器的值,对于其后所有的 FIELD 伪指令定义的数据域是默认使用的,直到遇到新的包含 base-register 为项的 MAP 伪指令。

● FIELD 伪指令

FIELD 用于定义一个结构化内存表中的数据域。FIELD 可以用♯代替。

伪指令格式如下:

{label} FIELD expr

其中标号 label 使用时,label 的值为当前内存表的位置计数器{VAR}的值,汇编编译器处理了这条 FIELD 伪指令后,内存表计数器的值将加上 expr。expr 为表示本数据域在内存表中所占用的字节数。注意:使用 lable 时,必须顶格书写语句,下同。应用举例如下:

```
MAP 0x0100           ;内存表的首地址为 0x0100
count1 FIELD 4       ;定义数据域 count1,长度为 4 字节,位置为 0x0100
count2 FIELD 16      ;定义数据域 count2,长度为 16 字节,位置为 0x0104
count3 FIELD 4       ;定义数据域 count3,长度为 4 字节,位置为 0x0114
...
```

MAP,FIELD 伪指令仅仅是定义数据结构,它们并不实际分配内存单元。

● SPACE 伪指令

SPACE 用于分配一块内存单元,并用 0 初始化。%与 SPACE 同义。

伪指令格式如下:

{label} SPACE expr

其中 label 为内存块起始地址标号,expr 为所要分配的内存字节数。应用举例如下:

```
AREA DataRA,DATA,READWRITE      ;声明一数据段,名为 DataRAM
DataBuf SPACE 1000              ;分配 1000 字节空间
```

● DCB 伪指令

DCB 用于分配一段字节内存单元,并用伪指令中的 expr 初始化。一般可用来定义数据表格,或文字符串。=与 DCB 同义。

伪指令格式如下:

{label} DCB expr{,expr}{,expr}···

其中 label 为内存块起始地址标号,expr 为可以为 $-128 \sim 255$ 的数值或字符串。内存分配的字节数由 expr 为个数决定。伪指令应用举例如下:

```
DISPTAB DCB 0x33,0x43,0x76,0x12
DCB - 120,20,36,55
ERRSTR   DCB "Send,data is error!",0
```

● DCD 和 DCDU 伪指令

DCD 用于分配一段字内存单元,并用伪指令中的 expr 初始化。DCD 伪指令分配的内存需要字对齐,一般可用来定义数据表格或其他常数。& 与 DCD 同义。

DCDU 用于分配一段字内存单元,并用伪指令中的 expr 为初始化。DCDU 伪指令分配的内存不需要字对齐,一般可用来定义数据表格或其他常数。

伪指令格式如下:

> {**label**} **DCD expr**{**,expr**}{**,expr**}⋯
>
> {**label**} **DCDU expr**{**,expr**}{**,expr**}⋯

其中 label 为内存块起始地址标号,expr 为常数表达式或程序中的标号,内存分配字节数由 expr 为个数决定。伪指令应用举例如下:

```
Vectors
    LDR PC,ReserAddr
    LDR PC,UndefinedAddr
    …
    ResetAddr DCD Reset
    UndefinedAddr DCD Undefined
    …
    Reset
    …
    Undefined
    …
```

● DCDO 伪指令

DCDO 用于分配一段字内存单元。并将每个单元的内容初始化为该单元相对于静态基址寄存器的偏移量。DCDO 伪指令作为基于静态基址寄存器 R9 的偏移量分配内存单元。DCDO 伪指令分配的内存需要字对齐。

伪指令格式如下:

> {**label**} **DCDO expr**{**,expr**}{**,expr**}⋯

其中 label 为内存块起始地址标号,expr 为地址偏移表达式或程序中的标号。内存分配的字数由 expr 为个数决定。伪指令应用举例如下:

```
IMPORT externsym 伪指令
DCDO externsym ;分配 32 位的字单元,其值为标号 externsym 基于 R9 的偏移
```

● DCFD 和 DCFDU 伪指令

DCFD 用于分配一段双字的内存单元,并用双精度的浮点数据 fpliteral 初始化。每个双精度的浮点数占据两个字单元。DCFD 伪指令分配的内存需要字对齐。DCFDU 具有 DCFD 同样的功能,但分配的内存不需要字对齐。

伪指令格式如下:

> {**label**} **DCFD fpliteral**{**,fpliteral**}{**,fpliteral**}⋯
>
> {**label**} **DCFDU fpliteral**{**,fpliteral**}{**,fpliteral**}⋯

其中 label 为内存块起始地址标号,fpliteral 为双精度的浮点数,伪指令应用举例如下:

```
DCFD 6E3,-3E-6
DCFDU -.1,10,2.5E8
```

● DCFS 和 DCFSU 伪指令

DCFS 用于分配一段字的内存单元,并用单精度的浮点数据 fpliteral 初始化。每个单精度的浮点数占据一个字单元。DCFD 伪指令分配的内存需要字对齐。

DCFSU 具有 DCFS 同样的功能,但分配的内存不需要字对齐。

伪指令格式如下:

{label} DCFS fpliteral{,fpliteral}{,fpliteral}…

{label} DCFSU fpliteral{,fpliteral}{,fpliteral}…

其中 label 为内存块起始地址标号,fpliteral 为单精度的浮点数,伪指令应用举例如下:

```
DCFS 1.5E2,-1.5E5,0.06
```

● DCI 伪指令

在 ARM 代码中,DCI 用于分配一段字节的内存单元,用指定的数据 expr 初始化。指定内存单元存放的是代码,而不是数据。在 Thumb 代码中,DCI 用于分配一段半字节的内存单元,用指定的数据 expr 初始化。指定内存单元存放的是代码,而不是数据。

伪指令格式如下:

{label} DCI expr

其中 label 为内存块起始地址标号,expr 为数字表达式。

DCI 伪指令和 DCD 伪指令非常类似,不同之处在于 DCI 分配的内存中的数据被标识为指令。可用于通过宏指令业定义处理器不支持的指令。伪指令应用举例如下:

```
MACRO                    ;宏定义(定义 NEWCMN Rd,Rn 指令)
NEWCMN $ Rd,$ Rm         ;宏名为 NEWCMN,参数为 Rd 和 Rm
DCI 0xe16a0e20:OR:($ Rd:SHL:12):OR:$ Rm
MEND
```

● DCQ 和 DCQU 伪指令

DCQ 用于分配一段双字的内存单元,并用 64 位的整数数据 literal 初始化。DCQ 伪指令分配的内存需要双字对齐。DCQU 具有 DCQ 同样的功能,但分配的内存不需要双字对齐。

伪指令格式如下:

{label} DCQ {−}literal{,{−}{literal}}…

{label} DCQU {−}literal{,{−}{literal}}…

其中 label 为内存块起始地址标号,literal 为 64 位的数字表达式。取值范围为 $[0,2^{64}-1]$ 当 literal 前有"−"号时,取值范围为 $[-2^{63},-1]$ 之间伪指令应用举例如下:

```
DCQU 1234,-76568798776
```

● DCW 和 DCWU 伪指令

DCW 用于分配一段半字的内存单元,并用指定的数据 expr 初始化。DCW 伪指令分配的内存需要半字对齐。DCWU 具有 DCW 同样的功能,但分配的内存不需要半字对齐。

伪指令格式如下:

{label} DCW expr{,expr}{,expr}…

{label} DCWU expr{,expr}{,expr}…

其中 label 为内存块起始地址标号,expr 为数字表达式,DCW 中 expr 取值范围为

[—32768,32767];DCWU 中 expr 取值范围为[0,65535]。伪指令应用举例如下：

```
DCW - 592,123,6756
```

6.4.3   报告伪指令

报告伪指令用于汇编报告指示。该类伪指令如下：

断言错误：ASSERT；

汇编诊断信息显示：INFO；

设置列表选项：OPT；

插入标题：TTL 和 SUBT。

● ASSERT 伪指令

ASSERT 为断言错误伪指令。在汇编编译器对汇编程序的第二遍扫描中，如果其 ASSERT 条件不成立，ASSERT 伪指令将报告该错误信息。

伪指令格式如下：

ASSERT Logical_expr

其中 Logical_expr 为用于断言的逻辑表达式，伪指令应用举例如下：

```
ASSERT Top<>Temp          ;断言 Top 不等于 Temp
```

● INFO 伪指令

汇编诊断信息显示伪指令，在汇编器处理过程中的第一遍扫描或第二遍扫描时报告诊断信息。

伪指令格式如下：

INFO numeric_expr,string_expr

其中 numeric_expr 为数据表达式，若值为 0，则在第二遍扫描时报告诊断信息，否则在第一遍扫描时报告诊断信息。strint_expr 为要显示的字串。伪指令应用举例如下：

```
INFO 0,"Version 0。1"        ;在第二遍扫描时,报告版本信息
if cont1 > cont2             ;如果 cont1 > cont2
INFO 1,"cont1 > cont2"       ;则在第一遍扫描时报告"cont1 > cont2"
```

● OPT 伪指令

设置列表选项伪指令。通过 OPT 伪指令可以在源程序中设置列表选项。

伪指令格式如下：

OPT n

其中 n 所设置的选项的编码如下：

1 设置常规列表选项；

2 关闭常规列表选项；

4 设置分页符，在新的一页开始显示；

8 将行号重新设置为 0；

16 设置选项，显示 SET,GBL,LCL 伪指令；

32 设置选项，不显示 SET,GBL,LCL 伪指令；

64 设置选项，显示宏展开；

128 设置选项，不显示宏展开；

256 设置选项，显示宏调用；

512 设置选项，不显示宏调用；

1024 设置选项，显示第一遍扫描列表；

2048 设置选项，不显示第一遍扫描列表；

4096 设置选项目，显示条件汇编伪指令；

8192 设置选项，不显示条件汇编伪指令；

16384 设置选项，显示 MEND 伪指令；

32768 设置选项，不显示 MEND 伪指令。

默认情况下，-list 选项生成常规的列表文件，包括变量声明，宏展开，条件汇编伪指令及 MEND 伪指令，而且列表文件只是在第二遍扫描时给出，通过 OPT 伪指令，可以在源程序中改变默认的选项。伪指令应用举例如下：

```
...        ;代码
OPT 512    ;不显示宏调用
...        ;代码
```

● TTL 和 SUBT 伪指令

TTL 和 SUBT 为插入标题伪指令。TTL 伪指令在列表文件的每一页的开头插入一个标题。该 TTL 伪指令的作用在其后的每一页，直到遇到新的 TTL 伪指令。

SUBT 伪指令在列表文件的每页的开头第一个子标题。该 SUBT 伪指令的作用在其后的每一页，直到遇到新的 SUBT 伪指令。

伪指令格式如下：

TTL title

SUBT subtitle

其中 title 标题名，subtitle 子标题名。伪指令应用举例如下：

```
...
TTL mainc
...
SUBT subc con
...
```

6.4.4　汇编控制伪指令

汇编控制伪指令用于条件汇编，宏定义，重复汇编控制等。该类伪指令如下：

条件汇编控制：IF，ELSE 和 ENDIF；

宏定义：MACRO 和 MEND；

重复汇编：WHILE 及 WEND。

● IF，ELSE 和 ENDIF 伪指令

IF，ELSE 和 ENDIF 伪指令能够根据条件把一段代码包括在汇编程序内或将其排除

在程序之外。伪指令格式如下：

> **IF logical_expr**
> ;指令或伪指令代码段 1
> **ELSE**
> ;指令或伪指令代码段 2
> }
> {
> **ENDIF**

其中 logical_expr 为用于控制的逻辑表达式。若条件成立，则代码段落在汇编源程序中有效。若条件不成立，代码段 1 无效，同时若使用 ELSE 伪指令，代码段 2 有效。伪指令应用举例如下：

```
    ...
    IF {CONFIG} = 16
    BNE    rt_udiv_1
    LDR R0, =   rt_div0
    BX R0
    ELSE
    BEQ    rt_div0
    ENDIF
```

IF，ELSE 和 ENDIF 伪指令是可以嵌套使用的。

● MACRO 和 MEND 伪指令

MACRO 和 MEND 伪指令用于宏定义。MACRO 标识宏定义的开始，MEND 标识宏定义久的结束。用 MACRO 及 MEND 定义的一段代码，称为宏定义体。这样在程序中就可以通过宏指令多次调用该代码段。

伪指令格式如下：

> **MACRO**
> {$label} macroname 为{$parameter} {$parameter}…
> ;宏定义体。
> **MEND**

其中 $label 表示宏指令被展开时，label 可被替换成相应的符号，通常为一个标号在一个符号前使用 $ 表示被汇编时将使用相应的值替代 $ 后的符号，macroname 为所定义的宏的名称，$parameter 为宏指令的参数。当宏指令被展开时将被替换成相应的值，类似于函数中的形式参数对于子程序代码比较短，而需要传递的参数比较多的情况下可以使用汇编技术。首先要用 MACR 和 MEND 伪指令定义宏，包括宏定义体代码。在 MACRO 伪指令之后的第一行声明宏的原型，其中包含该宏定义的名称及需要的参数。在汇编程序中可以通过该宏定义的名称来调用它。当源程序被汇编时，汇编编译器将展开每个宏调用，用宏定义体代替源程序中的宏定义的名称，并用实际的参数值代替宏定义时的形式参数。伪指令应用举例如下：

```
    MACRO
```

```
CSI_SETB                    ;宏名为 CSI_SETB,无参数
LDR R0, = rPDATG            ;读取 GPG0 口的值
LDR R1,[R0]
ORR R1,R1♯0x01             ;CSI 置位操作
STR R1,[R0]                 ;输出控制
MEND
```

带参数的宏定义如程序清单:

```
MACRO
$ IRQ_Label 为 HANDLER $ IRQ_Exception
EXPORT $ IRQ_Label
IMPORT $ IRQ_Exception
$ IRQ_Label
SUB LR,LR,♯4
STMFD SP!,{R0 - R3,R12,LR}
MRS R3,STSR
STMFD SP!,{R3}
…
MEND
```

● WHILE 和 WEND 伪指令

WHILE 和 WEND 伪指令用于根据条件重复汇编相同的或几乎相同的一段源程序。伪指令格式如下:

WHILE logical_expr ;指令或伪指令代码段

WEND

其中 logical_expr 为用于控制的逻辑表达式。若条件成立,则代码段在汇编源程序中有效,并不断重复这段代码直到条件不成立。伪指令应用举例如下:

```
WHILE no<5
no SETA no + 1
…
WEND
```

WHILE 和 WEND 伪指令是可以嵌套使用的。

6.4.5 杂项伪指令

杂项伪指令在汇编编程设计较为常用,如段定义伪指令,入口点设置伪指令,包含文件伪指令,标号导出或引入声明等,该类伪指令如下:

边界对齐:ALIGN;

段定义:AREA;

指令集定义:CODE16 和 CODE32;

汇编结束:END;

程序入口:ENTRY;

常量定义:EQU;

声明一个符号可以被其他文件引用:EXPORT 和 GLORBAL;

声明一个外部符号:IMPORT 和 EXTERN;

包含文件:GET 和 INCLUDE;

包含不被汇编的文件:INCBIN;

保留符号表中的局部符号:KEEP;

禁止浮点指令:NOFP;

指示两段之间的依赖关系:REQUIRE;

堆栈 8 字节对准:PEQUIRE8 和 PRESERVE8;

给特定的寄存器命名:RN;

标记局部标号使用范围的界限:ROUT。

● ALIGN 伪指令

ALIGN 伪指令通过添加补丁字节使当前位置满足一定的对齐方式。

伪指令格式如下:

$$\text{ALIGN } \{expr\{,offset\}\}$$

其中 expr 为数字表达式,用于指定对齐的方式。取值为 2 的 n 次幂,如 1,2,4,8 等,不能为 0,若没有 expr,则默认为字对齐方式。Offset 为数字表达式,当前位置对齐到下面形式的地址处:offset+n * expr

在下面的情况中,需要特定的地址对齐方式。

(1)Thumb 伪指令 ADR 要求地址是字对齐的,而 Thumb 代码中地址标号可能不是字对齐的。这时就要使用伪指令 ALIGN4 使 Thumb 代码中地址标号为字对齐。

(2)由于有些 ARM 处理器的 Cache 采用了其他对齐方式。如 16 字节对齐方式,这时使用 ALIGN 伪指令指定合适的对齐方式可以充分发挥 Cache 的性能优势。

(3)LDRD 和 STRD 指令要求存储单元为 8 字节对齐。这样在为 LDRD/STRD 指令分配的存储单元前要使用伪指令 ALIGN8 实现 8 字节对齐方式。

(4)地址标号通常自身没有对齐要求,而在 ARM 代码中要求地起标号对齐是字对齐的,Thumb 代码中要求半字对齐。这样可以使用 ALIGN4 和 ALIGN2 伪指令来调整对齐方式。

伪指令应用举例如下:

通过 ALIGN 伪指令使程序中的地址标号字对齐:

```
AREA Example,CODE,READONLY        ;声明代码段 Example
START LDR R0, = Sdfjk
...
MOV PC,LR
Sdfjk DCB 0x58                    ;定义一字节存储空间,字对齐方式被破坏
ALIGN                            ;声明字对齐
SUBI MOV R1,R3                    ;其他代码
...
MOV PC,LR
```

在段定义 AREA 中,也可使用 ALIGN 伪指令对齐,但表达式的数字含义是相同的。

```
AREA MyStack,DATA,NOINIT,ALIGN = 2          ;声明数据段 MyStack,重新字对齐
IrqStackSpace SPACE IRQ_STACK_LEGTH * 4      ;中断模式堆栈空间
FiqStackSpace SPACE FIQ_STACK_LEGTH * 4      ;快速中断模式堆栈空间
AbtStackSpace SPACE ABT_STACK_LEGTH * 4      ;中止义模式堆栈空间
UndtStackSpace SPACE UND_STACK_LEGTH * 4     ;未定义模式堆栈
…
```

将两个字节的数据放在同一个字的第一个字节和第四个字节中,带 offset 的 ALIGN 对齐:

```
AREA offsetFxample,CODE
DCB 0x31 ;第一个字节保存 0x31
ALIGN 4,3 ;字对齐
DCB 0x32 ;第四个字节保存 0x32
…
```

● AREA 伪指令

AREA 伪指令用于定义一个代码段或数据段。ARM 汇编程序设计采用分段式设计,一个 ARM 源程序至少需要一个代码段,大的程序可以包含多个代码段及数据段。

伪指令格式如下:

AREA sectionname{,attr}{,attr}…

其中 sectionname 为所定义的代码段或数据段的名称。如果该名称是以数据开头的,则该名称必须用"|"括起来,如|1_datasec|。还有一些代码段具有约定的名称。如|text|表示 C 语言编译器产生的代码段或者与 C 语言库相关的代码段。attr 该代码段或数据段的属性。

在 AREA 伪指令中,各属性之间用逗号隔开,常用的段属性如下所示:

(1)ALIGN=expr。默认的情况下,ELF 的代码段和数据段是 4 字节对齐的,expr 可以取 0~31 的数值(相应的对齐方式为 2expr,为字节对齐。如 expr=3 时为字节对齐)。对于代码段,expr 为不能为 0 或 1。

(2)ASSOC=seation。指定与本段相关的 ELF 段。任何时候连接 section 段也必须包括 sectionname 段。

(3)CODE。定义代码段。默认属性为 READONLY。

(4)COMDEF。定义一个通用的段。该段可以包含代码或者数据。在其他源文件中,同名的 COMDEF 段必须相同。

(5)COMMON。定义一个通用的段。该段不包含任何用户代码和数据。各源文件中同名的 COMMON 段共用同样的内存单元,连接器为其分配合适的尺寸。

(6)DATA。定义段。默认属性为 READWRITE。

(7)NOINIT。指定本数据段仅仅保留了内存单元,而没有将各初始写入内存单元,或者内存单元值初始化为 0。

(8)READONLY。指定本段为只读,代码段的默认属性为 READONLY。

(9)READWRITE。指定本段为可读可写。数据段的默认属性为 READWRITE。

使用 AREA 伪指令将程序分为多个 ELF 格式的段,段名称可以相同,这时同名的段被放在同一个 ELF 段中。伪指令应用举例如下:

```
AREA Example,CODE,READNOLY        ;声明一个只读代码段,名为 Example
```

● CODE16 和 CODE32 伪指令

CODE16 伪指令指示汇编编译器后面的指令为 16 位的 Thumb 指令。

CODE32 伪指令指示汇编编译器后面的指令为 32 位的 ARM 指令。

伪指令格式如下:

CODE16

CODE32

CODE16 和 CODE32 伪指令只是指示汇编编译器后面的指令的类型,伪指令本身并不进行程序状态的切换。要进行状态切换,可以使用 BX 指令操作。伪指令应用举例如下:

使用 CODE16 和 CODE32 定义 Thumb 指令及 ARM 指令并用 BX 指令进行切换。

```
AREA ARMThumC,CODE,READONLY
CODE32
ADR R0,ThumbStart + 1
BX R0
CODE16
ThumbStart
MOV R0,#10
...
END
```

● END 伪指令

END 伪指令用于指示汇编编译器源文件已结束。每一个汇编源文件均要使用一个 END 伪指令,指示本源程序结束。伪指令格式为:

END

● ENTRY 伪指令

ENTRY 伪指令用于指定程序的入口点。伪指令格式为:

ENTRY

一个程序(可以包含多个源文件)中至少要有一个 ENTRY,可以有多个 ENTRY。但一个源文件中最多只有一个 ENTRY。伪指令应用举例如下。

```
AREA,Example,CODE,READNOLY
ENTRY
CODE32
START MOV R1,#0x5F
...
```

● EQU 伪指令

EQU 伪指令为数字常量,基于寄存器的值和程序中的标号定义一个名称。* 与 EQU 同义。指令格式如下:

name 为 EQU expr{ ,type}

其中 name 为要定义的常量的名称;expr 为基于寄存器的地址值,程序中的标号,32 位地址常量或 32 位常量;当 expr 为 32 位常量时,可用 type 指示。expr 为表示的数据类型(CODE16,CODE32 或 DATA)

EQU 伪指令的作用类似于 C 语言中的#define,用于为一个常量定义名称。伪指令应用举例如下:

```
T_bit EQU 0x20                    ;定义常量 T_bit,其值为 0x20
PLLCON EQU 0xE01FC080            ;定义寄存器 PLLCON,地址为 0Xe01F080
ABCD EQU label + 8               ;定义 ABCD 为 label + 8
```

● EXPORT 和 GLOBAL 伪指令

EXPORT 声明一个符号可以被其他文件引用。相当于声明了一个全局变量。

GLOBAL 与 EXPORT 相同。指令格式如下:

EXPORT symbol{[**WEAK**]}

GLOBAL symbol{[**WEAK**]}

其中 symbol 为要声明的符号名称;[WEAK] 声明其他的同名符优先于本符号被引用。伪指令应用举例如下:

```
EXPORT InitStack
GLOBAL Vectors
```

● IMPORT 和 EXTERN 伪指令

IMPORT 伪指令指示编译器当前的符号不是在本源文件中定义的,而是在其他源文件中定义的,在本源文件中可能引用该符号。EXTERN 与 IMPORT 相同

指令格式如下:

IMPORT symbol{[**WEAK**]}

EXTERN symbol{[**WEAK**]}

其中 symbol 为要声明的符号名称;[WEAK]指定该选项后,如果 symbol 在所有的源程序中都没有被定义,编译器不会生成任何错误信息,同时编译器也不会到当前没有被 INCLUDE 包含进来的库中去查找该标号。

使用 IMPORT 或 EXTERN 声明外部标号时,若连接器在连接处理时不能解释该符号而伪指令中没有[WEAK]选项,则连接器会报告错误,若伪指令中有[WEAK]选项,则连接器不会报告错误,而是进行下面的操作:

(1)如果该符号被 B 或者 BL 指令引用,则该符号被设置成下一条指令的地址,该 B 或者 BL 指令相当于一条 NOP 指令。

(2)其他情况下该符号被设置 0。

伪指令应用举例如下:

```
IMPORT InitStack
EXTERN Vectors
```

● GET 和 INCLUDE 伪指令

GET 伪指令将一个源文件包含到当前源文件中,并对被包含的文件进行汇编处理。INCLUDE 与 GFT 同义,指令格式如下:

GET filename

INCLUDE filename

其中 filename 为要包含的源文件名,可以使用路径信息。

GET 伪指令通常用于包含一些宏定义或常量定义的源文件。如用 EQU 定义的常量,用 MAP 和 FIELD 定义的结构化的数据类型,这样的源文件类似于 C 语言中的头文件,GET,INCLUDE 伪指令不能用来包含目标文件,而 INCBIN 伪指令可以包含目标文件。伪指令应用举例如下:

```
INCLUDE LPC2106.inc
```

● INCBIN 伪指令

INCBIN 伪指令将一个文件包含到当前源文件中,而被包含的文件不进行汇编处理。指令格式如下:

INCBIN filename

其中 filename 为要包含的源文件名,可以使用路径信息。

通常可以使用 INCBIN 将一个执行文件或者任意数据包含到当前文件中,被包含的执行文件或数据将被原封不动地放下当前文件中,编译器从 INCBIN 伪指令后面开始继续处理。

伪指令应用举例如下

```
INCBIN charlib.bin
```

● KEEP 伪指令

KEEP 伪指令指示编译器保留符号表中的局部符号。伪指令格式如下:

KEEP ⟨symbol⟩

其中 symbol 为要保留的局部标号。若没有此项,则除了基于寄存器之外的所有符号将包含在目标文件的符号表中。

● NOFP 伪指令

NOFP 伪指令用于禁止源程序中包含浮点运算指令。

伪指令格式如下:

NOFP

● REQUIRE 伪指令

REQUIRE 伪指令指定段之间的依赖关系。伪指令格式如下:

REQUIRE label

其中 label 为所需要的标号的名称。当进行链接处理时,REQUIRE label 为包含了伪指令的源文件,则定义为 label 的源文件也被包含。

● PEQUIRE8 和 PRESERVE8 伪指令

PEQUIRE8 伪指令指示当前文件请求堆栈为 8 字节对齐,PRESERVE8 伪指令指示当前文件保持堆栈为 8 字节对齐。

伪指令格式如下:

PEQUIRE8

PRESERVE8

链接器保证要求 8 字节对齐的堆栈只能被堆栈为 8 字节的对齐的代码调用。

● RN 伪指令

RN 伪指令用于给一个特殊的寄存器命名。伪指令格式如下：

Name RN expr

其中 name 为给寄存器定义的名称；expr 为寄存器编号。

伪指令应用举例如下：

```
COUNT RN 6    ;定义寄存器 R6 为 COUT
Count1 RN R7  ;定义寄存器 R7 为 Cout1
```

● ROUT 伪指令

ROUT 伪指令用于定义局部标号的有效范围。伪指令格式如下：

⟨name⟩ ROUT

其中 name 为所定义的作用范围的名称。当没有使用 ROUT 伪指令时，局部标号的作用范围为其所在段。ROUT 伪指令的作用范围在本 ROUT 伪指令和下一个 ROUT 伪指令之间（指同一段中的 ROUT 伪指令）。

伪指令应用举例如下：

```
routineA ROUT    ;定义局部标号的有效范围,名称为 routineA
…
3routineA        ;routineA 范围内的局部标号 3
…
BEQ %4routineA   ;若条件成立,跳转到 routineA 范围内的局部标号 4
…
BEG %3           ;若条件成立,跳转到 routineA 范围内的局部标号 3
…
4routineA …      ;routineA 范围内的局部标号 4
…
otherstuff ROUT  ;定义新的局部标号的有效范围
```

6.4.6 ARM 伪指令

ARM 伪指令不是 ARM 指令集中的指令，只是为了编程方便编译器定义了伪指令，使用时可以像其他 ARM 指令一样使用，但在编译时这些指令将被等效的 ARM 指令代替。ARM 伪指令有 6 条，分别为：

ADR 小范围的地址读取伪指令；

ADRL 中等范围的地址读取伪指令；

LDR 大范围的地址读取伪指令；

NOP 空操作伪指令；

LDFD 将一个双精度浮点数常数放进一个浮点数寄存器伪指令；

LDFS 将一个单精度浮点数常数放进一个浮点寄存器伪指令。

● ADR 小范围的地址读取伪指令

ADR 伪指令格式如下:

ADR{cond} register,exper

其中 register 为加载的目标寄存器。

exper 地址表达式。当地址值是非字地齐时,取值范围－255～255 字节之间;当地址是字对齐时,取值范围－1020～1020 字节之间。

对于 ARM7TDMI 三级流水线的处理器而言,基于 PC 相对偏移的地址值时,给定范围是相对当前指令地址后两个字处。

ADR 指令将基于 PC 相对偏移的地址值读取到寄存器中。在汇编编译源程序时,ADR 伪指令被编译器替换成一条合适的指令。通常,编译器用一条 ADD 指令或 SUB 指令来实现该 ADR 伪指令的功能,若不能用一条指令实现,则产生错误,编译失败。

ADR 伪指令举例如下:

```
LOOP MOV R1, ♯0xF0
...
ADR R2,LOOP      ;将 LOOP 的地址放入 R2
ADR R3,LOOP + 4
```

可以用 ADR 加载地址,实现查表:

```
...
ADR R0,DISP_TAB     ;加载转换表地址
LDRB R1,[R0,R2]     ;使用 R2 作为参数,进行查表
...
DISP_TAB
DCB 0Xc0,0xF9,0xA4,0xB0,0x99,0x92,0x82,0xF8,0x80,0x90
```

● ADRL 中等范围的地址读取伪指令

ADRL 伪指令格式如下:

ADR{cond} register,exper

其中:register 为加载的目标寄存器。

expr 为地址表达式。当地址值是非字对齐时,取范围－64K～64K 字节之间;当地址值是字对齐时,取值范围－256K～256K 字节之间。

中等范围的地址读取伪指令。ADRL 指令将基于 PC 相对偏移的地址值或基于寄存器相对偏移的地址值读取到寄存器中,比 ADR 伪指令可以读取更大范围的地址。在汇编编译源程序时,ADRL 伪指令被编译器替换成两条合适的指令。若不能用两条指令实现 ADRL 伪指令功能,则产生错误,编译失败。

ADRL 伪指令举例如下:

```
ADRL R0,DATA_BUF
...
ADRL R1 DATA_BUF + 80
...
DATA_BUF
```

```
SPACE 100          ;定义 100 字节缓冲区
;可以且用 ADRL 加载地址,实现程序跳转,中等范围地址的加载
...
ADR LR,RETURNI              ;设置返回地址
ADRL R1 Thumb_Sub + 1      ;取得了 Thumb 子程序入口地址,且 R1 的 0 位置 1
BX R1                      ;调用 Thumb 子程序,并切换处理器状态
RETURNI
...
CODE16
Thumb_Sub
MOV R1,♯10
...
```

● LDR 大范围的地址读取伪指令

LDR 伪指令格式如下:

LDR{cond} register, =expr/label_expr

其中 register 为加载的目标寄存器,expr 为 32 位立即数,label_expr 为基于 PC 的地址表达式或外部表达式。

LDR 伪指令用于加载 32 位的立即数或一个地址值到指定寄存器。在汇编编译源程序时,LDR 伪指令被编译器替换成一条合适的指令。若加载的常数未超出 MOV 或 MVN 的范围,则使用 MOV 或 MVN 指令代替该 LDR 伪指令,否则汇编器将常量放入字池,并使用一条程序相对偏移的 LDR 指令从文字池读出常量。LADR 伪指令举例如下:

```
LDR R0, = 0x123456       ;加载 32 位立即数 0x12345678
LDR R0, = DATA_BUF + 60  ;加载 DATA_BUF 地址 + 60
...
LTORG                    ;声明文字池
```

伪指令 LDR 常用于加载芯片外围功能部件的寄存器地址(32 位立即数),以实现各种控制操作,使用举例如下:

```
...
LDR R0, = IOPIN    ;加载 GPIO 寄存器 IOPIN 的地址
LDR R1,[R0]        ;读取 IOPIN 寄存器的值
...
LDR R0, = IOSET
LDR R1, = 0x00500500
STR R1,[R0]        ;IOSET = 0x00500500
...
```

● NOP 空操作伪指令

NOP 伪指令在汇编时将会被代替成 ARM 中的空操作,比如可能为 MOV R0,R0 指令等,NOP 伪指令格式如下

```
NOP
```

NOP 可用于延时操作,例如:

```
    …
    DELAY1
    NOP
    NOP
    NOP
    SUBS R1.R1.#1
    BNE DELAY1
    …
```

● LDFD 伪指令

LDFD 伪指令将一个双精度浮点数常数放进一个浮点数寄存器。伪指令格式如下：

LDFD fx,＝expr

其中 fx 浮点数寄存器；expr 双精度浮点数值。伪指令应用举例如下：

```
    LDFD f1,＝0.12
```

● LDFS 伪指令

伪指令将一个单精度浮点数常数放进一个浮点寄存器。伪指令格式如下：

LDFS fx,＝expr

其中 fx 浮点数寄存器；expr 单精度浮点数值。伪指令应用举例如下：

```
    LDFS f1,＝0.12
```

6.4.7　Thumb 伪指令

● ADR 小范围的地址读取伪指令

ADR 伪指令格式如下：

ADR register,expr

其中 register 为加载的目标寄存器；expr 为是地址表达式，偏移量必须是正数并小于 1KB。expr 必须在局部定义，不能被导入。ADR 伪指令举例如下：

```
    ADR R0.TxtTab
    …
    TxtTab
    DCB "ARM7TDMI",0
```

● LDR 大范围的地址读取伪指令

LDR 伪指令格式如下：

LDR register,＝expr/label_expr

其中，register 为加载的目标寄存器；expr 为 32 位立即数；label_expr 为基于 PC 的地址表达式或外部表达式。

LDR 伪指令用于加载 32 位的立即数或一个地址值到指定寄存器。在汇编编译源程序时，LDR 伪指令被编译器替换成一条合适的指令。若加载的常数未超出 MOV 范围，则使用 MOV 或 MVN 指令代替 LDR 伪指令，否则汇编器将常量放入文字池，并使用一条程序相对偏移的 LDR,指令从文字池读出常量。LADR 伪指令举例如下：

```
LDR R0, = 0x12345678        ;加载 32 位立即数 0x12345678
LDR R0, = DATA_BUF + 60     ;加载 DATA_BUF 地址 + 60
...
LTORG                       ;声明文字池
...
```

● NOP 空操作伪指令

NOP 伪指令在汇编时将会将会被代替成 Thumb 中的空操作,比如可能为 MOV R0,R0 指令等。NOP 可用于延时操作,用法和 ARM 中的 NOP 一样。

习 题

1. 什么是寻址方式?

2. 在 Arm 指令系统的立即数寻址方式中,什么是合法的立即数?

3. 判断 0x1ee,0x10f,0x489,0xc000000f,0x18000003 是否是合法的立即数。

4. 什么是伪指令,其使用和实际的指令有何区别?

5. 请说明下面指令的功能

```
STMIA R0!,{R1 - R4}
STMIB R0!,{R1 - R4}
STMDA R0,{R1 - R4}
STMDB R0,{R1 - R4}
```

6. 写出下列指令的寻址方式

```
ADD     R0,R0,#1
ADD     R1,R2,R0,LSL #3
LDR     R0,[R1]
STMIB R0!,{R1 - R4}
B sub
```

7. 判断下列 ARM 指令正确与否,并指出错误之处

```
MOV R0,#0x111
BL 0x8002
BX 0x8001
LDR R1,[R15]
LDRD R14,[R1]
```

8. 当 ARM7TDMI 处理器工作在 ARM 状态下时,如果用一条指令去读取 R15 寄存器的值,得到的 R15 的值是多少?

9. 在 ARM 处理器的存储空间中,有一段存储空间中存储的数据如下所示:

地址	0x8000	0x8001	0x8002	0x8003	0x8004	0x8005	0x8006	0x8007
数据	0x01	0x02	0x03	0x04	0x05	0x06	0x07	0x08

假设,存储空间中的数据是以小端存储的,R0 中的值为 0x8000。回答以下问题:

执行完 LDR R1,[R0]后,R1 中的值是多少?

执行完 LDRB R1,[R0]后,R1 中的值是多少?

执行完 LDRH R1,[R0]后,R1 中的值是多少?

执行完 LDR R1,[R0,♯02]后,R1 中的值是多少?

执行完 LDRH R1,[R0,♯02]后,R1 中的值是多少?

执行完 LDRB R1,[R0,♯01]后,R1 中的值是多少?

执行完

STR R1,[R0],♯4

LDR R1,[R0]

两条语句后,R0 和 R1 中的值是多少?

10. 请回答以下问题

执行完 LDMIA R0,[R1-R4]后,R0 中的值如何变化?

执行完 LDMIA R0!,[R1-R4]后,R0 中的值如何变化?

执行完 LDR R0,[R1,R2]! 后,R1 中的值如何变化?

执行完 LDR R0,[R1,R2,LSL♯3]后,R1 中的值如何变化?

第 7 章

ARM 程序设计

ARM 编译器一般都支持汇编语言的程序设计和 C/C++语言的程序设计,以及两者的混合编程。本章介绍 ARM 程序设计的一些基本概念、汇编语言的语句格式和汇编语言的程序结构等,同时介绍 C/C++和汇编语言的混合编程等。

7.1 ARM 汇编语言程序设计

7.1.1 汇编语言的语句格式

ARM(Thumb)汇编语言的语句格式为:

{标号}   {指令或伪指令}   {;注释}

需要注意的是:

(1)所有标号必须在一行的顶格书写,其后面不要添加":"。ARM 汇编器对标号的大小写敏感,不同大小写表示的标号被认为是不同的。

(2)指令不能从一行的顶格书写,前面必须有空格或者标号

(3)指令、伪指令、寄存器名可以全部为大写字母,也可以全部为小写字母,但不能大小写混合使用。例如使用"MOV R0,♯03"和"mov R0,♯03"都可以。但使用"Mov R0,♯03"就不对。

(4)注释使用";"开头,注释内容由";"开始到此行结束。

(5)如果一条语句太长,可将该长语句分为若干行来书写,在行的末尾用"\"表示下一行与本行为同一条语句。

一个汇编程序的例子如下:

```
Begin              ;正确,标号顶格书写
    MOV R1,♯03      ;正确,指令不要顶格书写
    LOOP1 MOV R0,♯1  ;错误,标号 LOOP1 没有顶格写
```

```
LooP LDRB r0,[R6,#0]    ;正确
      LDRb R1,[R6,#1]    ;错误,指令中大小写混合
LOOP: MOV R1,#2          ;错误,标号后不能带:
MOV R2,#3               ;错误,命令不允许顶格书写
      loop Mov R2,#3     ;错误,指令中大小写混合
      B Loop             ;错误,无法跳转到 Loop 标号,Loop 不存在
```

7.1.2　汇编程序中的符号

在汇编程序设计中,经常使用各种符号增加程序的可读性。符号的种类有标号、变量和数字常量。当符号代表地址时又称为标号。符号的命名规则如下:

(1)符号由大小写字母、数字以及下划线组成;

(2)除局部标号以数字开头外,其他的符号不能以数字开头;

(3)符号区分大小写,且所有字符都是有意义的;

(4)符号在其作用域范围你必须是唯一的;

(5)符号不能与系统内部或系统预定义的符号同名;

(6)符号不要与指令助记符、伪指令同名。

1. 标号

在 ARM 汇编中,标号是一种代表地址的符号,根据标号的生成方式,可以有以下 3 种:

(1)基于 PC 的标号

基于 PC 的标号时位于目标指令前的标号或程序中的数据定义伪指令前的标号,这种标号在汇编时将被处理成 PC 值加上或减去一个数字常量。它常用于表示跳转指令的目标地址,或者代码段中所嵌入的少量数据。

(2)基于寄存器的标号

基于寄存器的标号通常用 MAP 和 FILED 伪指令定义,也可以用 EQU 伪指令定义,这种标号在汇编时被处理成寄存器的值加上或减去一个数字常量。它常用于访问位于数据段中的数据。

(3)绝对地址

绝对地址是一个 32 位的数字量,它可以寻址的范围为 $0\sim(2^{32}-1)$,可以直接寻址整个内存空间。

根据标号的作用范围,可以分为局部标号和全局标号。局部标号的地址在汇编时确定,而全局标号的地址值在连接时确定。

局部标号主要用于局部范围代码中,在宏定义也是很有用的。局部标号是一个 $0\sim99$ 之间的十进制数字,可重复定义,局部标号后面可以紧接一个通常表示该局部变量作用范围的符号。局部变量的作用范围为当前段,也可以用伪指令 ROUT 来定义局部标号的作用范围。

局部标号定义格式:

N{routname}

其中：N 局部标号，取值为 0~99。routname 局部标号作用范围的名称，由 ROUT 伪指令定义。

局部标号引用格式：

　　%{F|B}{A|T} N{routname}

其中：

%表示局部标号引用操作；

F 指示编译器只向前搜索；

B 指示编译器只向后搜索；

A 指示编译器搜索宏的所有嵌套层次；

T 指示编译器搜索宏的当前层。

如果 F 和 B 都没有指定，则编译器先向前搜索，再向后搜索。如果 A 和 T 都没有指定，编译器搜索所有从宏的当前层次到宏的最高层次搜索，比当前层次的层次不再搜索。

如果指定了 routname，编译器向前搜索最近的 ROUT 伪指令，若 routname 与该 ROUT 伪指令定义的名称不匹配，编译器报告错误，汇编失败。示例如下：

```
    rou ROUT            ;定义局部标号的作用范围 rou
    ...
 1rou                   ;1rou 为局部标号
    MOV R0,＃03
 2rou                   ;2rou 为局部标号
   MOV R0,＃0x06
    ...
   BEQ ％2rou           ;若 Z＝1,跳转到局部标号为 2 处运行
   BGE ％1rou           ;若 N＝V,跳转到局部标号为 1 处运行
    ...
```

2. 常量

常量是指其值在程序的运行过程中不能被改变的量，常量包含数字常量、字符常量、逻辑常量和字符串常量。

● 数字常量

数字常量一般为 32 位的整数，当作为无符号数时，其取值范围为 $0~2^{32}-1$，当作为有符号数时，其取值范围为 $-2^{31}~(2^{31}-1)$。

数字常量有 3 种表示方式：

十进制数，如：12,5,876,0；

十六进制数，如 0x4387,0xFF0,0x1；

n 进制数，用 n－×××表示，其中 n 为 2~9,×××为具体的数。如 2－01011,8－43656等。

● 字符常量

字符常量由一对单引号及中间字符串表示，标准 C 语言中的转义符也可使用。如果

需要包含双引号,用""代替,如果包含货币符号 $,需要使用 $$ 代替。例如:

```
Hello SETS "Hello World!"
Test   SETS "The parameter ""test"" is $$ 2"
```

● 布尔常量

布尔常量的逻辑真为{TRUE},逻辑假为{FALSE}。例如:

```
test SETS {FALSE}
```

3. 变量

程序中的变量是指其值在程序的运行过程中可以改变的量。ARM(Thumb)汇编程序所支持的变量有数字变量、逻辑变量和字符串变量。

数字变量用于在程序的运行中保存数字值,但注意数字值的大小不应超出数字变量所能表示的范围。

逻辑变量用于在程序的运行中保存逻辑值,逻辑值只有两种取值情况:真或假。

字符串变量用于在程序的运行中保存一个字符串,但注意字符串的长度不应超出字符串变量所能表示的范围。

在 ARM(Thumb)汇编语言程序设计中,可使用 GBLA、GBLL、GBLS 伪指令声明全局变量,使用 LCLA、LCLL、LCLS 伪指令声明局部变量,并可使用 SETA、SETL 和 SETS 对其进行初始化。

4. 程序中的变量代换

程序中的变量可通过代换操作取得一个常量,代换操作符为“ $ ”。如果在数字变量前面有一个代换操作符“ $ ”,编译器会将该数字变量的值转换为十六进制的字符串,并将该十六进制的字符串代换“ $ ”后的数字变量。如果在逻辑变量前面有一个代换操作符“ $ ”,编译器会将该逻辑变量代换为它的取值(真或假)。如果在字符串变量前面有一个代换操作符“ $ ”,编译器会将该字符串变量的值代换“ $ ”后的字符串变量。

使用示例:

```
LCLS    S1                      ;定义局部字符串变量 S1
LCLS    S2                      ;定义局部字符串变量 S2
S1      SETS    "Test!"
S2      SETS    "This is a $ S1"    ;字符串变量 S2 的值为"This is a Test!"
```

7.1.3　汇编语言程序中的表达式和运算符

在汇编语言程序设计中,也经常使用各种表达式,表达式一般由变量、常量、运算符和括号构成。常用的表达式有数字表达式、逻辑表达式和字符串表达式,其运算次序遵循如下的优先级:

优先级相同的双目运算符的运算顺序为从左到右;

相邻的单目运算符的运算顺序为从右到左,且单目运算符的优先级高于其他运算符;

括号运算符的优先级最高。

1. 数字表达式及运算符

数字表达式一般由数字常量、数字变量、数字运算符和括号构成。与数字表达式相关的运算符如下：

（1）＋、－、×、/ 及 MOD 算术运算符

以上的算术运算符分别代表加、减、乘、除和取余数运算。例如，以 X 和 Y 表示两个数字表达式，则：

X＋Y	表示 X 与 Y 的和。
X－Y	表示 X 与 Y 的差。
X×Y	表示 X 与 Y 的乘积。
X/Y	表示 X 除以 Y 的商。
X：MOD：Y	表示 X 除以 Y 的余数。

（2）ROL、ROR、SHL 及 SHR 移位运算符

以 X 和 Y 表示两个数字表达式，以上的移位运算符代表的运算如下：

X：ROL：Y	表示将 X 循环左移 Y 位。
X：ROR：Y	表示将 X 循环右移 Y 位。
X：SHL：Y	表示将 X 左移 Y 位。
X：SHR：Y	表示将 X 右移 Y 位。

（3）AND、OR、NOT 及 EOR 按位逻辑运算符

以 X 和 Y 表示两个数字表达式，以上的按位逻辑运算符代表的运算如下：

X：AND：Y	表示将 X 和 Y 按位作逻辑与的操作。
X：OR：Y	表示将 X 和 Y 按位作逻辑或的操作。
X：NOT：Y	表示将 X 和 Y 按位作逻辑非的操作。
X：EOR：Y	表示将 X 和 Y 按位作逻辑异或的操作。

2. 逻辑表达式及运算符

逻辑表达式一般由逻辑量、逻辑运算符和括号构成，其表达式的运算结果为真或假。与逻辑表达式相关的运算符如下：

（1）＝、＞、＜、＞＝、＜＝、/＝、＜＞运算符

以 X 和 Y 表示两个逻辑表达式，以上的运算符代表的运算如下：

X＝Y	表示 X 等于 Y。
X＞Y	表示 X 大于 Y。
X＜Y	表示 X 小于 Y。
X＞Y	表示 X 大于等于 Y。
X＜＝Y	表示 X 小于等于 Y。
X/＝Y	表示 X 不等于 Y。
X＜＞Y	表示 X 不等于 Y。

（2）LAND、LOR、LNOT 及 LEOR 运算符

以 X 和 Y 表示两个逻辑表达式，以上的逻辑运算符代表的运算如下：

　　X：LAND：Y　　　　表示将 X 和 Y 作逻辑与的操作。

　　X：LOR：Y　　　　　表示将 X 和 Y 作逻辑或的操作。

　　X：LNOT：Y　　　　表示将 Y 作逻辑非的操作。

　　X：LEOR：Y　　　　表示将 X 和 Y 作逻辑异或的操作。

3. 字符串表达式及运算符

字符串表达式一般由字符串常量、字符串变量、运算符和括号构成。编译器所支持的字符串最大长度为 512 字节。常用的与字符串表达式相关的运算符如下：

（1）LEN 运算符

LEN 运算符返回字符串的长度（字符数），以 X 表示字符串表达式，其语法格式如下：

　　：LEN：X

（2）CHR 运算符

CHR 运算符将 0～250 之间的整数转换为一个字符，以 M 表示某一个整数，其语法格式如下：

　　：CHR：M

（3）STR 运算符

STR 运算符将一个数字表达式或逻辑表达式转换为一个字符串。对于数字表达式，STR 运算符将其转换为一个以十六进制组成的字符串；对于逻辑表达式，STR 运算符将其转换为字符串 T 或 F，其语法格式如下：

　　：STR：X

其中，X 为一个数字表达式或逻辑表达式。

（4）LEFT 运算符

LEFT 运算符返回某个字符串左端的一个子串，其语法格式如下：

　　X：LEFT：Y

其中，X 为源字符串，Y 为一个整数，表示要返回的字符个数。

（5）RIGHT 运算符

与 LEFT 运算符相对应，RIGHT 运算符返回某个字符串右端的一个子串，其语法格式如下：

　　X：RIGHT：Y

其中，X 为源字符串，Y 为一个整数，表示要返回的字符个数。

（6）CC 运算符

CC 运算符用于将两个字符串连接成一个字符串，其语法格式如下：

　　X：CC：Y

其中，X 为源字符串 1，Y 为源字符串 2，CC 运算符将 Y 连接到 X 的后面。

4. 其他常用运算符

(1)? 运算符

? 运算符返回某代码行所生成的可执行代码的长度,例如:

    ? X

返回定义符号 X 的代码行所生成的可执行代码的字节数。

(2)DEF 运算符

DEF 运算符判断是否定义某个符号,例如:

    :DEF:X

如果符号 X 已经定义,则结果为真,否则为假。

(3)BASE 运算符

BASE 运算符返回基于寄存器的表达式中寄存器的编号,其语法格式如下:

    :BASE:X

其中,X 为与寄存器相关的表达式。

(4)INDEX 运算符

INDEX 运算符返回基于寄存器的表达式中相对于其基址寄存器的偏移量,其语法格式如下:

    :INDEY:X

其中,X 为与寄存器相关的表达式。

7.1.4 汇编语言的程序结构

在 ARM(Thumb)汇编语言程序中,以程序段为单位组织代码。段是相对独立的指令或数据序列,具有特定的名称。段可以分为代码段和数据段,代码段的内容为执行代码,数据段存放代码运行时需要用到的数据。一个汇编程序至少应该有一个代码段,当程序较长时,可以分割为多个代码段和数据段,多个段在程序编译链接时最终形成一个可执行的镜像文件。

可执行镜像文件通常由以下几部分构成:

(1)一个或多个代码段,代码段的属性为只读。

(2)0 个或多个包含初始化数据的数据段,数据段的属性为可读写。

(3)0 个或多个不包含初始化数据的数据段,数据段的属性为可读写。

链接器根据系统默认或用户设定的规则,将各个段安排在存储器中的相应位置。因此源程序中段之间的相对位置与可执行的镜像文件中段的相对位置一般不会相同。

以下是一个汇编语言源程序的基本结构:

```
    AREA        Init,CODE,READONLY
    ENTRY
Start
    LDR         R0, = 0x3FF5000
```

```
LDR        R1,= 0xFF
STR        R1,[R0]
LDR        R0,= 0x3FF5008
LDR        R1,= 0x01
STR        R1,[R0]
…
END
```

在汇编语言程序中,用 AREA 伪指令定义一个段,并说明所定义段的相关属性,本例定义一个名为 Init 的代码段,属性为只读。

ENTRY 伪指令标识程序的入口点,表明程序段从那里开始执行。由于一个程序段中只能有一个程序入口点,因此在一个程序段中只能有一个 ENTRY 伪指令。

接下来为指令序列。程序的末尾为 END 伪指令,该伪指令告诉编译器源文件的结束,每一个汇编程序段都必须有一条 END 伪指令,指示代码段的结束,否则编译会有警告。

数据段的例子如下:

```
        AREA DataArea,DATA,NOINIT,ALLGN = 2
DISPBUF SPACE 100
RCVBUF SPACE 100
…
```

7.1.5　汇编语言程序设计举例

1.汇编语言的子程序调用

在 ARM 汇编语言程序中,子程序的调用一般是通过 BL 指令来实现的。在程序中,使用指令"BL 子程序名"即可完成子程序的调用。

该指令在执行时完成以下操作:将子程序的返回地址存放在连接寄存器 LR 中,同时将程序计数器 PC 指向子程序的入口点,当子程序执行完毕需要返回调用处时,只需要将存放在 LR 中的返回地址重新拷贝给程序计数器 PC 即可。在调用子程序的同时,也可以完成参数的传递和从子程序返回运算的结果。

以下是使用 BL 指令调用子程序的汇编语言源程序的基本结构:

```
        AREA Exam1, CODE, READONLY    ;定义一个代码段
        ENTRY                         ;程序入口
Start
        …
        MOV R0,#03
        NOP
        BL Delay                      ;调用子程序
        …
Delay
```

```
            ...
            NOP
            NOP
            SUBS R0,R0,#01
            NOP
            BNE Delay              ;R0 不等于 0 时跳转
            MOV PC,LR              ;子程序返回
            END                    ;程序段结束
```

2. 算数和逻辑运算的例子

例 1　用汇编语言实现下面的表达式：

$$x = (a+b) - c;$$

具体实现如下：

```
            AREA Exam1,CODE,READONLY ;定义一个代码段
            ENTRY                  ;程序入口
            ADR r4,a               ;得到 a 的地址,放到 r4 中
            LDR r0,[r4]            ;得到 a 的值,放到 r0 中
            ADR r4,b               ;得到 b 的地址,放到 r4 中
            LDR r1,[r4]            ;得到 b 的值,放到 r1 中
            ADD r3,r0,r1           ;r3 = r0 + r1
            ADR r4,c               ;得到 c 的地址,放到 r4 中
            LDR r2,[r4]            ;得到 c 的值,放到 r2 中
            SUB r3,r3,r2           ;r3 = r3 - r2
            ADR r4,x               ;得到 x 的地址,放到 r4 中
            STR r3,[r4]            ;把 r3 的值,放到 r4 指向的地址单元中(x 中)
            NOP
a           DCD 0x03               ;定义 a 的值
b           DCD 0x02               ;定义 b 的值
c           DCD 0x01               ;定义 c 的值
x           DCD 0x12345678         ;定义 x 的值
            END
```

例 2　用汇编语言实现下面的表达式：

$$x = (a \ll 2) | (b \& 15);$$

具体实现如下：

```
            AREA Exam1,CODE,READONLY ;定义一个代码段
            ENTRY                  ;程序入口
            ;;;;;;;;;;;;;;;;;;;;;;;;;;;;;;;;;;;;;;;
            ADR r4,a               ;得到 a 的地址,放到 r4 中
            LDR r0,[r4]            ;得到 a 的值,放到 r0 中
            MOV r0,r0,LSL #2       ;r0 = r0 ≪ 2 逻辑左移 2 位
            ADR r4,b               ;得到 b 的地址,放到 r4 中
```

```
    LDR r1,[r4]                ;得到 b 的值,放到 r1 中
    AND r1,r1,#15              ;r1 = r1 & 15
    ORR r1,r0,r1               ;r1 = r0 | r1
  ADR r4,x                     ;得到 x 的地址,放到 r4 中
  STR r1,[r4]                  ;把 r1 的值,放到 r4 指向的地址单元中(x 中)
  NOP
a   DCD 0x03                   ;定义 a 的值
b   DCD 0x02                   ;定义 b 的值
c   DCD 0x01                   ;定义 c 的值
x   DCD 0x12345678             ;定义 x 的值
  END
```

3. 分支语句的例子

例 1　用汇编语言实现下面的 C 语言表达式:

if (a>=b) { x=c−d; } else x=c+d;

方法 1,使用跳转语句实现的例子

```
AREA Exam1,CODE,READONLY ;定义一个代码段
ENTRY                       ;程序入口
    ;;;;;;;;;;;;;;;;;;;;;;;;;;;;;;;;;;;;;
ADR r4,a                    ;得到 a 的地址,放到 r4 中
LDR r0,[r4]                 ;得到 a 的值,放到 r0 中
ADR r4,b                    ;得到 b 的地址,放到 r4 中
LDR r1,[r4]                 ;得到 b 的值,放到 r1 中
CMP r0,r1                   ;对比 r0 和 r1(对比 a 和 b)
BGE tblock                  ;如果 r0 >= r1,跳转到 tblock 处执行
NOP
fblock                      ;fblock 分支程序,执行 y = c + d;
ADR r4,c                    ;得到 c 的地址,放到 r4 中
LDR r0,[r4]                 ;得到 c 的值,放到 r0 中
ADR r4,d                    ;得到 d 的地址,放到 r4 中
LDR r1,[r4]                 ;得到 d 的值,放到 r1 中
ADD r0,r0,r1                ;r0 = r0 + r1
ADR r4,x                    ;得到 y 的地址,放到 r4 中
STR r0,[r4]                 ;把 r0 的值放到 x 中
B after                     ;跳转到后面的分支去,如果没有会继续执行 tblock
tblock                      ;tblock 分支程序,执行 x = c − d
ADR r4,c                    ;得到 c 的地址,放到 r4 中
LDR r0,[r4]                 ;得到 c 的值,放到 r0 中
ADR r4,d                    ;得到 d 的地址,放到 r4 中
LDR r1,[r4]                 ;得到 d 的值,放到 r1 中
SUB r0,r0,r1                ;r0 = r0 − r1
```

```
      ADR r4,x              ;得到 y 的地址,放到 r4 中
      STR r0,[r4]           ;把 r0 的值放到 x 中
after
      NOP
a     DCD 0x03
b     DCD 0x02
c     DCD 0x01
d     DCD 0x04
x     DCD 0x04
      END
```

例 2　不使用跳转语句,使用条件执行语句的实现上例。

```
      AREA Exam1, CODE, READONLY ;定义一个代码段
      ENTRY                ;程序入口
      ;;;;;;;;;;;;;;;;;;;;;;;;;;;;;;;;;;;;;;
      ADR r4,a             ;得到 a 的地址,放到 r4 中
      LDR r0,[r4]          ;得到 a 的值,放到 r0 中
      ADR r4,b             ;得到 b 的地址,放到 r4 中
      LDR r1,[r4]          ;得到 b 的值,放到 r1 中
      CMP r0,r1            ;对比 r0 和 r1(对比 a 和 b)
      ;;;;;;;;;;;;;;;;;;;;;;;;;;;;;;;;;;;;
      ADR r4,c             ;得到 c 的地址,放到 r4 中
      LDR r0,[r4]          ;得到 c 的值,放到 r0 中
      ADR r4,d             ;得到 d 的地址,放到 r4 中
      LDR r1,[r4]          ;得到 d 的值,放到 r1 中
      ;;;;;;;;;;;;;;;;;;;;;;;;;;;;;;;;;;;
      SUBGE r0,r0,r1       ;当 r0 >= r1 时,执行 r0 = r0 - r1
      ADDLT r0,r0,r1       ;当 r0 < r1 时,执行 r0 = r0 + r1
      ;;;;;;;;;;;;;;;;;;;;;;;;;;;;;;;;;;;
      ADR r4,x             ;得到 x 的地址,放到 r4 中
      STR r0,[r4]          ;把 r0 的值放到 x 中
      NOP
      NOP
a     DCD 0x03
b     DCD 0x02
c     DCD 0x01
d     DCD 0x04
x     DCD 0x04
      END
```

4. 循环处理的例子

用汇编语言实现下面的 C 语言表达式:

```
    for (i＝0, f＝0; i＜N; i＋＋)      f ＝ f ＋ c[i] * x[i];
```
汇编程序如下：

```
    AREA Exam1, CODE, READONLY    ;定义一个代码段
    ENTRY                          ;程序入口
    MOV r0,＃0                      ;使用 r0 作为变量 i,初始化为 0
    MOV r8,＃0                      ;使用 r8 作为数组的下标,初始化为 0
    ADR r2,N                       ;得到 N 的地址,放到 r2 中
    LDR r1,[r2]                    ;得到 N 的值,放到 r1 中
    MOV r2,＃0                      ;使用 r2 作为变量 f,初始化为 0
    ADR r3,c                       ;得到 c 的地址,放到 r3 中
    ADR r5,x                       ;得到 x 的地址,放到 r5 中
  ;;;;下面开始循环程序;;;;;;;;;;;;;;;;;;;;;;
loop
    LDR r4,[r3,r8]                ;r4←(r3＋r8),得到 c[i]的值,r8 作为下标
    LDR r6,[r5,r8]                ;r6←(r5＋r8),得到 x[i]的值,r8 作为下标
    MUL r9,r4,r6                   ;r9 ＝ r4×r6。计算 c[i]×x[i]放到 r9 中
    ADD r2,r2,r9                   ;r2 ＝ r2＋r9,即 f ＝ f ＋ c[i]×x[i];
    ADD r8,r8,＃4                   ;r8 作为数组的下标,偏移 4,取得下一个字
    ADD r0,r0,＃1                   ;r0 ＝ r0＋1,即 i＋＋
    CMP r0,r1                      ;比较和 r1,即比较 i 和 N
    BLT loop                       ;如果 i ＜ N,掉到 loop,继续循环
N   DCD 0x03
c   DCD 0x01,0x02,0x03,0x04,0x05,0x06
x   DCD 0x01,0x02,0x03,0x04,0x05,0x06
    END
```

其中,数组的下标(使用 r8)没有和 i(使用 r0)使用同样值的原因是,数组中存放的是字,因此 r8 是字对齐的,每次递增 4。而 i 是循环控制变量,每次递增 1。

5. 数据块复制操作

程序可以使用存储器访问指令 LDM/STM 指令进行读取和存储。

例　把 DATA_SRC 指向的 20 个数据复制到 DATA_DST 指向地址中。

```
    AREA Exam1, CODE, READONLY    ;定义一个代码段
    ENTRY                          ;程序入口
    LDR R0, = DATA_DST             ;指向数据目标地址
    LDR R1, = DATA_SRC             ;指向数据源地址
    MOV R10,＃5                     ;复制数据个数为 20 ＝ 5×4 个字
LOOP
    LDMIA R1!,{R2 - R5}            ;取出数据源的 4 个数放到 R2 - R5 中
    STMIA R0!,{R2 - R5}            ;把 R2 - R5 中的 4 个数据放到目标数据源中
    SUBS R10,R10,＃1                ;R10 ＝ R10 - 1
    BNE LOOP                       ;R10 不为 0 时继续复制数据
```

```
                    ;每次循环复制 4 个数据,经过 5 次循环,复制 20 个数据
DATA_SRC    DCD 1,2,3,4,5,6,7,8,9,10,11,12,13,14,15,16,17,18,19,20
DATA_DST    DCD 0,0,0,0,0,0,0,0,0,0,0, 0,0,0,0,0,0,0,0,0
        END
```

6. 查表操作

例 从源数据表中取出 8 个数据放到目标数据表中。

```
    AREA Exam1,CODE,READONLY  ;定义一个代码段
    ENTRY                     ;程序入口
    ;;;;;;;;;;;;;;;;;;;;;;;;;;;;;;;;;;;;;;;;
    LDR R0,= SRC_TAB          ;取得源数据表的表头
    LDR R1,= DES_TAB          ;取得目标数据表的表头
    MOV R4,#08                ;R4 作为循环控制
LOOP
    LDR R3,[R0],#4            ;R3 = [R0],R0 = R0 + 4,根据 R0 的值查表,取出相应的值
    STR R3,[R1],#4            ;R3→[R1],R1 = R1 + 4,储存数据到目标表中
    SUBS R4,R4,#1
    BNE LOOP
        ;;;;;;;;;;;;;;;;;;;;;;;;;;;;;;;;;;;;;;;;;;;;;
SRC_TAB
  DCD 0x12345678,0x11,0x22,0x33,0x44
  DCD 0x55,0x66,0x77,0x88,0x99,0x00
DES_TAB DCD 0,0,0,0,0,0,0,0,0,0,0, 0,0,0,0,0,0,0,0,0,0,0
      END
```

由于表中定义的数据为字类型,因此查表的索引每次增加 4。同理如果为半字数据,则每次增加 2,如果为字节,则每次增加 1。

7. ARM 和 Thumb 交互程序

例 从 ARM 和 Thumb 交互程序设计的例子

```
    AREA Exam1,CODE,READONLY      ;定义一个代码段
    ENTRY                         ;程序入口
    ;;;;;;;;;;;;;;;;;;;;;;;;;;;;;;;;;;;;;;;;
    CODE32                        ;声明 32 位 ARM 指令代码
    ADR R0,Thumb_START + 1        ;装载地址,并设置 R0 的[0]位为 1
    BX R0                         ;切换到 Thumb 状态
    CODE16                        ;声明 16 位 Thumb 位代码
Thumb_START
    MOV R1,#12
    ADD R1,R1,#0x10
    NOP
    NOP
```

```
        ADR R2,BACK_ARM
        BX R2
        NOP
        NOP
        CODE32                          ;声明 32 位 ARM 指令代码
    BACK_ARM
        MOV R0,#03
        NOP
      END
```

ARM 处理器总是从 ARM 指令开始执行的,因此单独的 Thumb 指令程序是没有办法独立运行的。对于单独的 Thumb 指令程序必须添加一段 ARM 指令程序,实现从 ARM 状态到 Thumb 状态的跳转,才能执行 Thumb 程序。

这一小段 ARM 指令程序通常如下:

```
    AREA Exam1,CODE,READONLY         ;定义一个代码段
    ENTRY                            ;程序入口
    ;;;;;;;;;;;;;;;;;;;;;;;;;;;;;;;;;;;;;;;;;;;;;
    CODE32                           ;声明 32 位 ARM 指令代码
    ADR R0,Thumb_START + 1           ;装载地址,并设置 R0 的[0]位为 1
    BX R0                            ;切换到 Thumb 状态
    CODE16                           ;声明 16 位 Thumb 代码
    Thumb_START
    ...
```

7.2 汇编语言与 C/C++的混合编程

7.2.1 ATPCS 规则

在应用程序设计中,如果所有的编程任务均用汇编语言来完成,其工作量不仅相当巨大,而且不利于系统升级维护和软件的移植。ARM 体系结构支持 C/C++与汇编语言的混合编程,在一个完整的程序设计中,除了初始化部分用汇编语言完成以外,其主要的编程任务一般都用 C/C++完成。

汇编语言与 C/C++的混合编程通常有以下几种方式:

(1)在 C/C++代码中嵌入汇编指令。

(2)在汇编程序和 C/C++的程序之间进行变量的互访。

(3)汇编程序和 C/C++程序间的相互调用。

在以上的几种混合编程技术中,必须遵守一定的调用规则,即 ATPCS(ARM/Thumb 过程调用规则:ARM/Thumb Procedure Call Standard)。ATPCS 规定了一些子

程序间调用的基本规则,如子程序调用过程中的寄存器的使用规则,堆栈的使用规则,参数的传递规则等。

对于汇编语言子程序而言,遵守 ATPCS 规则必须要满足下面 3 个条件:

(1)在子程序编写时必须遵守相应的 ATPCS 规则。

(2)堆栈的使用要遵守相应的 ATPCS 规则。

(3)在汇编编译器中使用-apcs 选项。

基本 ATPCS 规定了在子程序调用时的一些基本规则,包括各寄存器的使用规则及其相应的名称、堆栈的使用规则、参数传送的规则。

1. 寄存器的使用规则

(1)子程序间通过寄存器 R0～R3 来传递参数。这时,寄存器 R0～R3 可记作 A0～A3。被调用的子程序在返回前无须恢复寄存器 R0～R3 的内容。

(2)在子程序中,使用寄存器 R4～R11 来保存局部变量。这时,寄存器 R4～R11 可以记作 V1～V8。如果在子程序中使用了寄存器 V1～V8 中的某些寄存器,子程序进入时必须保存这些寄存器的值,在返回前必须恢复这些寄存器的值。在 Thumb 程序中,通常只能使用寄存器 R4～R7 来保存局部变量。

(3)寄存器 R12 用作过程调用中间临时寄存器,记作 IP。在子程序间的连接代码段中常有这种使用规则。

(4)寄存器 R13 用作堆栈指针,记作 SP。在子程序中寄存器 R13 不能作其他用途。

(5)寄存器 SP 在进入子程序时的值和退出子程序时的值必须相同。

(6)寄存器 R14(LR)为连接寄存器,用于保存子程序的返回地址。如果在子程序中保存了返回地址,寄存器 R14 则可以用作其他用途。

(7)寄存器 R15(PC)是程序计数器,不能用作其他用途。

2. 堆栈的使用规则

ATPCS 规定堆栈为 FD 类型,即满递减堆栈,并且对堆栈的操作是 8 字节对齐。使用 ARM 集成开发环境(ADS)中的编译器产生的目标代码中包含了 DRAFT2 格式的数据帧。在调试过程中,调试器可以使用这些数据帧来查看堆栈中的相关信息。对于汇编语言来说,用户必须使用 FRAME 伪指令来描述堆栈的数据帧(堆栈中的数据帧——在堆栈中,为子程序分配的用来保存寄存器和局部变量的区域)。ARM 汇编器根据这些伪指令在目标文件中产生相应的 DRAFT2 格式的数据帧。对于汇编程序来说,如果目标文件中包含了外部调用,则必须满足下列条件:

(1)外部接口的堆栈必须是 8 字节对齐的。

(2)在汇编程序中使用 PRESERVE8 伪指令告诉连接器,本汇编程序数据是 8 字节对齐的。

3. 参数传递的规则

根据参数个数是否固定可以将子程序分为参数个数固定的子程序和参数个数可变化

的子程序。这两种子程序的参数传递规则是不一样的。

（1）参数个数可变的子程序参数传递规则

对于参数个数可变的子程序，当参数不超过 4 个时，可以使用寄存器 R0～R3 来传递参数；当参数超过 4 个时，还可以使用堆栈来传递参数。在参数传递时，将所有参数看做是存放在连续的内存字单元的字数据。然后，依次将各字数据传送到寄存器 R0，R1，R2 和 R3 中，如果参数多于 4 个，将剩余的字数据传送堆栈中，入栈的顺序与参数顺序相反，即最后一个字数据先入栈。

按照上面的规则，一个浮点数参数可以通过寄存器传递，也可以通过堆栈传递，也可能一半通过寄存器传递，另一半通过堆栈传递。

（2）参数个数固定的子程序参数传递规则

对于参数个数固定的子程序，参数传递与参数个数可变的子程序参数传递规则不同。如果系统包含浮点运算的硬件部件，浮点参数将按下面的规则传递：

● 各个浮点参数按顺序处理。

● 为每个浮点参数分配 FP 寄存器。分配的方法是，满足该浮点参数需要的且编号最小的一组连续的 FP 寄存器，第一个整数参数通过寄存器 R0～R3 来传递。其他参数通过堆栈传递。

4. 子程序结果返回规则

子程序中结果返回的规则如下：

（1）结果为一个 32 位的整数时，可以通过寄存器 R0 返回。

（2）结果为一个 64 位的整数时，可以通过寄存器 R0 和 R1 返回。

（3）结果为一个浮点数时，可以通过浮点运算部件的寄存器 f0，d0 或 s0 来返回。

（4）结果为复合型的浮点（如复数）时，可以通过寄存器 f0～fn 或 d0～dn 来返回。

（5）对于位数更多的结果，需要通过内存来传递。

7.2.2　内嵌汇编

在需要 C 与汇编混合编程时，若汇编代码较短，则可使用直接内嵌汇编的方法混合编程。内嵌汇编可以提高程序执行效率。大部分编译器都支持内嵌汇编器，内嵌汇编的语法：

```
_ _asm
{
指令[;指令] / * 注释 * /
…
}
```

举例如下：

以下程序实现使能 IRQ 中断的功能。

```
_ _inline void enable_IRQ(void)
```

```
        {
          int tmp
          _ _asm                     // 嵌入汇编代码
          {
            MRS tmp,CPSR            // 读取 CPSR 的值
            BIC tmp,tmp,♯0x80       // 将 IRQ 中断禁止位 I 清零,即允许 IRQ 中断
            MSR
            CPSR_c,tmp             // 设置 CPSR 的值
          }
        }
```

另外一个嵌入汇编程序的例子如下所示,其中 my_strcpy 函数是字符串复制函数, src 为源字符串指针,dst 为目标字符串指针。复制操作全部由嵌入的汇编代码实现。在主程序中,可以使用 my_strcpy(a,b)来调用函数。

例 字符串复制。

```
        ♯ include <stdio. h>
        void my_strcpy(const char * src,char * dst)
        {
        int ch;
        _ _asm
          {
            Loop:
            ♯ifndef_thumb
              // ARM 指令版本
            LDRB ch,[src],♯1
            STRB ch,[dst],♯1
            ♯else
              // Thumb 指令版本
            LDRB ch,[src]
            ADD src,♯1
            STRB ch,[dst]
            ADD dst,♯1
            ♯endif
            CMP ch,♯0
            BNE Loop
          }
        }
```

调用 my_strcpy()的 C 语言代码如下:

```
        int main(void)
        {
        const char * a = "Hello world!";
```

```
    char b[20];
    my_strcpy(a,b);
    printf("Original string:'%s'\n",a); // 显示字符串 a
    printf("Copied string:'%s'\n",b);   // 显示复制的字符串 b
    return(0);
}
```

还可以使用嵌入汇编方法进行调用。首先设置入口参数 R0,R1,然后使用"BL my_strcpy,{R0,R1}"指令来调用 my_strcpy 函数,其中,输入寄存器列表为{R0,R1},没有输出寄存器列表。具体代码如下:

```
int main(void)
{
    const char * a = "Hello world!";
    char b[20];
    //my_strcpy(a,b);
    _ _asm
    {
        MOV R0,a // 设置入口参数
        MOV R1,b
        BL my_strcpy,{R0,R1} // 调用 my_strcpy()函数
    }
    printf("Original string:'%s'\ n",a); // 显示字符串 a
    printf("Copied string:'%s'\ n",b); // 显示复制的字符串 b
    return(0);
}
```

1. 内嵌汇编的指令用法

(1)操作数

内嵌的汇编指令中作为操作数的寄存器和常量可以是表达式。这些表达式可以是 char,short 或 int 类型,而且这些表达式都是作为无符号数进行操作。若需要带符号数,用户需要自己处理与符号有关的操作。编译器将会计算这些表达式的值,并为其分配寄存器。

(2)物理寄存器

内嵌汇编中使用物理寄存器有以下限制:

● 不能直接向 PC 寄存器赋值,程序跳转只能使用 B 或 BL 指令实现。

● 使用物理寄存器的指令中,不要使用过于复杂的 C 表达式。因为表达式过于复杂时,将会需要较多的物理寄存器。这些寄存器可能与指令中的物理寄存器使用冲突。

● 编译器可能会使用 R12 或 R13 存放编译的中间结果,在计算表达式的值时可能会将寄存器 R0~R3,R12 和 R14 用于子程序调用。因此在内嵌的汇编指令中,不要将这些寄存器同时指定为指令中的物理寄存器。

● 通常内嵌的汇编指令中不要指定物理寄存器,这可能会影响编译器分配寄存器,进

而影响代码的效率。

（3）常量

在内嵌汇编指令中，常量前面的"＃"可以省略。

（4）指令展开

内嵌汇编指令中，如果包含常量操作数，该指令有可能被内嵌汇编器展开成几条指令。

（5）标号

C 程序中的标号可以被内嵌的汇编指令使用，但是只有指令 B 可以使用 C 程序中的标号，而指令 BL 则不能使用。

（6）内存单元的分配

所有的内存分配均由 C 编译器完成，分配的内存单元通过变量供内嵌汇编器使用。内嵌汇编器不支持内嵌汇编程序中用于内存分配的伪指令。

（7）SWI 和 BL 指令

在内嵌的 SWI 和 BL 指令中，除了正常的操作数域外，还必须增加以下 3 个可选的寄存器列表：

● 第 1 个寄存器列表中的寄存器用于输入的参数。

● 第 2 个寄存器列表中的寄存器用于存储返回的结果。

● 第 3 个寄存器列表中的寄存器的内容可能被调用的子程序破坏，即这些寄存器是供被调用的子程序作为工作寄存器。

2. 内嵌汇编器与 ARM ASM 汇编器的差异

（1）内嵌汇编器不支持通过"."指示符或 PC 获取当前指令地址。

（2）不支持"LDR Rn，＝expr"伪指令，而使用"MOV Rn，expr"指令向寄存器赋值。

（3）不支持标号表达式。

（4）不支持 ADR 和 ADR 伪指令。

（5）不支持 BX 指令，不能向 PC 赋值。

（6）使用 0x 前缀代替"&"，表示十六进制数。

（7）使用 8 位移位常数导致 CPSR 的标志更新时，N、Z、C 和 V 标志中的 C 不具有真实意义。

3. 内嵌汇编注意事项

（1）必须小心使用物理寄存器，如 R0～R3，IP，LR 和 CPSR 中的 N，Z，C，V 标志位。因为计算汇编代码中的 C 表达式时，可能会使用这些物理寄存器，并会修改 N，Z，C，V 标志位。内嵌汇编器探测到隐含的寄存器冲突就会报错。例如：

```
__asm
{
    MOV R0,x
    ADD y,R0,x/y  //计算 x/y 时 R0 会被修改
```

```
     }
```

在计算 x/y 时 R0 会被修改,从而影响 R0＋x/y 的结果。用一个 C 程序的变量代替 R0 就可以解决这个问题。

```
     _ _asm
     {
         MOV var,x
         ADD y,var,x/y
     }
```

（2）不要使用寄存器代替变量。尽管有时寄存器明显对应某个变量,但也不能直接使用寄存器代替变量。

```
     int bad_f(int x) // x 存放在 R0 中
     {
         _ _asm
         {
             ADD R0,R0,♯1   // 发生寄存器冲突,实际上 x 的值没有变化
         }
     return(x);
     }
```

尽管根据编译器的编译规则似乎可以确定 R0 对应 x,但这样的代码会使内嵌汇编器认为发生了寄存器冲突。用其他寄存器代替 R0 存放参数 x,使得该函数将 x 原封不动地返回。这段代码的正确写法如下:

```
     int bad_f(intx)
     {
         _ _asm
         {
             ADD x,x,♯1
         }
     return(x)
     }
```

（3）使用内嵌式汇编无需保存和恢复寄存器。除了 CPSR 和 SPSR 寄存器,对物理寄存器先读后写都会引起汇编器报错。例如:

```
     int f(int x)
     {
         _ _asm      // 保存 R0,先读后写,汇编出错
         {
             STMFD SP! {R0}
             ADD R0,x,1
             EOR x,R0,x
             LDMFD SP!,{R0}
         }
     return(x);
```

```
        }
```

LDM 和 STM 指令的寄存器列表中只允许使用物理寄存器。内嵌汇编可以修改处理器模式,协处理器模式和 FP,SL,SB 等 APCS 寄存器。但是编译器在编译时并不了解这些变化,所以必须保证在执行 C 代码前恢复相应被修改的处理器模式。

(4)汇编语言中的".".号作为操作数分隔符号。如果有 C 语言表达式作为操作数,若表达式包含有"."必须使用"("号和")"号将其归纳为一个汇编操作数。例如:

```
        _ _asm
        {
            ADD x,y,(f(),z) //"f(),z"为一个带有"."的 C 表达式
        }
```

4. 全局变量的访问

使用 IMPORT 伪指令引入全局变量,并利用 LDR 和 STR 指令根据全局变量的地址访问它们,对于不同类型的变量,需要采用不同选项的 LDR 和 STR 指令,具体如下:

```
        unsigned char LDRB/STRB
        unsigned short LDRH/STRH
        unsigned int LDR/STR
        char LDRSB/STRSB
        short LDRSH/STRSH
```

对于结构,如果知道各个数据项的偏移量,可以通过存储/加载指令访问。如果结构所占空间小于 8 个字,可以使用 LDM 和 STM 一次性读写。

下面例子是一个汇编代码的函数,它读取全局变量 global,将其加 1 后写回。

```
        AREA globats,CODE,READONLY
        EXPORT asmsubroutime
        IMPORt glovbvar          ;声明外部变量 glovbvar
        asmsubroutime
        LDR R1, = glovbvar        ;装载变量地址
        LDR R0,[R1]              ;读出数据
        ADD R0,R0,♯1            ;加 1 操作
        STR R0,[R1]             ;保存变量值
        MOV PC LR
        END
```

7.2.3 C 程序与汇编程序相互调用

在需要 C 与汇编混合编程时,若汇编代码较短,则可使用直接内嵌汇编的方法混合编程。否则,可以将汇编文件以文件的形式加入项目中,通过 ATPCS 规定与 C 程序相互调用及访问。

1. 在 C 程序调用汇编程序

C 程序调用汇编程序时需要做到以下两步:

（1）在 C 语言程序中使用 extern 关键字声明外部函数（声明要调用的汇编子程序），即可调用此汇编子程序。

（2）在汇编程序中使用 EXPORT 伪指令声明本子程序，使其他程序可以调用此子程序。另外汇编程序的设置要遵循 ATPCS 规则，保证程序调用时参数的正确传递。

例　汇编子程序 strcopy 使用两个参数，一个表示目标字符串地址，一个表示源字符串的地址，参数分别存放 R0,R1 寄存器中。

```
♯ include <stdio. h>
extern void strcopy(char * d,const char * s)
// 声明外部函数,即要调用的汇编子程序
int mian(void)
{
   const char  * srcstr = "First string – source" ;//定义字符串常量
   char dstsrt[ ] = "Second string – destination"  //定义字符串变量
   printf("Before copying:\ n ");
   printf(" % s \ n % s\n ",srcstr,dstrstr);          // 显示源字符串和目标字符串
   strcopy(dststr,srcstr);                           //调用汇编子程序,R0 = dststr,R1 = srcstr
   printf("After copying:\ n");
   printf(" % s \ n % s\ n",srcstr,dststr);           // 显示 strcopy 复制字符串结果
   return(0);
}
```

被调用汇编子程序：

```
AREA SCopy,CODE,READONLY
ENTRY                       ;程序入口
EXPORT strcopy              ;声明 strcopy,以便外部程序引用 strcopy
;R0 为目标字符串的地址
;R1 为源字符串的地址
LDRB R2,[R1],♯1            ;读取字节数据,源地址加 1
STRB R2,[R0],♯1            ;保存读取的 1 字节数据,目标地址加 1
CMP R2,♯0                  ;判断字符串是否复制完毕
BNE strcopy                ;没有复制完毕,继续循环
MOV pc,lr                  ;返回
END
```

2. 在汇编程序调用 C 程序

汇编程序的设置要遵循 ATPCS 规则，即前 4 个参数通过 R0～R3 传递，后面的参数通过堆栈传递，保证程序调用时参数的正确传递。在汇编程序中使用 IMPORT 伪指令声明将要调用的 C 程序函数。在调用 C 程序时，要正确设置入口参数，然后使用 BL 调用。

如以下程序清单所示，程序使用了 5 个参数，分别使用寄存器 R0 存储第 1 个参数，R1 存储第 2 个数，R2 存储第 3 个数，R3 存储第 4 个参数，第 5 个参数利用堆栈传送。由于利用了堆栈传递参数，在程序调用用结果后要调整堆栈指针。

汇编调用 C 程序的 C 函数代码如下：

```
/ * 函数 sum5()返回 5 个整数的和 * /

int sum5(int a,int b,int c,int d,int e)

{

    return(a + b + c + d + e);  //返回 5 个变量的和

}
```

汇编调用 C 程序的汇编程序代码如下：

```
        AREA Example,CODE,READONLY
        ENTRY                   ;程序入口
        IMPORT sum5             ;声明外部标号 sum5,即 C 函数 sum5()
CALLSUMS
        STMFD SP!,{LR}          ;LR 寄存器放栈
        ADD R1,R0,R0            ;设置 sum5 函数入口参数,R0 为参数 a
        ADD R2,R1,R0            ;R1 为参数 b,R2 为参数 c
        ADD R3,R1,R2
        STR R3,[SP,# - 4]!      ;参数 e 通过堆栈传递
        ADD R3,R1,R1            ;R3 为参数 d
        BL sum5                 ;调用 sum5(),结果保存在 R0
        ADD SP,SP,# 4           ;修正 SP 指针
        LDMFD SP,{PC}           ;子程序返回
        END
```

7.3　ARM 集成开发环境 ADS 的使用

7.3.1　ADS 简介

ADS 全称是 ARM Developer Suite,它是由 ARM 公司提供的专门用于 ARM 相关应用开发和调试的综合性软件。在功能和易用性上比 SDT 都有提高,是一款功能强大又易于使用的开发工具。现在 ADS 的最新版本是 1.2,它取代了早期的 ADS 1.1 和 ADS 1.0。可以安装在多种 Windows 操作系统上。

ADS 包括了一系列的应用,并有相关的文档和实例的支持。使用者可以用 ADS 来开发、编译、调试采用包括 C、C++和 ARM 汇编语言编写的程序。ADS 主要由以下部件构成:

（1）命令行开发工具；

（2）GUI 开发环境（Code Warrior 和 AXD）；

（3）各种辅助工具；

（4）支持软件。

其中，AXD 提供给基于 Windows 和 UNIX 使用的 ARM 调试器。它提供了一个完全的 Windows 和 UNIX 环境来调试你的 C、C++和汇编语言级的代码。

CodeWarrior IDE 提供基于 Windows 使用的工程管理工具，但它在 UNIX 下不能使用。本章将主要介绍这两个 GUI 图形开发环境的使用。

7.3.2　ADS 快速使用教程

首先以一个简单的例子，来看一下 CodeWarrior IDE 和 AXD 的使用方法。

1. 建立一个 ADS 工程

参考以下步骤：

（1）打开 ARM Developer Suite v1.2→CodeWarrior for ARM Developer Suite 工具。

（2）在"File"菜单中选择"New…"菜单。这样就会打开一个如图 7.1 所示的对话框。

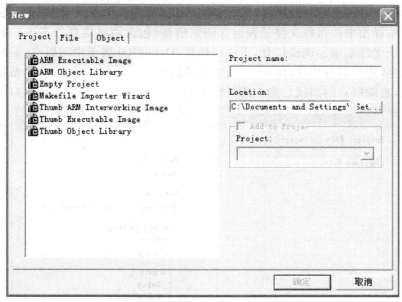

图 7.1　新建工程对话框

选择默认选型"ARM Executabl Image"，在"Project name："中输入工程文件名，本例为"BCD"，点击"Location："文本框的"Set…"按钮，浏览选择想要将该工程保存的路径，将这些设置好后，点击"确定"，即可建立一个新的名为 BCD 的工程。这个时候会出现 BCD.mcp 的窗口，如图 7.2 所示，有 3 个标签页，分别为 Files、Link Order、Target。默认的是显示第一个标签页 Files。通过在该标签页点击鼠标右键，选中"Add Files…"可以把要用到的源程序添加到工程中。

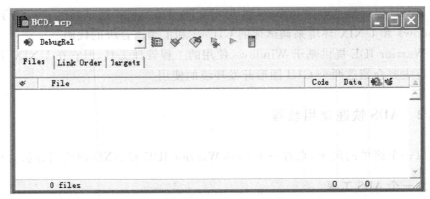

图 7.2　BCD.mcp 的工程窗口

对于本例，由于所有的源文件都还没有建立，所以首先需要新建源文件。在"File"菜单中选择"New"，在打开的如图 7.1 所示的对话框中，选择标签页 File，出现如图 7.3 所示的窗口，在 File name 中输入要创建的文件名，本例是输入"bcd.s"，确认选择了"Add to Project"项，在 Targets 框中选择需要的版本"Debug、DebugRel 或 Release"，这三个版本的区别在于编译出来的目标文件是否包含调试信息（包含调试信息的多少），其中 Debug 版本是对每个文件都增加调试信息，不进行优化，DebugRel 属于中间版本，是对某些文件增加调试信息，进行部分优化，Release 版本是最新版也就是最后的发行版，是将所有的代码进行优化，去除所有的调试信息。选择需要的版本后，点击"确定"关闭窗口。

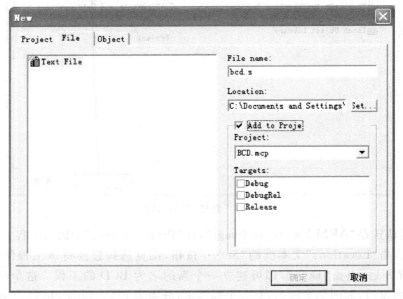

图 7.3　bcd.s 的创建窗口

此时将会出现 bcd.s 的文本编辑窗口。在文本编辑窗口中输入以下代码：

```
AREA bcd, CODE, READONLY
ENTRY
;;;;;;;;;;;;;;;;;;;;;;;;;;;;;;;;;;;;;;;;;;;;;;;;;;;;;;
```

;;;下面的程序验证数据在内存中的存储形式大端或小端

;;

```
        ADR R6,VarTable
        LDRB R0,[R6,#0]
        LDRB R1,[R6,#1]
        LDRB R2,[R6,#2]
        LDRB R3,[R6,#3]
        NOP
VarTable DCD 0x12345678
        END
```

这个程序是把存储在 VarTable 表格中的字数据,按照字节读出来,从而考察以下子数据在内存中的存放次序是大端还是小端。

2. 编译 ADS 工程

在 BCD. mcp 窗口中的 Files 栏中选择 bcd. s,右击选择 Check Syntax,进行语法检查,如图 7.4 所示。

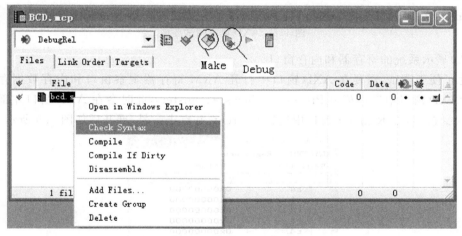

图 7.4　BCD. mcp 窗口

如果在 BCD. mcp 窗口中看不到 bcd. s,说明 bcd. s 没有被加到 BCD. mcp 工程中去。此时可以通过右击,选中"Add Files…"把 bcd. s 添加到工程中。语法检查没有错误的话可以选中 bcd. s,右击选择 Compile,进行编译,编译通过后,可以选择图 7.4 上的 Make 图标,进行 Make。如果没有错误,此时 BCD. mcp 工程的编译、链接、构建工作就完成了,完成之后 CodeWarrior 会生成映像文件(* . axf),映像文件可以提供给 AXD 供调试使用,本例中,生成的镜像文件是 BCD. axf 文件。

另外,如果用户在工程的编译设置中选择了 Target 中的 Post-linker,并且在 Linker 的 ARM fromELF 中设置了 Output format 项,工程编译后,还会根据用户对 Output format 的选择生成可以烧写系统 Flash 中的镜像文件,例如 * . bin 等。

3. 用 AXD 进行工程调试

（1）载入需要调试的工程

点击图 7.4 上的 Debug 图标，系统将会自动调用 AXD 集成调试环境，进行 BCD. mcp 的调试，如图 7.5 所示。此时 BCD. axf 会被自动打开，同时 bcd. s 的代码也会出现在窗口中，如果 BCD. axf 没有被自动载入，可以在 AXD 中选择菜单 File→Load Images…来载入。

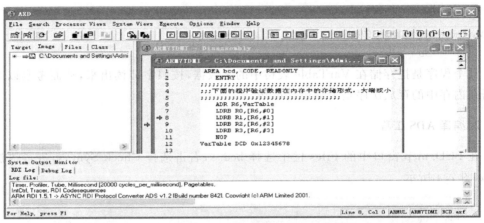

图 7.5　AXD 集成调试环境

（2）显示系统的寄存器和内存窗口

为了便于调试，需要在 AXD 窗口中打开 ARM 寄存器观察窗口和内存数据存储窗口，在 AXD 窗口中选择菜单 Processor Views→Registers，此时会在 AXD 窗口左部出现 Registers 窗口，在 Register 窗口中选择 Current，并点击＋号，展开后如图 7.6 所示。

Register	Value
□ Current	{...}
r0	0x00000000
r1	0x00000000
r2	0x00000000
r3	0x00000000
r4	0x00000000
r5	0x00000000
r6	0x00008020
r7	0x00000000
r8	0x00000000
r9	0x00000000
r10	0x00000000
r11	0x00000000
r12	0x00000000
r13	0x00000000
r14	0x00000000
pc	0x00008004
cpsr	nzcvqIFt_SVC
spsr	nzcvqift_Res
⊞ User/System	{...}
⊞ FIQ	{...}

ARM7TDMI - Registers

图 7.6　Register 窗口

同样，在 AXD 窗口中选择菜单 Processor Views→Memory，此时会在 AXD 窗口下部出现 Memory 窗口，如图 7.7 所示。

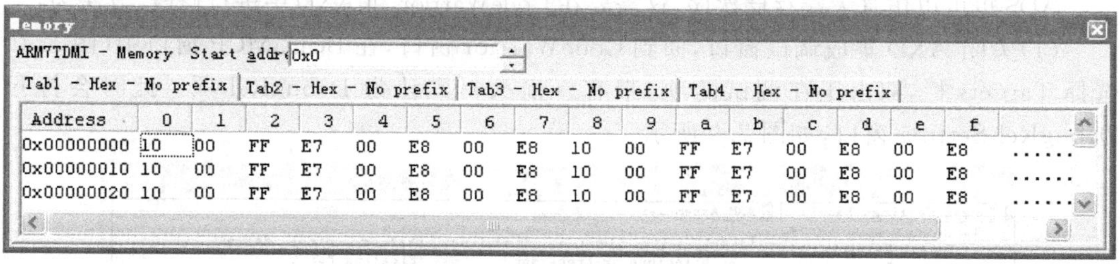

图 7.7　Memory 窗口

（3）单步调试

在 AXD 窗口中选择菜单 Execute→Step In，或者点击 🖫 按钮，开始程序的单步执行。程序第一步执行语句"ADR R6，VarTable"得到 VarTable 的地址，放到 R6 中。此时可以观察到 Register 窗口中 R6 的值变为红色，说明其发生了变化，其值为 0x00008020，这说明 VarTable 存放的起始地址为 0x00008020，在图 7.7 的 Memory 窗口的 Memory Start Address 中输入 0x00008020，然后回车，把 memory 的观察起始地址设为 0x00008020，以便于观察数据在 Memory 中的存放。更改后的 Memory 窗口如图 7.8 所示。

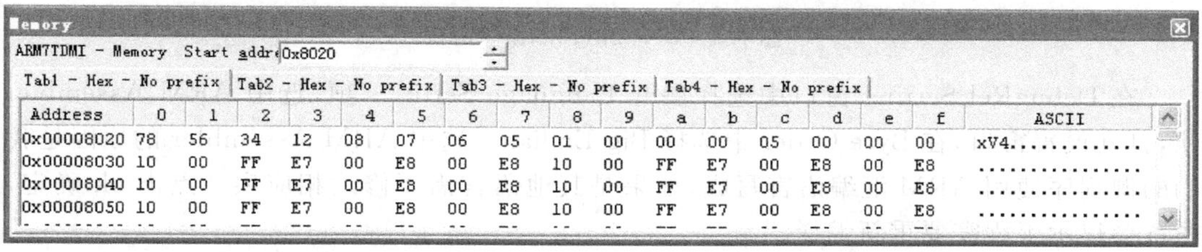

图 7.8　Memory 窗口

从程序中的语句"VarTable DCD 0x12345678"可以看出，在 VarTable 处存放的字数据是 0x12345678。从图 7.8 的 Memory 窗口中可以看到，在地址 0x00008020 处存放的字节为 0x78，地址 0x00008021 处存放的字节为 0x56，地址 0x00008022 处存放的字节为 0x34，地址 0x00008023 处存放的字节为 0x12。从而可以看出，此时处理器的字存储次序为小端存储。可以继续单步执行程序，通过以下语句分别把 R6、R6+1，R6+2，R6+3 指示的地址单元中的字节放到 R0、R1、R2、R3 中。

```
            LDRB R0，[R6，＃0]
            LDRB R1，[R6，＃1]
            LDRB R2，[R6，＃2]
            LDRB R3，[R6，＃3]
```

可以看到，上述语句执行完毕之后，R0、R1、R2、R3 中分别存储的字节为：0x78、0x56、0x34 和 0x12。这同样说明了字 0x12345678 在内存中的存储次序为小端存储。

在调试中，还可以设置断点等操作，这些操作和 Windows 下其他开发工具的类似，读者可以自行尝试。

4. 修改存储次序

ADS 也可以仿真大端存储次序,这需要在 CodeWarrior 和 AXD 中进行修改,方法为:

(1)关闭 AXD 集成调试窗口,回到 CodeWarrior 窗口,在 BCD. MCP 窗口中(图7.4)选择 Targets 栏,双击正在调试的项(带有→箭头),默认为 DebugRel 项。此时会打开 DebugRel Setting 窗口,如图7.9所示。

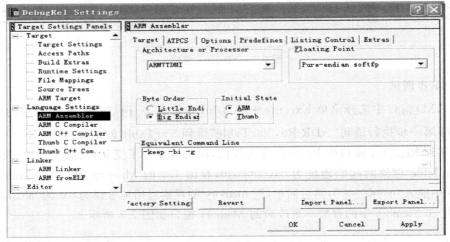

图 7.9   DebugRel Setting 窗口

在 DebugRel Setting 窗口中选择展开 Language Settings 项,选中 ARM Assembler 项,打开设置窗口,在 Byte Order 中选择 Big Endian。选中 ARM Assembler 的原因是我们的源程序使用 ARM 汇编语言写成,如果是其他语言需要修改相应项。点击 ok 确定,系统会提示工程需要重新编译。

修改完毕后,重新编译、Make 工程后,点击 Debug 进入 AXD 集成调试环境,此时,会发现在 AXD 集成调试环境中,bcd. s 源程序窗口打不开,重新载入 bcd. axf 文件也没有用。这是由于 AXD 环境中存储次序还没有修改,修改方法如(2)所示。

(2)AXD 环境中的修改。选择菜单 Options→Configure Target,出现如图7.10的 Choose Target 窗口。

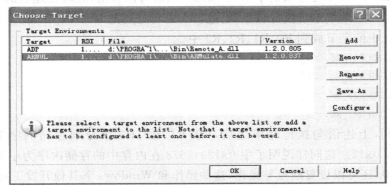

图 7.10   Choose Target 窗口

选择第二项 ARMUL…,点击 Configure,出现如图 7.11 所示的 ARMulator Configuration 窗口。

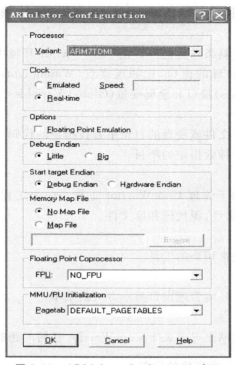

图 7.11　ARMulator Configuration 窗口

在 Debug Endian 中选择 Big 即可。然后关闭配置窗口。修改完毕后,可以在 AXD 窗口中选择菜单 File→Load Images…重新载入 bcd. axf 文件(或者选择重新载入快速按钮),此时 bcd. s 窗口就打开了。进行单步调试,可以发现,此时,R0、R1、R2、R3 中分别存储的字节变为:0x12、0x34、0x56 和 0x78。这说明了字 0x12345678 在内存中的存储次序为大端存储。当然,也可以直接从 Memory 窗口中看到其存储情况。

7.3.3　ADS 具体介绍

上节通过一个简单的实例子让大家对 ADS 的使用有一个大概的了解,本节将会详细的论述 ADS 的各种配置。

1. 菜单选项

启动 ARM Developer Suite v1. 2→CodeWarrior for ARM Developer Suite 工具后,首先看一下其菜单选项。

(1)文件菜单

CodeWarrior IDE 的菜单是按照标准方式设置的。其中的文件菜单用于处理和文件相关的一些操作,比如创建、打开、保存和打印等等。

（2）编辑菜单

CodeWarrior 的编辑菜单和其他的 Windows 应用程序也很相像。其中包括了剪切、复制和粘贴等操作，以及其他一些使得程序员能够更方便地管理源码版面布局的选项。

（3）查看菜单

查看菜单用于安排工具条和其他窗口在 CodeWarrior 环境中如何显示的选项。所谓的"其他窗口"包括许多特殊的窗口，比如观察点（Watchpoints）窗口，表达式（Expressions）窗口，过程（Processes）窗口和全局变量（Global Variables）窗口等。

（4）查找菜单

查找菜单用于在单个文件或硬盘的目录中查找指定的代码。可以使用它来方便地替换文本块或在你的代码中搜索指定的项目。

（5）工程菜单

工程菜单中的工具用于管理 CodeWarrior 工程。一个工程包括组成你正在编写的程序的所有文件，包括头文件、源代码和库文件。

（6）调试菜单

这是在编制程序中最常用到的工具。

（7）窗口菜单

用于在 CodeWarrior 环境管理窗口显示方式的菜单。

（8）帮助菜单

通过帮助菜单可以到网上寻求关于 CodeWarrior 任何问题的在线解答。

2. CodeWarrior 集成开发环境的设置

CodeWarrior IDE 提供了许多设置以便让你定制你的工作环境。当你选择了 Edit 菜单中的 Preferences 项后，会看到一个设置对话框，如图 7.12 所示。

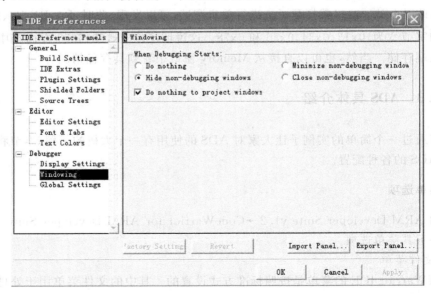

图 7.12 环境设置对话框

常用设置如下：

（1）通用设置

编译设置（Build Settings）：选择是否在执行编译之前保存已打开的源文件，以及有多少内存被用于编译工作。

IDE 之外（IDE Extras）：几个独立的设置。比如指定 CodeWarrior 是否使用一个第三方的文本编辑器——因为集成的编辑器并不是很完美，这可以通过指定一个你惯用的编辑器来替代它。

插件设置（Plug-In Settings）：供插件开发商调试它们的插件。

隐藏文件夹（Shielded Folders）：在这里指定的文件夹在工程设计期间或执行查找和比较操作期间，将要被忽略掉。如果在你的工程里有一个巨大的"数据"文件目录，而你又不想让这些文件降低 CodeWarrior 的操作速度时，这个设置就很管用。

资料树（Source Trees）：用于指定 CodeWarrior 在编译程序时用不着的目录。

（2）编辑器设置

编辑器设置（Editor Settings）：几个用于定制编辑器显示、管理文本和窗口的设置项。

字体和制表符（Font and Tabs）：设置编辑器中的文本大小、字体、制表符和其他显示设置。

文本颜色（Text Colors）：用于指定特定语言元素（比如程序的注释）在编辑窗口中的显示的颜色。

（3）调试器设置

显示设置（Display Settings）：用于定制调试器显示的设置项。

视窗化（Windowing）：设定调试器如何管理它的窗口（比如隐藏所有打开的编辑器窗口）。

全局设置（Global Settings）：用于定制调试器在全局层次如何工作的设置。比如当一个包含了程序调试信息的文件被打开时，是否启动这个程序。

3. 编译和连接的设置

在图 7.9 的 DebugRel Setting 窗口中，还有许多设置项，详细信息如下：

（1）Target 设置项，如图 7.13 所示。

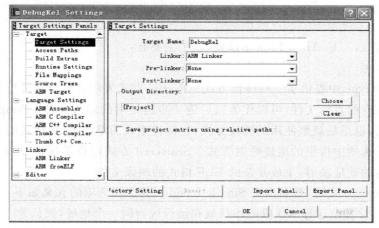

图 7.13　Target 设置窗口

其中：

Target Name 文本框显示了当前的目标设置。

Linker 选项供用户选择要使用的链接器。其中选项 ARM Linker 将使用 armlink 链接编译器和汇编器生成的工程中的文件相应的目标文件。选项 None 是不用任何链接器，如果使用它，则工程中的所有文件都不会被编译器或汇编器处理。选项 ARM Librarian 表示将编译或汇编得到的目标文件转换为 ARM 库文件。

Pre-linker：目前不支持。

Post-Linker：选择在链接完成后，还要对输出文件进行的操作。如果需要生成可以烧写到 Flash 中去的二进制代码，需要选择 ARM fromELF，表示在链接生成映像文件后，再调用 FromELF 命令将含有调试信息的 ELF 格式的映像文件转换成其他格式的文件。具体格式与 Linker 中 ARM fromELF 的设置有关。

（2）Language Settings，如图 7.9 所示。可以设置处理器的结构、存储次序等。

（3）Linker 设置，如图 7.14 所示。

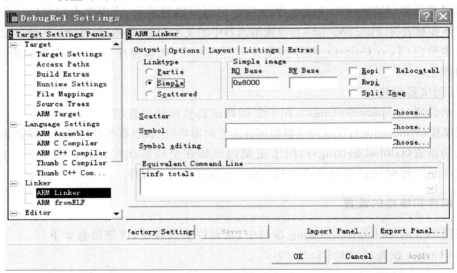

图 7.14　Linker 的设置

主要有两项，一是 ARM Linker 设置，其中主要有：

● Output 栏

其中 Linktype 中提供了三种链接方式。Partial 方式表示链接器只进行部分链接，经过部分链接生成的目标文件，可以作为以后进一步链接时的输入文件。Simple 方式是默认的链接方式，也是最频繁使用的链接方式，它链接生成简单的 ELF 格式的目标文件，使用的是链接器选项中指定的地址映射方式。Scattered 方式使得链接器要根据 scatter 格式文件中指定的地址映射，生成复杂的 ELF 格式的映像文件。

选中 Simple 方式后，就会出现 Simple image。其主要选项的含义如下：

RO Base：设置包含有 RO 段的加载域和运行域为同一个地址，默认是 0x8000。用户可根据硬件的实际 SDRAM 的地址空间来修改这个地址，保证在这里填写的地址是程序运行时 SDRAM 地址空间所能覆盖的地址。

RW Base：设置包含 RW 和 ZI 输出段的运行域地址。如果选中 Split Image 选项，链接器生成的映像文件将包含两个加载域和两个运行域，此时，在 RW Base 中所输入的地址为包含 RW 和 ZI 输出段的域设置了加载域和运行域地址

Ropi：选中这个设置将告诉链接器使包含有 RO 输出段的运行域位置无关。使用这个选项，链接器将保证下面的操作：

检查各段之间的重定址是否有效。

确保任何由 armlink 自身生成的代码是只读位置无关的。

Rwpi：选中该选项将会告诉链接器使包含 RW 和 ZI 输出段的运行域位置无关。如果这个选项没有被选中，域就标识为绝对。每一个可写的输入段必须是读写位置无关的。如果这个选项被选中，链接器将进行下面的操作：

检查可读/可写属性的运行域的输入段是否设置了位置无关属性。

检查在各段之间的重地址是否有效；

在 Region＄＄ Table 和 ZISection＄＄ Table 中添加基于静态存储器 sb 的选项。该选项要求 RW Base 有值，如果没有给它指定数值的话，默认为 0 值。

Split Image：选择这个选项把包含 RO 和 RW 的输出段的加载域分成 2 个加载域：一个是包含 RO 输出段的域，一个是包含 RW 输出段的域。这个选项要求 RW Base 有值，如果没有给 RW Base 选项设置，则默认是－RW Base 0。

Relocatabld：选择这个选项保留了映像文件的重定址偏移量。这些偏移量为程序加载器提供了有用信息。

● Options 栏

在 Options 栏中，Image entry point 文本框指定了镜像文件的初始入口点地址值，当镜像文件被加载程序加载时，加载程序会跳转到该地址处执行。

在 Linker 下还有一个 ARM fromELF 的设置，如图 7.15 所示。

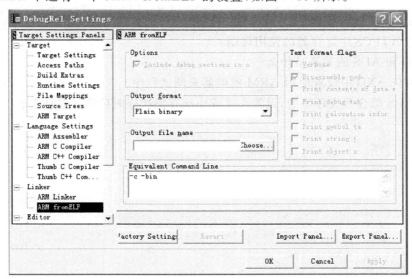

图 7.15　ARM fromELF 设置

　　fromELF 是一个实用工具,它实现将链接器,编译器或汇编器的输出代码进行格式转换的功能,只有在 Target 设置中选择了 Post-linker,才可以使用该选项。在 Output format 下拉框中,为用户提供了多种可以转换的目标格式,如果选择 Plain binary,则会生成一个可以烧写到 Flash 中的二进制格式的可执行文件。

　　在 Output file name 文本框中可以输入输出文件存放的路径,如果不输入,则生成的二进制文件存放在工程所在的目录下。

习　题

　　1. 在 ARM 汇编程序中,符号的使用有何要求?

　　2. 在 ARM 汇编程序中,标号和符号有什么关系?

　　3. 不使用跳转语句,写一段汇编程序实现以下语句的功能。

　　　　if(R0＞R1) {R0 = R1 − R2} else {R0 = R1 + R2}

　　4. 请填空完成以下 Arm 到 Thumb 的交互程序

```
    AREA Exam1, CODE, READONLY          ;定义一个代码段
    ENTRY                               ;程序入口
    ;;;;;;;;;;;;;;;;;;;;;;;;;;;;;;;;;;;;;;;;;;;;;;;;;;;;
    CODE32                              ;声明 32 位 Arm 指令代码
    (            )                      ;装载地址,并设置 R0 的[0]位为 1
    BX R0                               ;切换到 Thumb 状态
    (            )                      ;声明 16 位 Thumb 代码
    Thumb_Code                          ;以下为 thumb 程序
    ...
```

　　5. 什么是 ATPCS 规则?

　　6. 简述 ATPCS 中寄存器的使用规则。

　　7. AXD 和 ADS 的关系是什么?

　　8. 如何在 AXD 中设置使用 ARM 模拟器来调试程序?

　　9. 在 ADS 综合开发环境中,设置大端或小端存储次序时应该注意什么?

第 8 章

嵌入式操作系统

8.1 嵌入式操作系统的发展

嵌入式操作系统是嵌入式系统极为重要的组成部分,它通常包括与硬件相关的底层驱动软件、系统内核、设备驱动接口、通信协议、图形界面等。嵌入式操作系统具有通用操作系统的基本特点,如能够有效管理复杂的系统资源;能够把硬件虚拟化,使得开发人员从硬件驱动中解脱出来;能够提供库函数、驱动程序、工具集以及应用程序开发接口(API)等。与通用操作系统相比,嵌入式操作系统在系统实时性、硬件的相关依赖性、软件固态化以及应用的专用性等方面具有较为突出的特点。嵌入式操作系统伴随着嵌入式系统的发展大致经历以下几个阶段:

(1)无操作系统阶段

嵌入式系统最初的应用是基于单片机的,通常应用于简单的控制系统中。系统结构和功能相对简单,处理效率较低,存储容量较小。由于这种嵌入式系统使用简便、价格低廉,因而在工业控制领域中得到了非常广泛的应用。这类系统通常不需要操作系统的支持,只是通过汇编语言或 C 语言直接对处理器进行控制,这样可以使系统的资源得到最大程度的发挥,充分降低了系统成本。

(2)简单操作系统阶段

20 世纪 80 年代,随着微电子工艺水平的提高,IC 制造商开始把嵌入式应用中所需要的微处理器、I/O 接口、串行接口以及 RAM、ROM 等部件统统集成到一片 VLSI 中,制造出面向 I/O 设计的微控制器,并一举成为嵌入式系统领域中异军突起的新秀。与此同时,嵌入式系统的程序员也开始基于一些简单的"操作系统"开发嵌入式应用软件,大大缩短了开发周期、提高了开发效率。

这一阶段嵌入式系统的主要特点是:出现了大量高性能、低功耗的嵌入式 CPU,各种简单的嵌入式操作系统开始出现并得到迅速发展。此时的嵌入式操作系统虽然还比较简单,但已经初步具有了一定的兼容性和扩展性,内核精巧且效率高,主要用来控制系统负载以及监控应用程序的运行。

（3）实时操作系统阶段

20 世纪 80 年代末到 90 年代初，在计算机网络、数字化通信和信息家电等巨大需求的牵引下，嵌入式系统得到了进一步发展，而面向实时信号处理算法的 DSP 产品则向着高速度、高精度、低功耗的方向发展。随着硬件实时性要求的提高，嵌入式系统的软件规模也不断扩大，逐渐形成了实时多任务操作系统（RTOS），并开始成为嵌入式操作系统的主流。

这一阶段嵌入式操作系统的主要特点是：操作系统的实时性得到了很大改善，已经能够运行在各种不同类型的微处理器上，具有高度的模块化和扩展性。此时的嵌入式操作系统已经具备了文件和目录管理、设备管理、多任务、网络、图形用户界面（GUI）等功能，并提供了大量的应用程序接口（API），从而使得应用软件的开发变得更加简单。

8.2 软件编程模式

8.2.1 无操作系统的软件编程模式

在没有操作系统的情况下，只能通过汇编语言或者特定的高级语言（C/C++等）对系统进行直接控制。由于没有操作系统对系统任务进行调度，应用程序必须直接面向硬件编程，并且合理安排 CPU 资源，使多任务系统能够合理运行。其编程模式可以归结为：“过程处理＋死循环＋中断处理”模式，如图 8.1 所示。

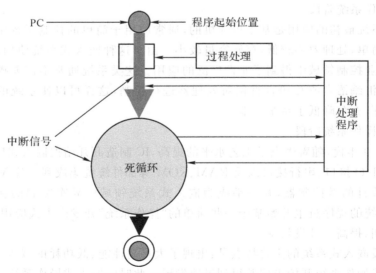

图 8.1 无操作系统的编程模式

在"过程处理＋死循环＋中断处理"模式中,过程处理主要完成系统的初始化操作,例如设置处理器堆栈指针、设置中断控制寄存器、设置 I/O 口的状态、初始外围设备等工作。过程处理程序使系统进入合适的工作状态、为系统进行下一步的工作做好准备。在过程处理程序中,也有可能有小的循环程序存在,例如在设置某个外部设备的寄存器时,可能需要不断的查询设备的读写状态,以便可以确认写入数值。这些小循环的目的还是为了完成一项单一的任务,一旦任务完成,小循环就不再使用。因此,总的来讲,过程处理程序的特点是其在系统复位之后仅执行一次(针对任务而言),顺序执行,没有反复。

在系统中,死循环的作用是查询某些寄存器(内部寄存器或外部设备寄存器)或者 I/O 口的工作状态,当得到希望的状态后,进一步执行相应的操作。然后继续进入循环状态,如此重复,这和过程处理中的小循环是完全不一样的。死循环可以用来处理一些系统中实时性要求不太高的操作,如读取键盘的数据等。需要注意的是,死循环在系统软件中是必需的,即使系统没有需要使用循环来查询的任务,死循环也是必需的,死循环可以保证处理器一直处于工作状态,从而保证了处理器能够响应外部中断信号并进入中断处理程序。没有死循环的程序最终会把处理器带入类似死机的状态,此时系统不会对复位之外的任何其他中断做出反应。一个最简单的死循环可以采用跳转语句得到,例如在 51 系列的单片机中,可以使用"SJMP ＄"语句来实现系统的死循环。

中断处理程序是对系统中的各种中断做出相应的处理,它主要用来处理系统中对实时性要求较高的任务,或者作为一些特殊用途,例如使用定时器中断作为系统多任务处理时的系统时钟等。

在"过程处理＋死循环＋中断处理"开发模式中,多任务的程序开发一般可以通过合理规划死循环和中断处理程序实现。例如,我们开发一个智能数字钟,它主要完成的任务有:

(1)在 LED 数码管上显示时间信息。

(2)完成对 4×4 键盘的控制。

(3)根据键盘的输入,可以调整数码管上显示的时钟值或者实现显示模式的切换,如显示年份、月份、星期、时钟、上下午等。

(4)通过串行口接收其他设备发过来的数据,实现对时钟的调整。

(5)每到整点要进行要输出一个控制信号,控制整点报时设备。

针对这个系统的 5 项任务,可以这样安排:

(1)利用死循环来实现对 4×4 键盘的控制,利用循环输出键盘扫描信号,并同时查询键盘的输入。

(2)利用定时器中断来实现时钟信号的发生。

(3)利用串口中断完成串口信号的接收工作。

(4)在定时器中断处理程序中,完成时钟增加的功能,由于其非常简单,耗时较短。

(5)在串口波特率不是太高的情况下可以把定时器中断的优先级设得高于串口中断的优先级,并且允许在串口中断时能够响应定时器中断。

系统整体的流程的示意框图如图 8.2 所示。

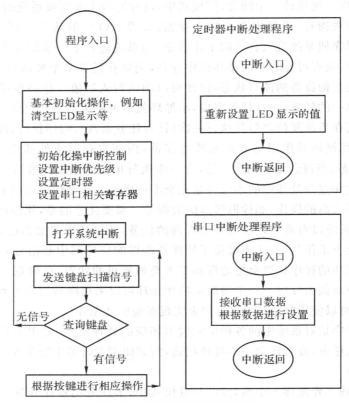

图 8.2 系统整体流程的示意图

不使用操作系统的开发模式比较适合任务较少的系统,其特点是系统结构简单、可以使 CPU 对实时性的响应发挥到极致。对于多任务的系统开发而言,如果不使用操作系统,系统的开发难度将会十分困难。

8.2.2 有操作系统的编程模式

在有操作系统的系统开发中,操作系统的基本功能就是完成一个死循环,并控制着 CPU 的使用权,任何需要 CPU 运行的任务都需要向操作系统提起申请,由操作系统来统一进行调度,安排时间来执行。其执行模式如图 8.3 所示。

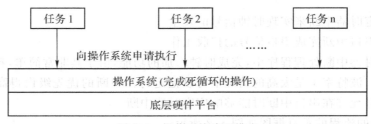

图 8.3 操作系统编程模式

从图 8.3 中,可以看出操作系统的两个基本功能,即:

(1)管理系统的硬件资源,高效组织和正确使用计算机的资源。

(2)为上层应用程序提供应用程序开发接口(Application Program Interface,API),对系统任务进行合理调度、进行进度管理。

操作系统架起系统软件人员和硬件工程师之间的桥梁,使用操作系统有以下优点:

(1)简化应用程序的编写。

(2)简化多任务程序的编写。

(3)OS 对关键事件的处理在延迟时间上有保证。

(4)提高系统的稳定性、可靠性。

(5)基于操作系统提供的编程接口,使开发人员不需要昂贵的硬件调试工具(如 ICE)就可以进行应用程序的开发调试工作。

当然使用操作系统也有一些缺点,主要是:

(1)操作系统本身要占用相当的资源,不适合配置较低的嵌入式系统。

(2)任务调度与切换要增加 $2\%\sim5\%$ 的 CPU 负荷。

(3)增加产品额外的成本,许多商业 OS 软件都需要许可费用。

(4)使用不成熟操作系统带来的系统不稳定性可能会带来较大的问题。

8.3　嵌入式操作系统的特点

操作系统是连接计算机硬件与应用程序的系统程序,它是嵌入式系统极为重要的组成部分,目前,嵌入式操作系统的品种较多,据统计,仅用于信息电器的嵌入式操作系统就有 40 种左右,其中较为流行的主要有:Windows CE、Palm OS、Real-Time Linux、VxWorks、pSOS 等。与通用操作系统相比较,嵌入式操作系统在系统实时高效性、硬件的相关依赖性、软件固态化以及应用的专用性等方面具有较为突出的特点。

(1)可剪裁性

可剪裁性或者可配置性是嵌入式操作系统区别于桌面操作系统的重要特征。嵌入式系统是面向应用的,其应用需求、硬件配置、外围接口、实时性要求是千变万化的,这就要求一个好的嵌入式操作系统在设计时提供可配置性,允许用户根据具体的需求对其进行裁减、配置。基于模块化设计的嵌入式操作系统为开发人员对其的配置和裁减提供了便利,开发人员可根据需求对嵌入式操作系统进行配置和裁减,从而构建出应用需要的嵌入式操作系统。

(2)可移植性

一个好的嵌入式操作系统应该可以应用于不同的硬件平台,这就要求嵌入式操作系统具有较好的移植性。为了满足可移植性的要求,嵌入式操作系统在设计时,经常将代码分为公共部分和可移植部分,公共部分是和系统的硬件无关的,在移植到不同硬件平台时是保持不变的。可移植部分是与硬件平台密切相关的,嵌入式操作系统在设计时,会把与硬件平台相关的代码集中起来,用户在移植操作系统时只需修改这一部分代码即可,为编程人员提供便利。

（3）可靠性

一般来说,嵌入式系统一旦开始运行就不需要人的过多干预。在这种条件下,要求负责系统管理的嵌入式操作系统具有较高的稳定性和可靠性。而普通操作系统则不具备这种特点。这导致桌面操作环境与嵌入式环境在设计思路上有重大的不同。

桌面环境假定应用软件与操作系统相比而言是不可靠的,而嵌入式环境假定应用软件与操作系统一样可靠。运行于嵌入式环境中的 RTOS 要求应用软件具有与操作系统同样的可靠性,这种设计思路对应用开发人员提出了更高的要求,同时也要求操作系统自身足够开放。

另外,桌面操作系统比较庞大复杂,而嵌入式系统提供的资源有限,由于硬件的限制,嵌入式操作系统必须小巧简捷。对于系统来说,组成越简单,性能越可靠;组成越复杂,故障概率越大。局部的不足会导致整体的缺陷,系统中任何部分的不可靠都会导致系统整体的不可靠。

（4）功耗管理

许多嵌入式系统应用于手持式、便携式等对功率消耗比较敏感的环境中,这就要求相应的嵌入式操作系统要有一定的功耗管理功能。通过合理控制系统中各个硬件资源的工作状态（运行、休眠、等待等）来节约系统的能源消耗。

（5）实时性

大多数嵌入式操作系统工作在对实时性要求很高的场合,主要对仪器设备的动作进行检测控制,这种动作具有严格的、机械的时序。比如,用于控制火箭发动机的嵌入式系统,它所发出的指令不仅要求速度快,而且多个发动机之间的时序要求非常严格,否则就会失之毫厘,谬以千里。而一般的桌面操作系统基本上是根据人在键盘和鼠标发出的命令进行工作,人的动作和反应在时序上并不很严格。

8.4　实时操作系统

8.4.1　实时和分时操作系统

从操作系统对任务的处理时间上可以把操作系统可以分为实时操作系统和分时操作系统两类。实时操作系统是指具有实时性,能支持实时控制系统工作的操作系统。实时操作系统的首要任务是调度一切可利用的资源完成实时控制任务。其次才着眼于提高计算机系统的使用效率,其重要特点是通过任务调度来满足对于重要事件在规定的时间内做出正确的响应。实时操作系统与分时操作系统有着明显的区别。具体地说,对于分时操作系统,软件的执行在时间上的要求并不严格,时间上的延误或者时序上的错误,一般不会造成灾难性的后果。而对于实时操作系统,主要任务是对事件进行实时的处理,虽然事件可能在无法预知的时刻到达,但是软件必须在事件随机发生时,在严格的时限内做出响应(系统的响应时间)。即使是系统处在尖峰负荷下,也应如此,系统时间响应的超时就意味着致命的失败。另外,实时操作系统的重要特点是具有系统的可确定性,即系统能对运行的最好和最坏情况做出精确的估计。

Stankovic 给出了实时系统的定义,"实时系统是这样一种系统,即系统执行的正确性不仅取决于计算的逻辑结果,而且还取决于结果的产生时间"。

8.4.2　实时操作系统的特点

实时嵌入式系统是为执行特定功能而设计的,可以严格地按时序执行功能。其最大的特征就是程序的执行具有确定性。

实时系统根据响应时间可以分为弱实时系统、一般实时系统和强实时系统 3 种。

(1)弱实时系统在设计时的宗旨是使各个任务运行得越快越好,但没有严格限定某一任务必须在多长时间内完成。弱实时系统更多关注的是程序运行结果的正确与否,以及系统安全性能等其他方面,对任务执行时间的要求相对来讲较为宽松,一般响应时间可以是数十秒或者更长。

(2)一般实时系统是弱实时系统和强实时系统的一种折中,它的响应时间可以在秒的数量级上,广泛应用于消费电子设备中。

(3)强实时系统则要求各个任务不仅要保证执行过程和结果的正确性,同时还要保证在限定的时间内完成任务,响应时间通常要求在毫秒甚至微秒的数量级上,这对涉及医疗、安全、军事的软硬件系统来说是至关重要的。

根据任务的截止时间对操作系统的要求,实时系统又可以分为软实时系统(Soft Real-Time-System)和硬实时系统(Hard Real-Time-System)。它们的区别就在于对外界的事件做出反应的时间。

(1)软实时系统是指如果在系统负荷较重的时候,发生错过时限时不会造成太大的危害。软实时虽然对系统响应时间有所限定,但如果系统响应时间不能满足要求,并不会导致系统产生致命的错误或者崩溃。

(2)硬实时系统则指的是对系统响应时间有严格的限定,系统必须对事件做出及时的反应,绝对不能错过事件处理的时限。如果系统响应时间不能满足要求,就会使系统产生致命的错误或者崩溃。如果一个任务在时限到达之时尚未完成,对软实时系统来说还是可以容忍的,最多只会降低系统性能,但对硬实时系统来说则是无法接受的,因为这样带来的后果根本无法预测,甚至是灾难性的。在实际运用的实时系统中,通常允许软硬两种实时性同时存在,其中一些事件没有时限要求,另外一些事件的时限要求是软实时的,而对系统产生关键影响的那些事件的时限要求则是硬实时的。

硬实时系统和软实时系统实现的区别主要是在选择调度算法上。对于软实时系统,选择基于优先级调度的算法足以满足软实时系统的需求,而且可以提供高速的响应和大的系统吞吐量。而对硬实时系统来说,需要使用的算法就应该是调度方式简单,反应速度快的实时调度算法。一个商业的 RTOS 必须具有以下两个评价指标：

（1）中断响应时间，指从中断发生到相应的 ISR（中断服务程序）运行的时间间隔。中断响应时间与应用程序相匹配，而且是可预测的。如果同一时间有多个中断发生，则中断响应时间的数量级要增加。

（2）临界情况执行时间（Worst-Case Execution Time，WCET）表示每个系统调用的时间，它是可预测的，而且系统的每个任务都有独立的数据。

习　题

1. 为什么在没有操作系统的编程模式中，程序中必须要有一个死循环？
2. 和通用操作系统相比，嵌入式操作系统有何不同？
3. 什么是实时操作系统？
4. CPU 执行速度的快慢是评估实时操作系统实时性的重要指标吗？

第9章

嵌入式 Linux 操作系统概述

9.1 Linux 的诞生

1991 年,芬兰赫尔辛基大学的一名学生 Linus Torvalds(中文翻译为"李纽斯•托沃兹"或"李纳斯•托沃兹")开发了 Linux 内核程序。

关于 Linux 的起源,一种流行的说法是,Linus Torvalds 在学习 Minix(Andy Tanenbaum 教授所写的很小的 Unix 操作系统,主要用于操作系统教学)操作系统时,发现其功能很不完善,于是他就有了一个目标:写一个比 Minix 更好的操作系统。Linus 开始在 Minix 环境下写了一个处理多任务切换的程序,程序的功能是:"这个程序包括两个进程,都是向屏幕上写字母,然后用一个定时器来切换这两个进程。一个进程写 A,另一个进程写 B"。程序的执行结果是屏幕上不断的输出 A 和 B。这是 Linus 最初写的程序,后来,Linus 需要一个简单的终端仿真程序来存取 Usenet 新闻组的内容,于是他就开始在上面两个草草编写的程序的基础上又写了一个程序。这时,它把那个 A 和 B 改成了别的东西。对于新加上去的程序,他是这样描述的:"一个进程是从键盘上阅读输入然后发送给调制解调器,另一个进程是从调制解调器上阅读发送过来的信息然后送到屏幕上供人阅读。"然而要实现这两个新的进程,显然还需要一些别的东西,这就是驱动程序。必须为不同的显示器、键盘和调制解调器编写驱动程序。后来,Linus 觉得还需要从网上下载某些文件,为此它必须读写某个磁盘。于是他又不得不写一个磁盘驱动程序,然后是一个文件系统。而一旦具有了任务切换器、文件系统和设备驱动程序之后,你当然就拥有了一个操作系统,或者至少是它的一个内核。Linux 也就这样诞生了。

Linux 从问世到现在,短短的十几年时间已经发展成为功能强大、设计完善的操作系统,它不仅可以与各种传统的商业操作系统分庭抗争,在新兴的嵌入式操作系统领域内也获得了飞速发展。

9.2   Linux 相关的概念

9.2.1   Minix

即 Mini-Unix,源自于 Unix 操作系统,是 Andy Tanenbaum 教授为了进行 Unix 操作系统的教学而编写的小型化的 Unix 操作系统,主要用于操作系统教学。Linux 的开发参考了 Minix 的一些机制,但是 Linux 在代码上和 Minux 或 Unix 是没有关系的,不能把Linux 认为是 Unix 的另一个精简版本。

9.2.2   Unix

AT&T 公司(美国电话电报公司)开发的操作系统,1971 年发布了 V1 版本。Unix的版本十分复杂,目前的发行版本主要有两个来源,一个是 AT&T 于 1983 年发布的System V 版本,一个是美国加州大学伯克利分校发布的 BSD 版本(开放源代码)。现在市场上的 UNIX 也基本上都是这两大流派的变体和衍生物。习惯上,把这些 UNIX 的变体统称为 UNIX 操作系统。

9.2.3   共享软件(Shareware)

由开发者提供软件试用程序拷贝授权,用户在试用该程序拷贝一段时间之后,必须向开发者交纳使用费用。开发者则提供相应的升级和技术服务,不提供源代码。

9.2.4   自由软件(Freeware 或 FreeSoftware)

自由软件由开发者提供软件全部源代码,任何用户都有权使用、拷贝、扩散、修改。但自由软件不一定免费,它可以收费也可以不收费。

9.2.5   免费软件(Freeware)

它的英文名称和自由软件一样,但其含义却是不一样的。免费软件是不要钱的,但免费软件不一定提供源代码。自由软件可能是收费的,但其是提供原代码的。只有当自由软件免费时或者免费软件提供源代码时,它们才是一样的。例如,Linux 就属于免费的自由软件。

9. 2. 6　通用软件许可证（GPL，General Public Licese）

为推动自由软件的发展，由 Richard Stallman 倡导而于 1984 年制定的软件许可协议。GPL 主要的原则是：

（1）任何人有共享和修改自由软件的自由，还可以把修改后的软件向公众发布，但是发布者要无条件开放其源代码。本原则可以保证自由软件的低价性。

（2）自由软件的衍生作品必须以 GPL 为重新发布的许可证。本原则保证了自由软件的持续性。

（3）GPL 允许商业结构销售自由软件，这就为公司介入自由软件事业敞开大门。

Linux 自从 1991 发布以来，一直是完全自由扩散的。它要求所有的源码必须公开且任何人不准从中获利。这样它限制了 Linux 以磁盘或 CD-ROM 等媒介的发布形式，从而阻碍了 Linux 的发展。因为没有哪家公司愿意使用没有厂商保证和没有良好技术支持的操作系统。为了促进 Linux 的发展，Linus 把 Linux 加入了 GPL 协议。事实也证明，加入 GPL 之后，许多软件公司就介入其中，开发了多种 Linux 的发行版本。如：Redhat、Mandrake 等等。他们增加了许多实用软件和易用的图形界面。Linus 本人也认为："使 Linux 成为 GPL 的一员是我一生中作过最漂亮的一件事。"

9. 2. 7　GNU

GNU 的意思是 GNU's Not Unix，GNU 这个单词含义正好是产于南非州的一种大羚羊，因此、很多有关 Linux 书的封面都是一只羚羊。

GNU 是 Richard Stallman 于 1975 年在 MIT 成立的自由软件基金会（Free Software Foundation）中所执行的一项计划，打算组织开发一个完全基于自由软件的软件体系。Stallman 写下了一个著名的文档《GNU 宣言》来阐述它的观点。他的计划是写一个兼容 Unix 的完整的自由的软件系统，它称之为 GNU，很快，这个系统的第一部分出来了（emacs 编辑器和 GCC 编译器），世界各地的人们开始研究并努力地改进它们。

今天，尽管 Richard Stallman 对 GNU 的设想还没有完全实现，但是这个软件系统已经有超过 1000 种应用程序。它们中的大多数在品质上都超过了同类的商业软件。一些独立的软件开发组织（例如 Knuths TeX 的文档格式系统和 MITs X-window 系统）也加入到了 GNU 组织里来。

同时，他们也开发 GUN 体系的操作系统内核——hurd，但进展缓慢，到现在也没有全部完工。后来随着 Linux 加入 GPL 协议，Linux 很快成为 GNU 的基本操作系统，大有取代 hurd 之意。甚至有人认为没有再继续开发 hurd 的必要，但 hurd 是一种很前卫的系统，在有些方面还具有一定价值的。

9. 2. 8　LGPL（Lesser GPL）

较宽松公共许可证：是由 FSF 制定的。FSF 发现 GPL 很难满足所有的程序。特别是库函数的调用。在编写程序的时候,免不了要用到其中的函数,总不能就这样成为自由软件了。所以就发布了 GNU 库公共许可证(GNU Library Public License),规定虽然这个函式库是在 GPL 下面的,但如果程序中使用了函数库,程序作者还是可以把该软件定为非自由软件。

9.2.9 BSD

BSD 是 Berkely Software Distribution 的缩写,意思是"伯克利软件发行版"。1979年加州大学伯克利分校建立了 BSD Unix,被称为开放源代码的先驱,BSD 许可证就是随着 BSD Unix 发展起来的。BSD 许可证现在被 Apache 和 BSD 操作系统等开放源代码软件所采纳。

相对于其他开源软件许可证,特别是 GPL 许可证,BSD(Berkly Software Distribution)许可证可能对被许可人来说是最"宽容"的,虽然 BSD 许可证具备开源软件许可证普遍的要求,但 BSD 许可证只要求被许可者附上该许可证的原文以及所有开发者的版权资料。通俗地说,BSD 许可证看重的是"名",在"利"方面,BSD 许可证给予被许可者充分使用(包含商业使用)源代码的权利。

9.3 Linux 操作系统的组成及其版本

9.3.1 Linux 操作系统的组成

通常讲的 Linux 操作系统是由 Linux 内核和大量的 GNU 软件共同组成的,只有一个内核是不能构成一个操作系统的。现在的 Linux 操作系统如 RedHat、蓝点、红旗等,都是用 Linux 的内核加上其他的应用程序构成的。一个基本的操作系统应该包括系统内核、用户界面和应用程序 3 个部分。

Linux 内核是 Linux 的核心,它在系统引导的时候被调入内存,外部程序通过调用其中的函数完成操作。

为了保持 Linux 操作系统的稳定性,Linux 的内核是单独维护的,维护工作主要是由 Linux 内核的创始人 Linus 带领的小组进行。不同的操作系统提供商可以使用相同的 Linux 内核来构建特制的 Linux 操作系统,例如 RedHat、红旗等,这些公司可以仅仅关注操作系统的用户界面和应用程序的设计,而不必维护 Linux 的内核。

Linux 操作系统中最简单的用户界面就是 shell 程序(相当于 DOS 下面的命令行程序 Command),shell 程序可以为用户提供命令行操作界面。常用的 shell 程序有 B shell 和 C shell。当然 Linux 也有图形化的用户界面,如著名的 KDE 环境。

Linux 操作系统中还包含大量有用的应用程序,这些应用程序大多属于 GNU 系统的,例如著名的 emacs 和 GCC 等。

9.3.2　Linux 的版本

由于 Linux 操作系统由系统内核、用户界面和应用程序 3 个部分。因此 Linux 版本就有两种含义：一是指 Linux 的内核版本，二是指 Linux 的发行版本。

（1）Linux 的内核版本

Linux 内核是系统的核心，目前主要由其创始人 Linus 带领的小组维护，这个版本就是通常所讲的 Linux 官方版本。内核版本号由 3 部分构成，即主版本号、次版本号和修正号，其格式是：

Linux 主版本号. 次版本号. 修正号

例如：Linux 2.4.10，主版本号是 2，次版本号是 4，第 10 次修正。

例如：Linux 2.5.13，主版本号是 2，次版本号是 5，第 13 次修正。

在 Linux 的内核版办号的命名中，还遵循一个规则，即次版本号为偶数的是稳定版本，奇数的是发展版本。稳定版本是指内核的特性已经固定，代码运行稳定可靠，不再增加新的特性，要改进也只是修改代码中的错误。Linux 2.4.10 就是一个稳定版本。

发展版本是指相对于上一个稳定版本增加了新的功能，还处于发展之中，代码运行不大可靠、可能会增加新的特性。Linux 2.5.13 就是一个发展版本。

（2）Linux 发行版本

仅有内核还不能构成一个完整的操作系统，所以许多公司开发出了基于 Linux 内核，配上用户界面和很多功能强大的应用软件，包装起来就构成了一个完整的操作系统，这就是发行套件。不同的公司或组织的发行套件各不相同，版本号也不相同，尽管它们使用了同一版本号的内核。

现在的发行 Linux 公司很多，如：常说的 RedHat，Mandrake、Debian、红旗 Linux 等。市场上售卖的 Linux 操作系统一般都是指发行版本（例如：RedHat9.0），各个公司的版本号各不相同，使用的内核版本号也可能不一样。因此，在建立桌面 Linux 操作系统时，除了要看发行版本号，还要看内核版本号，才能挑选到适合自己的操作系统。

在进行嵌入式 Linux 操作系统时，不需要 Linux 的发行版本，而是直接选择一个 Linux 内核版本开始自己的开发工作。

9.4　Linux 的特点

9.4.1　Linux 的优点和不足

Linux 的开发和研究是操作系统领域中的一个热点，也是嵌入式操作系统研究的重点之一，目前已经开发成功的嵌入式系统中，大约有一半使用的是 Linux。Linux 之所以能在嵌入式系统市场上取得如此辉煌的成果，与其自身的优良特性是分不开的。其主要优点有：

（1）广泛的硬件支持

Linux 能够支持 x86、ARM、MIPS、ALPHA、PowerPC 等多种体系结构，目前已经成功移植到数十种硬件平台，几乎能够运行在所有流行的 CPU 上。Linux 有着异常丰富的驱动程序资源，支持各种主流硬件设备和最新硬件技术，甚至可以在没有存储管理单元（MMU）的处理器上运行，这些都进一步促进了 Linux 在嵌入式系统中的应用。

（2）内核高效稳定

Linux 内核的高效和稳定已经在各个领域内得到了大量事实的验证，Linux 的内核设计非常精巧，分成进程调度、内存管理、进程间通信、虚拟文件系统和网络接口五大部分，其独特的模块机制可以根据用户的需要，实时地将某些模块插入到内核或从内核中移走。这些特性使得 Linux 系统内核可以裁剪得非常小巧，很适合于嵌入式系统的需要。

（3）开放源码，软件丰富

Linux 是开放源代码的自由操作系统，它为用户提供了最大限度的自由度，由于嵌入式系统千差万别，往往需要针对具体的应用进行修改和优化，因而获得源代码就变得至关重要。Linux 的软件资源十分丰富，每一种通用程序在 Linux 上几乎都可以找到，并且数量还在不断增加。在 Linux 上开发嵌入式应用软件一般不用从头做起，而是可以选择一个类似的自由软件作为原型，在其上进行二次开发。

（4）优秀的开发工具

开发嵌入式系统的关键是需要有一套完善的开发和调试工具。传统的嵌入式开发调试工具是在线仿真器（In-Circuit Emulator，ICE），它通过取代目标板的微处理器，给目标程序提供一个完整的仿真环境，从而使开发者能够非常清楚地了解到程序在目标板上的工作状态，便于监视和调试程序。在线仿真器的价格非常昂贵，而且只适合做非常底层的调试，如果使用的是嵌入式 Linux，一旦软硬件能够支持正常的串口功能时，即使不用在线仿真器也可以很好地进行开发和调试工作，从而节省了一笔不小的开发费用。嵌入式 Linux 为开发者提供了一套完整的工具链（Tool Chain），它利用 GNU 的 GCC 做编译器，用 gdb、kgdb、xgdb 做调试工具，能够很方便地实现从操作系统到应用软件各个级别的调试。

（5）完善的网络通信和文件管理机制

Linux 至诞生之日起就与 Internet 密不可分，支持所有标准的 Internet 网络协议，并且很容易移植到嵌入式系统当中。此外，Linux 还支持 ext2、fat16、fat32、romfs 等文件系统，这些都为开发嵌入式系统应用打下了很好的基础。

文件系统是操作系统用于在存储介质（例如磁盘、Flash 等）上组织文件的方法。在嵌入式 Linux 的开发中，一般需要用到支持 Flash 存储的文件系统，目前常用的支持 Flash 存储的文件系统及其特点如下所示：

①RAMFS、CRAMFS 和 ROMFS

这些文件系统用于早期的小容量闪存设备，系统功能比较简单，仅提供基本接口，属于只读的闪存文件系统，适合存储空间小的系统。

②JFFS／JFFS2

可以使用在没有初始化的 NAND Flash 和有 CFI 接口的 NOR Flash 中。其主要特点包括：

- 支持数据压缩；
- 提供了"写平衡"支持；
- 支持多种结点类型；
- 提高了对闪存的利用率，降低了闪存的消耗。

③YAFFS

YAFFS(Yet Another Flash File System)文件系统是专门针对 NAND 闪存设计的嵌入式文件系统，目前有 YAFFS 和 YAFFS2 两个版本，两个版本的主要区别之一在于 YAFFS2 能够更好地支持大容量的 NAND Flash 芯片。

YAFFS 文件系统有些类似于 JFFS/JFFS2 文件系统，与之不同的是 JFFS/JFFS2 文件系统最初是针对 NOR Flash 的应用场合设计的，而 NOR Flash 和 NAND Flash 本质上有较大的区别，所以尽管 JFFS/JFFS2 文件系统也能应用于 NAND Flash，但由于它在内存占用和启动时间方面针对 NOR 的特性做了一些取舍，所以对 NAND 来说通常并不是最优的方案。

和 JFFS 文件系统相比，YAFFS 还具有以下特点：

- JFFS 是一种日志文件系统，通过日志机制保证文件系统的稳定性。YAFFS 仅仅借鉴了日志系统的思想，不提供日志机能，所以稳定性不如 JFFS，但是资源占用少。
- JFFS 中使用多级链表管理需要回收的脏块，并且使用系统生成伪随机变量决定要回收的块，通过这种方法能提供较好的写均衡，在 YAFFS 中是从头到尾对块搜索，所以在垃圾收集上 JFFS 的速度慢，但是能延长 NAND 的寿命。
- JFFS 支持文件压缩，适合存储容量较小的系统。YAFFS 不支持压缩，更适合存储容量大的系统。

注：NOR Flash 和 NAND Flash 的区别

NOR 比较适合存储程序代码，其容量一般较小（比如小于 32MB），价格较高，而 NAND 容量可达 1GB 以上，价格也相对便宜，适合存储数据。一般来说，128MB 以下容量 NAND Flash 芯片的一页大小为 528 字节，用来存放数据，另外每一页还有 16 字节的备用空间(SpareData，OOB)，用来存储 ECC 校验/坏块标志等信息，再由若干页组成一个块，通常一块为 32 页 16K。与 NOR 相比，NAND 不是完全可靠的，每块芯片出厂时都有一定比例的坏块存在，对数据的存取不是使用地址映射而是通过寄存器的操作，串行存取数据。

目前，嵌入式 Linux 系统的研发热潮正在蓬勃兴起，并且占据了很大的市场份额，除了一些传统的 Linux 公司（如 RedHat、MontaVista 等）正在从事嵌入式 Linux 的开发和应用之外，IBM、Intel、Motorola 等著名企业也开始进行嵌入式 Linux 的研究。虽然前景一片灿烂，但就目前而言，嵌入式 Linux 的研究成果与市场的真正要求仍有一段差距，要开发出真正成熟的嵌入式 Linux 系统，还需要从以下几个方面做出努力。

（1）提高系统实时性

Linux 虽然已经被成功地应用到了 PDA、移动电话、车载电视、机顶盒、网络微波炉等各种嵌入式设备上，但在医疗、航空、交通、工业控制等对实时性要求非常严格的场合中还无法直接应用，原因在于现有的 Linux 是一个通用的操作系统，虽然它也采用了许多技术来加快系统的运行和响应速度，并且符合 POSIX 1003.1b 标准，但从本质上来说并不是一个嵌入式实时操作系统。Linux 的内核调度策略基本上是沿用 Unix 系统的，将它直接应用于嵌入式实时环境会有许多缺陷，如在运行内核线程时中断被关闭，分时调度策略存在时间上的不确定性，以及缺乏高精度的计时器等等。正因如此，利用 Linux 作为底层操作系统，在其上进行实时化改造，从而构建出一个具有实时处理能力的嵌入式系统，是目前流行的解决方案。

（2）改善内核结构

Linux 内核采用的是整体式结构（Monolithic），整个内核是一个单独的、非常大的程序，这样虽然能够使系统的各个部分直接沟通，有效地缩短任务之间的切换时间，提高系统响应速度，但与嵌入式系统存储容量小、资源有限的特点不相符合。嵌入式系统经常采用的是另一种称为微内核（Microkernel）的体系结构，即内核本身只提供一些最基本的操作系统功能，如任务调度、内存管理、中断处理等，而类似于文件系统和网络协议等附加功能则运行在用户空间中，并且可以根据实际需要进行取舍。Microkernel 的执行效率虽然比不上 Monolithic，但却大大减小了内核的体积，便于维护和移植，更能满足嵌入式系统的要求。可以考虑将 Linux 内核部分改造成 Microkernel，使 Linux 在具有很高性能的同时，又能满足嵌入式系统体积小的要求。

（3）完善集成开发平台

引入嵌入式 Linux 系统集成开发平台，是嵌入式 Linux 进一步发展和应用的内在要求。传统上的嵌入式系统都是面向具体应用场合的，软件和硬件之间必须紧密配合，但随着嵌入式系统规模的不断扩大和应用领域的不断扩展，嵌入式操作系统的出现就成了一种必然，因为只有这样才能促成嵌入式系统朝层次化和模块化的方向发展。很显然，嵌入式集成开发平台也是符合上述发展趋势的，一个优秀的嵌入式集成开发环境能够提供比较完备的仿真功能，可以实现嵌入式应用软件和嵌入式硬件的同步开发，从而摆脱了"嵌入式应用软件的开发依赖于嵌入式硬件的开发，并且以嵌入式硬件的开发为前提"的不利局面。一个完整的嵌入式集成开发平台通常包括编译器、连接器、调试器、跟踪器、优化器和集成用户界面，目前 Linux 在基于图形界面的特定系统定制平台的研究上，与 Windows CE 等商业嵌入式操作系统相比还有很大差距，整体集成开发环境有待提高和完善。

9.4.2　Linux 下的硬盘分区与文件系统

对习惯于使用 Dos 或 Windows 的用户来说，有几个分区就有几个驱动器，并且每个分区都会获得一个字母标识符，然后就可以选用这个字母来指定在这个分区上的文件和目录，它们的文件结构都是独立的，非常好理解。

但对 Linux 用户来说无论有几个分区，分给哪一目录使用，它归根结底就只有一个根目录，一个独立且唯一的文件结构。Linux 中每个分区都是用来组成整个文件系统的一部分，因为它采用了一种叫"载入"的处理方法，它的整个文件系统中包含了一整套的文件和目录,且将一个分区和一个目录联系起来。这时要载入的一个分区将使它的存储空间在一个目录下获得。

对于 IDE 硬盘,驱动器标识符为"hdxn",其中"hd"表明分区所在设备的类型,这里是指 IDE 硬盘了。"x"为盘号(a 为基本盘,b 为基本从属盘,c 为辅助主盘,d 为辅助从属盘),"n"是代表分区数字。例如 hda3 表示为第一个 IDE 硬盘上的第三个分区,hdb2 表示为第二个 IDE 硬盘上的第二个主分。对于 SCSI 硬盘则标识为"sdxn",SCSI 硬盘是用"sd"来表示分区所在设备的类型的,其余则和 IDE 硬盘的表示方法一样。

从上面可以看到,Linux 的分区是不同于其他操作系统的,它的分区格式只有 Ext2(3)和 Swap 两种,Ext2(3)用于存放系统文件,Swap 则作为 Linux 的交换分区。Linux 至少需要两个专门的分区(Linux Native 和 Linux Swap)。一般来说将 Linux 安装一个或多个类型为"Linux Native"的硬盘分区,但是在 Linux 的每一个分区都必须要指定一个"Mount Point"(载入点),告诉 Linux 在启动时,这个目录要给哪个目录使用。

Swap 分区是 Linux 暂时存储数据的交换分区,它主要是把主内存上暂时不用的数据存起来,在需要的时候再调进内存内,且作为 Swap 使用的分区不用指定"Mout Point"(载入点)。对于嵌入式系统而言,由于其存储介质通常是在 Flash 上,采用 Swap 可能会影响系统速度,因此可以不分配 Swap 分区或者简单地把 Swap 分区设置为 0。

Linux Native 是存放系统文件的地方,它只能用 EXT2(3)的分区类型。用户可以把系统文件分几个区来装(必须要说明载入点),也可以就装在同一个分区中(载入点是"/")。Linux 中主要的几个分区的含义如下:

(1)/boot 分区,它包含了操作系统的内核和在启动系统过程中所要用到的文件,建这个分区是有必要的。

(2)/usr 分区,是 Linux 系统存放应用软件的地方。

(3)/home 分区,是用户的 home 目录所在地,这个分区的大小取决于有多少用户。对于多用户系统,这个分区是完全是必要的。如果没有这个分区的话,所有用户只能以 root 用户的身份登录系统,一旦对系统进行了误操作,就会导致系统崩溃。

(4)/var/log 分区,是系统日志记录分区,如果设立了这一单独的分区,即使系统的日志文件出现了问题,也不会影响到操作系统的主分区。

(5)/tmp 分区,用来存放临时文件。这对于多用户系统或者网络服务器来说是有必要的。这样即使程序运行时生成大量的临时文件,或者用户对系统进行了错误的操作,文件系统的其他部分仍然是安全的。因为文件系统的这一部分仍然还承受着读写操作,所以它通常会比其他的部分更快地发生问题。

(6)/bin 分区,存放标准系统实用程序。

(7)/dev 分区,存放设备文件。

(8)/opt 分区,存放可选的安装的软件。

(9)/sbin 分区,存放标准系统管理可执行文件,如 insmod,ifconfig 等。

9.5   嵌入式 Linux 的概念

嵌入式 Linux(Embedded Linux)是指对 Linux 内核版本经过重新编译、配置,对其应用程序经过小型化裁剪后,生成的应用于特定嵌入式场合的专用 Linux 操作系统。嵌入式 Linux 和普通 Linux 的共同点是采用了相同的 Linux 内核。

在桌面 Linux 操作系统中,通常是选择合适的 Linux 发行版本来安装自己的系统,例如选择 Redhat 7.0、Redhat 9.0 等。

在嵌入式 Linux 的开发中,需要选择的是一个合适的 Linux 内核版本(通用或专用的)来构建自己的嵌入式 Linux 操作系统。当然,我们也会安装一个合适的发行版本的 Linux 到我们的 PC 机上,并在 PC 机上建立开发环境。这个桌面的 Linux 是我们的开发平台和工具。最后真正运行在嵌入式系统中的 Linux 是通过 Linux 内核构建的那个嵌入式 Linux 系统。

9.6   嵌入式 Linux 操作系统介绍

在构建嵌入式 Linux 操作系统时,可以有两种基本的方式,一是基于通用的 Linux 内核,对其进行配置、编译、裁剪等工作,最终生成自己的嵌入式 Linux 操作系统。

另一种方式是基于专用的 Linux 内核,对其进行配置、编译、裁剪等工作,最终生成自己的嵌入式 Linux 操作系统。专用的 Linux 内核是指在通用的 Linux 基础上根据不同的嵌入式应用已经被修改过的内核,例如常见的 uClinx、RTLinux、ELinux 等。

这两种构建方式的过程是基本相同的,区别仅仅是其采用的 Linux 内核不同而已。下面介绍以下常用的嵌入式 Linux 内核。

9.6.1   uCLinux

uCLinux 是一个完全符合 GNU/GPL 公约的操作系统,完全开放代码,现在由 Lineo 公司支持维护。uCLinux 的发音是"you-see-Linux",它的名字来自于希腊字母"mu"和英文大写字母"C"的结合。"mu"代表"微小"之意,字母"C"代表"控制器",所以从字面上就可以看出它的含义,即"微控制领域中的 Linux 系统"。

uCLinux 是专门为没有 MMU(Memory Management Unit,内存管理单元)的 CPU 运行 Linux 而设计。MMU 的具体概念可以参考第 3 章的相关内容。

uCLinux 是从 Linux 2.0/2.4 内核派生而来,沿袭了主流 Linux 的绝大部分特性。它是专门针对没有 MMU 的 CPU,并且为嵌入式系统做了许多小型化的工作。适用于没有虚拟内存或内存管理单元(MMU)的处理器,例如 ARM7TDMI。它通常用于具有很少内存或 Flash 的嵌入式系统。uCLinux 是为了支持没有 MMU 的处理器而对标准 Linux 作出的修正。它保留了操作系统的所有特性,为硬件平台更好的运行各种程序提供了保证。在 GNU 通用公共许可证(GNU GPL)的保证下,运行 uCLinux 操作系统的用户可以使用几乎所有的 Linux API 函数,不会因为没有 MMU 而受到影响。由于 uCLinux 在标准的 Linux 基础上进行了适当的裁剪和优化,形成了一个高度优化的、代码紧凑的嵌入式 Linux,虽然它的体积很小,uCLinux 仍然保留了 Linux 的大多数的优点:稳定、良好的移植性、优秀的网络功能、完备的对各种文件系统的支持以及标准丰富的 API 等。图 9.1 为 uCLinux 的基本架构。

uCLinux 主要具有以下特性:

(1)不支持 MMU 和 VM(虚拟内存)

许多嵌入式微处理器都由于没有 MMU 而不支持虚拟内存。没有内存管理单元所带来的好处是简化了芯片设计,降低了产品成本。由于大多数的嵌入式设备没有磁盘或者只有很有限的内存空间,所以无需复杂的内存管理机制。但是由于没有 MMU 的管理,操作系统对内存空间是没有保护的,所有程序访问的地址都是实际物理地址。但从嵌入式系统一般都是实现某种特定功能的角度考虑,对于内存管理的要求完全可以由程序开发人员考虑。

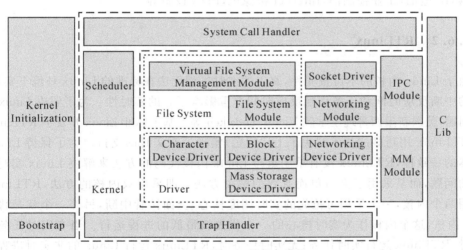

图 9.1　uCLinux 的基本架构

(2)实时性的支持

uCLinux 本身并不支持实时性,目前存在两种不同的方案提供 uCLinux 对实时性的支持,它们分别是 RTLinux(RTL)和 RTAI(Real Time Application Interface)。有了这两种方案,uCLinux 可以应用到对实时性要求较高的场合。

(3)开发工具

开发 uCLinux 通常用标准的 GNU 工具链。经过修改的工具链支持一些高级特性,比如 XIP(Execute-In-Place)技术,共享库支持等。

（4）适用的微控制器

uCLinux 适用于摩托罗拉的 ColdFire/Dragonball，ARM 系列（例如 Atmel，TI，Samsung 等生产的芯片），Intel i960，Sparc（例如无 MMU 的 LEON），NEC v850，甚至是开放的可综合（到 CLPD 内）的 CPU 内核，比如 OPENcore。

（5）与标准 Linux 的兼容性

uCLinux 除了不能实现 fork() 而是使用 vfork() 外，其余 uCLinux 的 API 函数与标准 Linux 的完全相同。这并不是意味着 uCLinux 不能实现多进程，实际上 uCLinux 多进程管理是通过 vfork() 来实现的，或者是子进程代替父进程执行，直到子进程调用 exit() 函数退出，或者是子进程调用 exec() 函数执行一个新的进程。大多数标准的 Linux 应用程序在从 Linux 操作系统移植到 uCLinux 系统时，几乎不用做什么大的改动，就可以完全达到对一个嵌入式应用程序的要求（例如合理的资源使用）。uClibc 对 libc（可用于标准 Linux 的函数库）做了修改，为 uCLinux 提供了更为精简的应用程序库。

（6）网络的支持

uCLinux 带有一个完整的 TCP/IP 协议，同时它还支持许多其他网络协议。uCLinux 对于嵌入式系统来说是一个网络完备的操作系统。

（7）应用领域

uCLinux 广泛应用于嵌入式系统中，例如 VPN 路由器/防火墙，家用操作终端，协议转换器，IP 电话，工业控制器，Internet 摄像机，PDA 设备等。

9.6.2 RTLinux

由于 Linux 内核的不可抢先性，真正的实时进程无法在标准的 Linux 环境下实现，其过长的中断反应时间和任务切换反应时间严重影响了它的实时性。为了解决 Linux 的实时性问题，美国新墨西哥理工学院 Victor Yodaiken 等人基于标准 Linux 开发了 RTLinux。

RTLinux 用巧妙的技术解决了上述问题，实现了对实时的支持。为了保持 Linux 内核版本的一致性，RTLinux 没有采用重写 Linux 内核代码的方法来解决 Linux 实时性能不佳的问题，而是采用了更简单而有效的解决方法。即采用双内核的方法，RTLinux 内部使用两个内核，一个采用可抢先的实时调度核心，全面接管中断，另外一个就是普通的 Linux 内核，这个内核作为实时核心的一个优先级最低的进程运行。当有实时任务需要处理时，RTLinux 运行实时任务；无实时任务时，RTLinux 运行 Linux 的非实时进程。图 9.2 是 RTLinux 的结构图。

从图中可以看出，RTLinux 内部采用两种中断：硬中断和软中断。硬中断关系到系统的实时性，因此由实时内核进行管理。软中断是常规 Linux 内核中断。它的优点在于可无限制地使用 Linux 内核调用。

RTLinux 将标准 Linux 内核作为简单实时操作系统（RTOS）里优先权最低的线程来运行，从而避开了 Linux 内核性能的问题。RTLinux 仿真了 Linux 内核所看到的中断控制器，这样即使在被 CPU 中断，同时 Linux 内核请求被取消的情况下，关键的实时中断也能够保持激活。研究报告显示，这种方法在高速的处理器上能够获得低于 $10\mu s$ 的中断反应时间,其优势在于实时和非实时的线程是被分离的。关键的实时函数会在固定的 RTOS 环境下运行,从而不受普通 Linux 内核的时间影响。

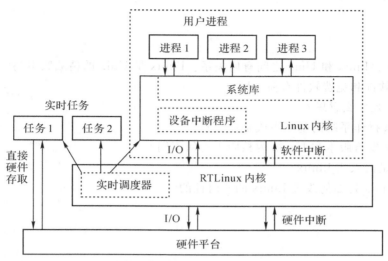

图 9.2　RTLinux 系统结构图

　　RTLinux 程序运行于两个空间:用户空间和内核态。RTLinux 提供了应用程序接口,借助这些 API 函数将实时处理部分编写成内核模块,并装载到 RTLinux 内核中,运行于 RTLinux 的内核态。非实时部分的应用程序则在 Linux 下的用户空间中执行,这样可以发挥 Linux 对网络和数据库的强大支持功能。

9.6.3　DSPLinux

　　DSPLinux 是由 RidgeRun 公司为美国德州仪器公司(TI)所出产的 DSC2x 系列 DSP 所开发的嵌入式操作系统。TI DSC2x 系列产品内部有 ARM 和 DSP 两颗 CPU,属于多 CPU 的架构系统。DSPLinux 是由 uCLinux 修改而来的,它们的最大的不同在于 DSPLinux 加入对 DSP 处理器的支持,它把 DSP 执的程序作为 Linux 内核的一个进程程 (process)。在 DSP 处理器上执行的程序必须要和系统的一些函数库连接起来,通过这些函数库,DSP 执行的程序就可以像一般 Linux 下的程序一样使用系统服务。

　　DSPLinux 是典型的主仆式(Master-Slave)相异多处理器操作系统,它把 ARM 处理器作为主处理器(Master),而 DSP 处理器作为被动处理器(Slave)。在这种架构上,DSP 只能执行一个进程,且此进程主要的工作是服务 ARM 进程的要求。DSPLinux 用在 DSC2x 系列的产品上,可以发挥很好的效能,这是因为 DSP 端只执行单一进程,没有操作系统的负担,而 ARM 端只需与此 DSP 端的进程通信,系统间通信的负担较少。然而 DSPLinux 的系统模型缺乏弹性,DSP 端只能执行一个进程,使得 DSP 端无法同时处理多项工作,无法多工作业。此外,在 DSPLinux 主仆式架构下,形成只有 ARM 端进程使用 DSP 端服务,而少有 DSP 端进程使用 ARM 端的服务与功能。

习 题

1. Linux、Minux 和 Unix 之间有何关系？Linux 是 Unix 的精减版本吗？

2. 自由软件和免费软件有何区别？

3. GNU 是什么意思？

4. Linux 操作系统的基本组成是什么？

5. Linux 发行版本和 Linux 内核版本有何不同？

6. 什么是嵌入式 Linux？

7. RTLinux 是如何改进 Linux 的实时性的？

第 10 章

嵌入式 Linux 的开发

10.1 嵌入式 Linux 开发步骤

嵌入式 Linux 的开发可以从以下几个方面入手,即:

(1)构建合适的开发环境

进行嵌入式 Linux 开发之前,必须要把自己的"劳动工具"准备好。一般而言,需要准备以下工具:装有 Linux 操作系统的开发主机、C/C++ 语言的编译器、交叉编译器、串口通信工具和网络通信工具。如果在没有启动 ROM(类似于 BIOS)的系统上开发 Boot-Loader,还需要准备 JTAG 调试器等硬件工具和汇编语言编译器等工具。

(2)开发或者移植 BootLoader

前面已经提到,BootLoader 的功能是用来完成系统启动和系统软件加载工作的程序。它和系统采用的操作系统、CPU、内存大小和芯片型号、系统的硬件设计都有关系。只要系统的板级结构不一样,其所使用的 BootLoader 就不一样。开发一个全新的 Boot-Loader 是非常复杂的。幸运的是,目前已经有很多非常好的 BootLoader 可以供我们学习和参考,在没有特殊要求的情况下,BootLoader 的开发其实上就是选用一个现成的 BootLoader,然后进行移植工作。

(3)构建适合的 Linux 系统

构建 Linux 系统包含两个方面,一是内核的构建,二是文件系统的构建。

内核的构件需要开发者根据自己的系统情况,选择一款合适的 Linux 内核版本来构建自己的 Linux 的内核。内核的选择要首先要确定内核种类,如选择是普通的 Linux 内核还是 uCLinux 内核或者 RTLinux 内核等,然后选择合适的内核版本。开发者可以在选择 Linux 内核的基础上,对内核进行重新编译、配置,从而完成内核的裁减工作。

仅有 Linux 内核的系统是不能工作的,还需要其他应用程序的配合。这些应用程序的存储和组织就需要文件系统的配合。这里我们讲的文件系统的开发其实是指选择合适的 Linux 应用程序并且按照一定的格式(文件系统)组织起来,使其可以存储在嵌入式系统的存储器(通常是 Flash)中。

（4）开发必需的驱动程序

Linux 中包含了大部分通用设备的驱动程序，但是，当用户改变外围设备的接口时，就需要开发自己的驱动程序。

（5）开发应用程序

操作系统平台和设备驱动程序构建好之后，一个嵌入式系统的产品(开发)平台就建立好了，开发者可以利用操作系统本身支持的开发测试工具(例如 GCC、串口通信软件)和操作系统提供的应用程序开发接口(API)来进行应用程序的开发。

（6）开发具有图形界面的应用程序

在一些嵌入式系统中，用户可能需要一个比较友好的图形操作界面，这就需要开发 Linux 系统下的图形用户界面，Linux 系统下的图形用户界面有多种开发形式，例如使用 Mini-GUI，Qt 等。

10.2   开发环境的构建

开发环境的建立通常包含以下几个步骤：

（1）建立装有 Linux 操作系统的开发主机；

（2）安装 C/C++语言的编译器，交叉编译器；

（3）配制串口通信工具；

（4）配制网络通信工具；

（5）建立 Windows 环境下的开发工具。

10.2.1   安装 Linux 操作系统

在第 4 章已经提到，嵌入式系统的开发可分为两种主要模式，一是面向硬件的开发模式，二是面向操作系统的开发模式。在面向操作系统的开发模式中，给出的开发场景如图 10.1 所示。

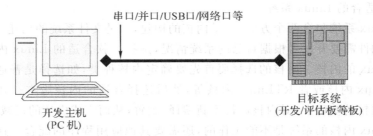

串口/并口/USB口/网络口等

开发主机
(PC 机)

目标系统
(开发/评估板等板)

图 10.1   面向操作系统的开发场景

在进行嵌入式 Linux 开发时，首先是在 PC 机安装 Linux 操作系统，并把其作为开发主机,然后在开发主机上建立开发环境。

　　下面首先介绍开发主机上 Linux 操作系统的安装。目前,大多数发行版本的 Linux 都支持图形化的安装模式。以 RedHat 9.0 的安装为例,用户只要运行集成化的安装程序,点一点鼠标就可以完成安装工作,在安装过程中遇到不清楚的地方,可以选择默认选项或者点击帮助进行查询。因此 Linux 操作系统的安装并不复杂,需要指出的是,为了能够建立完整的开发环境,建议用户在安装到软件配置时,如图 10.2 所示,选者"定制"。此后的各种安装选项根据需要设置。当出现如图 10.3 所示的"选择软件包组"界面时,选择图 10.3 窗口中的最下面选择[全部],此时会安装 Red Hat Linux 中的所有软件,其中会包含 Linux 的内核代码,这样便于以后的开发工作。

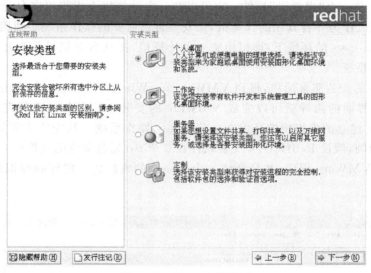

图 10.2　Linux 安装配置

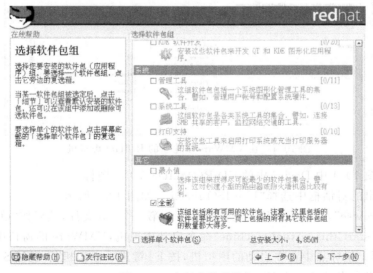

图 10.3　定制安装软件包

在安装过程中,遇到防火墙配置时,选择"无防火墙"。取消防火墙,以避免和目标系统建立通信时造成障碍。

另外,在嵌入式系统开发中,我们会经常用到主机上的 TFTP 服务和 NFS 服务,在安装完毕后,一定要检查 TFTP 服务和 NFS 服务是否可以正常运行。

1. Windows 下利用 VMWare 安装 Linux

有的读者可能大部分时间都是工作在 Windows 环境下,这样在切换操作系统时就要重新启动计算机。为了能够方便地实现 Windows 操作系统和 Linux 操作系统的切换,可以使用 VMWare 虚拟机软件在 Windows 环境下安装 Linux 操作系统。

VMWare 是一个"虚拟机"软件。它可以在一台计算机上虚拟出多台计算机,用户可以把这些虚拟机作为一台真正的计算机,来安装自己需要的操作系统。利用 VMWare 软件,可以在 Windows 的环境下,虚拟出来一台计算机,把这台虚拟机作为开发主机,来安装 Linux 操作系统。

VMWare 的安装非常简单,得到 VMWare for Windows 的软件后,点击安装程序,根据图形化安装界面的指导就可以完成 VMWare 的安装。VMWare 安装完成之后,就可以在 VMWare 建立的虚拟机的环境中安装 Linux 操作系统。其安装步骤如下:(以安装 RedHat9.0 为例,假设 RedHat9.0 安装软件在 3 个 iso 光盘文件的镜像中)

(1)启动 VMWare 程序,并且新建一个 Linux 的虚拟机。建好的虚拟机,如图 10.4 所示。

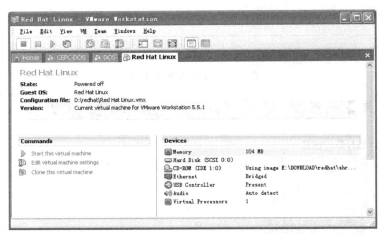

图 10.4   在 VMWare 中建立的 RedHat 虚拟机

(2)双击图 10.4 中 Device 中的 CD-ROM(IDE 1∶0)图标。

(3)在弹出的对话框中选择"Use ISO image",如图 10.5 所示。

(4)按"Browse",选择 RedHat 安装光盘中的第一个 iso 文件,然后按"OK"。

(5)点击"start this virtual machine"命令启动虚拟机,VMWare 的窗口中会出现虚拟机的启动画面。鼠标点中正在启动的虚拟机,按 F2 键进入虚拟机的 CMOS 设置,改变启动顺序,把从光盘启动设置为第一个。

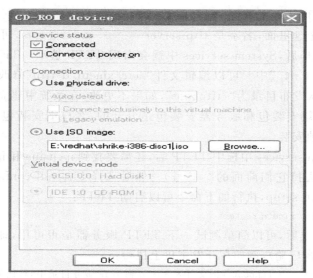

图 10.5　　在虚拟机的光驱中放入 Redhat 的 ISO 安装光盘

（6）虚拟机将会从光驱中引导 RedHat 的安装光盘，从而引导 RedHat 的安装，以后的安装过程和在普通 PC 机上一样。

（7）在安装一段时间后，安装程序会提示换第 2 张光盘，这时可以找到 VMWare 窗口右下角边上的 4 个小图标，双击光驱图标 ，就会出现上面步骤（3）中提到的如图 10.5 的对话框，按"Browse"，选择 RedHat 安装光盘中的第 2 个 iso 文件，再到 VMWare 窗口中按 OK，就完成了换第 2 张盘的工作。在提示换第 3 张盘时，可以同样操作。

鼠标在 Windows 系统和 VMWare 虚拟机之间的切换方法是：使鼠标从 Windows 系统到 VMWare，在 VMWare 窗口中点鼠标即可。如果从 VMWare 回到 Windows，按 Ctrl ＋Alt 组合键即可。

2. TFTP 服务的配置

TFTP(Trivial File Transfer Protocol：简单文件传输协议)是一种用来传输文件的简单协议，运行在 UDP（用户数据报协议）上。TFTP 的设计非常简单，它缺乏标准 FTP 协议的许多特征。TFTP 只能从远程服务器上读、写文件（邮件）或者读、写文件传送给远程服务器，它不能列出目录，并且当前不提供用户认证。由于 TFTP 的实现比 FTP 简单得多，因此其在嵌入式系统的开发中被广泛使用，它也通常作为 BootLoader 中的一个基本功能被使用。安装完 Linux 之后可以设置 TFTP 服务的开通，对于 RedHat6.x，可以在开发主机上输入：

　　　　　　♯vi /etc/inetd.conf

查找 TFTP，若发现前面有"♯"就表示这一行被注释掉了，说明 TFTP 服务没有打开，去掉"♯"就打开了 TFTP 服务，然后重启开发主机即可。

对于 RedHat 7.2 以上的版本，可以执行 setup，选择 System services，将其中的 TFTP 一项选中（出现［＊］表示选中）。注意，如果找不到 TFTP 选项，说明安装 Linux

时，没有选择安装 TFTP，如果是这样，可以单独安装 TFTP 软件包。TFTP 软件包在 Redhat 的第 3 张光盘里面，名字是 tftp-server-×××-x. i386. rpm，可以使用"rpm-ivh"命令安装。安装完毕后，System services 中就会出现 TFTP 选项。TFTP 的配置信息在文件"/etc/xinetd. d/tftp"中。可以编辑文件"/etc/xinetd. d/tftp"修改 TFTP 的发布目录等，TFTP 的默认发布目录为"/tftpboot"，如果不更改，在系统中建立"/tftpboot"目录即可。TFTP 客户端安装包和服务器安装包是分开的，客户端安装包为 tftp-×××-x. i386. rpm，需要单独安装。

在选择 System services 中选中 TFTP 后，还需要找到 ipchains 和 iptables 两项服务，并把它们去掉（即去掉它们前面的"＊"号）。然后选择 Firewall configuration，选中 No firewall。最后，退出 setup，执行如下命令可以启动 TFTP：

        ＃ service xinetd restart

TFTP 配置完成后，可以简单测试一下 TFTP 服务器是否可用，即自己 TFTP 自己（需要安装 TFTP 客户端），例如在开发主机上执行：

        ＃cp ××× /tftpboot/(把文件 ××× 放到 TFTP 服务目录中，默认为/tftpboot)
        ＃tftp 192. 168. 0. 1(开发主机自己的 ip 地址)
        ＃tftp>get ×××　　(通过 TFTP 服务得到 ×××文件)

若出现如下信息：

        Received xx bytes in xx seconds

就表示 TFTP 服务器配置成功了，得到的×××文件被放置到当前目录中。若弹出信息说：Timed out，则表明未成功，可以按照前面的方法中心配置。

TFTP 服务也可以在 Windows 环境下建立，Windows 环境下的 TFTP 使用相对简单一些，有专门的面向 Windows 环境的 TFTP 应用程序，有兴趣的读者可以去互联网搜索一下。

3. NFS 服务的配置

网络文件系统（NFS）最早由 Sun 公司为实现 TCP/IP 网上的文件共享而开发。NFS 是一个 RPC 服务，它可以在不同的系统间使用，其通讯协议的设计与主机及操作系统无关。当使用者想用远端文件时只要用"mount"就可把远端主机的文件系统挂接在自己的文件系统下。在嵌入式系统开发中也通常使用 NFS 服务来实现文件的传递，在 Linux 下配置 NFS 的服务的方法如下：

首先在装有 Linux 系统的开发主机上执行 setup，弹出菜单界面后，选中：System services，回车后进入系统服务选项菜单，在其中选中[＊]nfs，然后退出 setup 界面返回到命令提示符下。编辑/etc/exports，在/etc/exports 中加入要共享的目录即可，具体如下：

        ＃vi /etc/exports   //打开/etc/exports 文件

例如要共享/usr 目录，可以加入以下语句：（注意 usr 后要有空格）

        /usr (rw)

rw 表示共享的目录可以被读写，只读使用 ro，然后保存退出（:wq），执行如下命令，重新启动 NFS 服务：

        ＃/etc/rc. d/init. d/nfs restart

```
Shutting down NFS mountd:[ OK ]
Shutting down NFS daemon:[ OK ]
Shutting down NFS quotas:[ OK ]
Shutting down NFS services:[ OK ]
```

配置完成后,可用如下办法简单测试一下 NFS 是否配置好了:在开发主机上自己 mount 自己,看是否成功就可以判断 NFS 是否配好了,具体操作如下:

```
# mount 192.168.0.1:/usr  /mnt
```

其中 192.168.0.1 为提供 NFS 服务主机的 ip 地址。如果没有提示,则说明 mount 成功,NFS 配置成功。另外,也可以使用"showmount-e 192.168.0.1"命令查看 192.168.0.1 上共享了那些文件。

10.2.2　配置开发工具

1. 安装交叉编译器

在 Linux 操作系统安装完成之后,会得到 GCC 开发工具。GCC 是 GNU 的 C/C++ 编译器,它是 Linux 中最重要的软件开发工具。实际上,GCC 能够编译三种语言:C、C++ 和 ObjectC(C 语言的一种面向对象扩展)。利用 GCC 命令可同时编译并连接 C 和C++ 源程序。然而开发主机上的 GCC 是 x86 架构的处理器的,即用 GCC 编译的程序只能在 Intel 的 x86 结构的 CPU 上运行,而对于嵌入式系统开发而言,需要编译出来的程序能够在目标系统的 CPU 上运行(例如 ARM),这就需要构建交叉编译器。交叉编译器是嵌入式系统开发的基本工具,其应用非常广泛,在编译任何目标机上的执行程序的时候,例如应用程序、操作系统、库文件等,都会需要交叉编译器,交叉编译器的具体概念可以参考第 3 章。

通常,交叉编译器是通过对普通的 GCC 编译器进行改造而得到的,因此,大多数交叉编译器的名称中都含有"GCC"这个关键词,诸如"×××-×××-gcc"之类。例如,For ARM 处理器的交叉编译器的名称大多为"arm-elf-gcc"、"arm-Linux-gcc"或者"arm-elf-Linux-gcc"等。

用户基于 GCC 编译器的源码构建一个全新的交叉编译器会十分麻烦,幸运的是,很多嵌入式处理器的厂商都提供一个工具包(即 BSP),其中会包含交叉编译器的构建工具,只要运行安装其中的相应脚本就可以构建需要的交叉编译器,使用起来非常方便。例如在使用 Motorola 的 MX1(处理器为 M9328)开发系统时,可以使用其 BSP 中的交叉编译工具软件包来构建交叉编译器。具体如下:

(1)复制光盘中 BSP 目录的"armLinuxXToolChain. tar. gz"到目录"/usr/local";

(2)运行"tar-zxvf armLinuxXToolChain. tar. gz";

(3)开发工具安装完成,一个名为"arm-elf-Linux-gcc"交叉编译器就建立了。

编译目标机应用程序时,可以使用交叉编译器 arm-elf-Linux-gcc 来编译我们的应用程序,如编译应用程序 hello. c,可以使用以下命令:

```
# arm-elf-Linux-gcc-o hello. elf hello. c
```

这行命令生成的 hello. elf 可以在目标系统的 CPU(这里是 M9328)上运行。

2. 使用串口调试工具

在 Windows 中经常用到的串口调试工具是超级终端,在 Linux 中也有一个类似的工具,就是 minicom,下面来看看 minicom 的用法。

minicom 是安装 RedHat 时安装的软件,minicom 中所有的操作都以 Ctrl+A 开始,例如:退出为 Ctrl+A,松手后再按下 Q,则弹出如下一个对话框,如图 10.6 所示。选 Yes 即可退出 minicom。

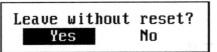

图 10.6 退出 minicom 对话框

minicom 中最重要的操作就是对其配置进行修改。这个操作要先按 Ctrl+A,松手后按下 O,则弹出如图 10.7 所示的对话框。

```
┌─────[configuration]─────┐
│ Filenames and paths     │
│ File transfer protocols │
│ Serial port setup       │
│ Modem and dialing       │
│ Screen and keyboard     │
│ Save setup as dfl       │
│ Save setup as..         │
│ Exit                    │
└─────────────────────────┘
```

图 10.7 设置对话框

选择第三项"Serial port setup",则弹出如图 10.8 所示的对话框。

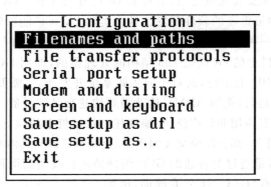

图 10.8 串口设置选项

键入 E 则弹出如图 10.9 所示对话框，可改变波特率。

```
                ┌─────[Comm Parameters]─────┐
                │                           │
                │ Current: 38400 8N1        │
                │                           │
                │    Speed        Parity        Data
                │                           │
                │ A: 300       L: None       S: 5
                │ B: 1200      M: Even       T: 6
                │ C: 2400      N: Odd        U: 7
                │ D: 4800      O: Mark       V: 8
                │ E: 9600      P: Space
                │ F: 19200                 Stopbits
                │ G: 38400                  W: 1
                │ H: 57600                  X: 2
                │ I: 115200    Q: 8-N-1
                │ J: 230400    R: 7-E-1
                │
                │
                │ Choice, or <Enter> to exit? █
                └───────────────────────────┘
```

图 10.9　串口参数设置

　　若要使用 PC 机的串口 2 来调试目标系统，则要在串口配置框中选择 A，即"Serial Device"，则原来的配置框第一行进入编辑模式，直接修改即可。

　　退出配置框只需连续按 ESC 键即可返回。minicom 中其他常用命令如下（Ctrl＋A 后按以下各键，不区分大小写）：

- C　清屏。
- D　拨号或转向拨号目录。
- E　切换是否回显本地输入的字符。
- F　将 break 信号送 modem。
- G　运行脚本（Go）。
- H　挂断。
- I　切换光标键在普通和应用模式间发送的转义序列的类型。
- J　跳至 Shell。返回时，整个屏幕将被刷新（redrawn）。
- K　清屏。运行 kermit，返回时刷新屏幕。
- L　文件捕获开关。打开时，所有到屏幕的输出也将被捕获到文件中。
- M　初始化 modem。
- O　配置 minicom。转到配置菜单。
- P　配置通信参数。可以改变波特率、校验方法和数据位数等。
- Q　不复位 modem 就退出 minicom。
- R　接收文件。若 filename 选择窗口和下载目录提示可用，会出现一个要求选择下载目录的窗口。否则将使用 Filenames and Paths 菜单中定义的下载目录。
- S 　发送文件。
- T 　选择终端模拟：ANSI(彩色)或 VT100。
- W 　切换 linewrap 为 on/off。
- X 　退出 minicom，复位 modem。
- Z 　弹出 help 屏幕。

10.3　BootLoader 的开发

BootLoader 是用来完成系统启动和系统软件加载工作的程序。它是底层硬件和上层应用软件之间的一个中间软件，其特点是：

(1)完成处理器和周边电路正常运行所要的初始化工作。

(2)可以屏蔽底层硬件的差异，使上层应用软件的编写和移植更加方便。

(3)不仅具有类似 PC 机上 BIOS(Basic Input Output System，基本输入、输出系统)监控程序的功能，而且还可具有一定的通信、调试、网络更新等功能。

BootLoader 程序与系统的操作系统、CPU 型号、内存的大小和具体芯片、硬件设计都有关系。每种不同的 CPU 体系结构都有不同的 BootLoader。除了依赖于 CPU 的体系结构外，BootLoader 实际上也依赖于具体的嵌入式板级设备的配置。也就是说，对于两块不同的嵌入式开发板而言，即使它们是基于同一种 CPU 构建的，BootLoader 通常也不能直接通用。

开发一个全新的 BootLoader 是困难的，幸运的是，现在有很多成熟的 BootLoader 可以选择，例如 U-Boot、RedBoot、dBUG 等。基于这些成熟的 BootLoader，我们所讲的 BootLoader 的开发工作就可以简化为 BootLoader 的移植工作。

10.3.1　BootLoader 的基本知识

在介绍 BootLoader 的移植之前，首先看一下 BootLoader 的一些基本概念。

(1)BootLoader 的安装位置

系统加电或复位后，所有的 CPU 通常都从某个由 CPU 制造商预先安排的地址上取指令。比如，基于 ARM7TDMI core 的 CPU 在复位时通常都从地址 0x00000000 取它的第一条指令。嵌入式系统的固态存储设备(比如：ROM、EEPROM 或 Flash 等)会被映射到这个预先安排的地址上。为了让系统加电后，CPU 能够首先执行 BootLoader 程序，BootLoader 程序需要被烧写到固态存储设备上能够被首先执行的起始地址上。

图 10.10 是一个同时装有 BootLoader、启动参数、内核映像和根文件系统映像的固态存储设备的典型空间分配结构图。

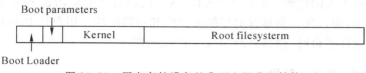

图 10.10　固态存储设备的典型空间分配结构

（2）BootLoader 的控制与通信

开发主机和目标机之间一般通过串口建立连接，为了使用户能够清晰掌握 Boot-Loader 的启动过程，在 BootLoader 运行之后，它将通过目标机的串行口把启动信息送给开发主机，并且从串口读取用户的控制信息，接受控制。

（3）BootLoader 的操作模式

大多数 BootLoader 都包含两种不同的操作模式："启动加载"模式和"下载"模式，这种区别仅对于开发人员才有意义。从最终用户的角度看，BootLoader 的作用就是用来加载操作系统，而并不存在所谓的启动加载模式与下载工作模式的区别。

启动加载（Boot loading）模式也称为"自主"（Autonomous）模式。也即 BootLoader 从目标机上的某个固态存储设备上将操作系统加载到 RAM 中运行，整个过程并没有用户的介入。这种模式是 BootLoader 的正常工作模式，因此在嵌入式产品发布的时候，BootLoader 必须工作在这种模式下。

在下载（Downloading）模式下，目标机上的 BootLoader 将通过串口连接或网络连接等通信手段从主机（Host）下载文件，如下载内核映像和根文件系统映像等。从主机下载的文件通常首先被 BootLoader 保存到目标机的 RAM 中，然后再被 BootLoader 写到目标机上的 Flash 等固态存储设备中。BootLoader 的这种模式通常在第一次安装内核与根文件系统时被使用。此外，以后的系统更新也会使用这种工作模式。

许多成熟的 BootLoader 程序都支持这两种工作模式，而且允许用户在这两种工作模式之间进行切换。它们在启动时处于正常的启动加载模式，但是会延时等待终端用户的输入，如果用户此时按下任意键，则会进入下载模式。如果在规定时间内用户没有按键，则进入启动加载模式，开始加载操作系统或应用程序。

（4）BootLoader 与主机之间文件传输协议

最常见的情况就是，目标机上的 BootLoader 通过串口与主机之间进行文件传输，传输协议通常是 xmodem/ymodem/zmodem 协议中的一种。由于串口传输的速度较低，目前，很多 BootLoader 中都支持采用 TCP/IP 网络协议来出传递数据，具体采用的传输方式有 TFTP、NFS 等。

10.3.2　BootLoader 的开发过程

由于 BootLoader 的实现依赖于系统的硬件结构，不同结构的系统平台将需要不同的 BootLoader。为了便于 BootLoader 的移植工作，大多数 BootLoader 都分为 stage1 和 stage2 两部分。stage1 中一般放置依赖于 CPU 体系结构的代码，比如设备初始化代码等，这些代码通常由汇编语言和 C 语言共同实现，以达到短小精悍的目的。而 stage2 则放置与系统平台无关的代码,如 TFTP 协议,这些代码通常用 C 语言来实现,这样可以实现更复杂的功能,而且代码会具有更好的可读性和可移植性。用户把 BootLoader 移植到不同的嵌入式硬件平台时,仅需修改 stage1 的代码即可。

1. BootLoader 的第一阶段

通常,BootLoader 的 stage1 通常包括以下步骤(以执行的先后顺序):

(1)硬件设备初始化

这是 BootLoader 一开始就执行的操作,其目的是为 stage2 的执行以及随后的 kernel 的执行准备好一些基本的硬件环境。它通常完成以下功能:屏蔽所有的中断、设置 CPU 的速度和时钟频率、RAM 初始化、初始化一些 GPIO 端口、初始化串口、向串口输出 BootLoader 的启动信息等。

(2)为加载 BootLoader 的 stage2 准备 RAM 空间

为了获得更快的执行速度,通常把 stage2 加载到 RAM 空间中来执行,因此必须为加载 BootLoader 的 stage2 准备好一段可用的 RAM 空间范围。

(3)拷贝 BootLoader 的 stage2 到 RAM 中

拷贝时要确定两点:一是 stage2 的可执行映象在固态存储设备存放的起始地址和终止地址;二是存放到 RAM 中时的起始地址。

(4)设置好堆栈

堆栈指针的设置是为了执行 C 语言代码做好准备。在设置堆栈指针 sp 之前,也可以关闭 LED 灯,以提示用户我们准备跳转到 stage2。

(5)跳转到 stage2 的 C 入口点

在上述一切都就绪后,就可以跳转到 BootLoader 的 stage2 去执行了。具体操作可以通过修改 PC 寄存器的值来实现。

2. BootLoader 的第二阶段

BootLoader 的 stage2 通常包括以下步骤(以执行的先后顺序):

(1)初始化本阶段要使用到的硬件设备

(2)检测系统内存映射(memory map)。

所谓内存映射就是指在整个物理地址空间中有哪些地址范围被分配用作寻址系统的 RAM 单元。比如,在 SA-1100CPU 中,从 0xC0000000 开始的 512M 地址空间被用作系统的 RAM 地址空间,而在 Samsung S3C44B0XCPU 中,从 0x0C000000 到 0x10000000 之间的 64M 地址空间被用作系统的 RAM 地址空间。虽然 CPU 通常预留出一大段足够的地址空间给系统 RAM,但在搭建具体的嵌入式系统时却不一定会实现 CPU 预留的全部 RAM 地址空间。也就是说,具体的嵌入式系统往往只把 CPU 预留的全部 RAM 地址空间中的一部分映射到 RAM 单元上,而让剩下的那部分预留 RAM 地址空间处于未使用状态。因此 BootLoader 的 stage2 应首先检测整个系统的内存映射情况,了解 CPU 预留的 RAM 地址空间中有哪些被真正映射到 RAM 单元上,哪些是处于未使用状态。

(3)将 kernel 映像和根文件系统映像从 Flash 上读到 RAM 空间中

这里包含两个方面的内容，一是规划内存占用的布局，二是从 Flash 上拷贝 kernel 映像和根文件系统映像。

规划内存需要确定内核映像所占用的内存范围和根文件系统所占用的内存范围。在规划内存占用的布局时，主要考虑基地址和映像的大小两个方面。

对于内核映像，一般将其拷贝到从（MEM_START＋0x8000）这个基地址开始的大约 1MB 大小的内存范围内（嵌入式 Linux 的内核一般都不操过 1MB）。从 MEM_START 到 MEM_START＋0x8000 这段 32KB 大小的内存将被 Linux 内核用来放置一些全局数据结构，例如启动参数和内核页表等信息。

对于根文件系统映像，则一般将其拷贝到 MEM_START＋0x00100000 开始的地方。

内存系统规划完成之后，就可以把 Flash 上内核和文件系统的镜像拷贝到内存中。由于像 ARM 这样的嵌入式 CPU 通常都是在统一的内存地址空间中寻址 Flash 等固态存储设备的，因此从 Flash 上读取数据与从 RAM 单元中读取数据并没有什么不同。用一个简单的循环就可以完成从 Flash 设备上拷贝映像的工作。

（4）为内核设置启动参数

在将内核映像和根文件系统映像拷贝到 RAM 空间中后，就可以准备启动 Linux 内核了。但是在调用内核之前，应该做进一步的准备工作，即：设置 Linux 内核的启动参数。

Linux 2.4.x 以后的内核都期望以标记列表（tagged list）的形式来传递启动参数。启动参数标记列表以标记 ATAG_CORE 开始，以标记 ATAG_NONE 结束。每个标记由标识被传递参数的 tag_header 结构以及随后的参数值数据结构来组成。数据结构 tag 和 tag_header 定义在 Linux 内核源码的 include/asm/setup.h 头文件中。在嵌入式 Linux 系统中，需要由 BootLoader 设置的常见启动参数有：ATAG_CORE、ATAG_MEM、ATAG_CMDLINE、ATAG_RAMDISK、ATAG_INITRD 等。

（5）调用内核

BootLoader 调用 Linux 内核的方法是直接跳转到内核的第一条指令处，也即直接跳转到 MEM_START＋0x8000 地址处。在跳转时，必须要满足以下设置：

- CPU 寄存器的设置：

R0＝0；

@R1＝机器类型 ID；ID 可参考 Linux/arch/arm/tools/mach-types；

@R2＝启动参数标记列表在 RAM 中起始基地址。

- CPU 的模式：

必须禁止中断（IRQ 和 FIQ）；

CPU 必须为 SVC 模式。

- Cache 和 MMU 的设置：

MMU 必须关闭；

指令 Cache 可以打开也可以关闭；

数据 Cache 必须关闭。

10.3.3 BootLoader 的移植

前面已经提到，开发一个全新的 BootLoader 是困难的，幸运的是，现在有很多成熟的 BootLoader 可以被选择，我们所讲的 BootLoader 的开发工作其实可以简化为 BootLoader 的移植工作。下面以常用的 BootLoader：U-Boot 来谈谈 BootLoader 的移植问题。

1. U-Boot 简介

U-Boot 是德国 DENX 小组开发的用于多种嵌入式 CPU 的 BootLoader 程序，它支持 mips，ppc，arm，x86 等目标体系，U-Boot 源代码目录结构如下：

（1）board：开发板相关的源码，不同的板子对应一个子目录，内部存放与主板相关代码，如 at91rm9200dk/at91rm9200. c，config. mk，Makefile，flash. c，U-Boot. lds 等。

（2）common：与体系结构无关的代码文件，实现了 U-Boot 的所有命令，其中内置了一个 shell 脚本解释器（hush. c，a prototype Bourne shell grammar parser）。

（3）cpu：存放与具体 CPU 相关的文件，不同的 CPU 对应一个子目录，其中存放与具体 cpu 相关的代码，例如 at91rm9200 目录下的 at91rm9200/at45. c，at91rm9200_ether. c，cpu. c，interrupts. c，serial. c，start. S，config. mk，Makefile 等。其中 cpu. c 负责初始化 CPU，设置指令 Cache 和数据 Cache 等。interrupt. c 负责设置系统的各种中断和异常，比如快速中断、开关中断、时钟中断、软件中断、预取中止异常和未定义指令异常等。start. S负责 U-Boot 启动时执行的第一个文件，它主要是设置系统堆栈和工作方式，为跳转到 C 程序入口点。

（1）disk：设备分区处理相关代码。

（2）doc：U-Boot 相关文档。

（3）drivers：U-Boot 所支持的设备驱动代码。

（4）fs：U-Boot 所支持的文件系统访问存取代码。

（5）include：U-Boot head 文件，主要是与各种硬件平台相关的头文件。

（6）net：与网络有关的代码，例如 BOOTP 协议、TFTP 协议等。

（7）lib_arm：与 ARM 体系相关的代码。

（8）tools：编译后会生成 mkimage 的工具，用来对生成的 raw bin 文件加入 U-Boot 特定的 image_header。

2. U-Boot 的修改和移植

U-Boot 的软件设计体系非常清晰，它的移植工作并不复杂。为了使 U-Boot 支持新的开发板，一种简便的做法是在 U-Boot 已经支持的开发板中参考选择一种较接近的进行修改。例如对于 BootLoader 到 at91rm9200 开发板的移植，可参考以下步骤：

（1）修改与 at91rm9200 相关的代码内容，主要由以下几个方面

include/configs/at91rm9200dk. h：它包括开发板的 CPU、系统时钟、RAM、Flash 系统及其他相关的配置信息。

include/asm-arm/at91rm9200.h:该文件描述了 H9200 寄存器的结构及若干宏定义。具体内容要参考相关处理器手册。

在 cpu/at91rm9200/目录下的 cpu.c、interrupts.c 和 serial.c 等文件。

在 board/at91rm9200dk/目录下的 flash.c、at91rm9200dk.c,config.mk,Makefile,U-Boot.lds。其中 flash.c 是 U-Boot 读、写和删除 Flash 设备的源代码文件。由于不同开发板中 Flash 存储器的种类各不相同,所以,修改 flash.c 时需参考相应的 Flash 芯片手册。U-Boot.lds 是设置 U-Boot 中各个目标文件的连接的脚本文件。

在 drivers/目录中网口设备控制程序 cs8900,bcm570x 等,还可以添加其他网卡驱动。

（2）更改 Makefile 文件

在 U-Boot-1.0.0/Makefile 中添加两行,说明编译的目标 CPU 是 at91rm9200:

```
at91rm9200dk_config:unconfig
    ./mkconfig $((@:_config=)arm at91rm9200 at91rm9200dk
```

其中 arm 是 CPU 的种类,at91rm9200 是 ARMCPU 对应的代码目录,at91rm9200dk 是自己主板对应的目录。

修改交叉编译器的目录名及前缀,把"CROSS-COMPILE=arm-Linux-"改为交叉编译器的实际目录,如改为:

```
CROSS-COMPILE=/usr/at9200/arm-elf-Linux-
```

（3）编译 U-Boot

```
# make at91rm9200_config
# Configuring for at91rm9200 board…
# make all
```

执行完毕后将会生成三个文件:U-Boot.bin,U-Boot,U-Boot.srec。其中 U-Boot 是 ELF 格式的文件,U-Boot.srec 是摩托罗拉 S-Record 格式的文件,而 U-Boot.bin 是二进制格式的文件,这就是将要烧录到目标系统中 BootLoader 文件。

10.4 Linux 系统的构建

一个可以运行的 Linux 系统要包含两个方面,一是 Linux 内核,二是根文件系统。因此一个 Linux 系统的构建也包含这两个方面的构建,下面将分开具体讲述。

10.4.1 Linux 内核的构建

Linux 的一个重要的特点就是其源代码的公开性,所有的内核源程序都可以在装有 Linux 开发主机的/usr/src/目录下找到（对于完全安装）,Linux 系统下大部分的应用软件也都是遵循 GPL 而设计的,你都可以获取相应的源程序代码。全世界任何一个软件工程师都可以将自己认为优秀的代码加入到其中,从而使 Linux 系统的漏洞可以很快被修补，同时最新的软件技术也可以被很快得到应用。

Linux 的内核也有很多种，例如普通的 Linux 内核、uCLinux 内核、RTLinux 内核等。内核的构建就是开发者根据需要选择一款版本合适 Linux 内核来进行重新的配置、编译，完成内核的定制开发。当然开发者也可以重新编写内核，这样的工作量较大，也不是本书论述的重点，本书所讲的内核开发都是指在已有内核基础上进行配置和裁减。

内核的构建包含两个步骤，一是对内核进行配置，二是对内核进行编译。针对嵌入式系统的内核构建和普通 PC 机系统的内核构建之间的差别是非常小的，考虑到许多嵌入式系统的学习者可能还没有实际的嵌入式硬件平台，为了便于读者快速掌握 Linux 构建的方法，本书首先针对 PC 机系统完成一个内核的配置和编译及测试，然后再来看看针对嵌入式系统构建时不同的地方。

1. Linux 内核的配置

Linux 内核的配置指令有很多个，主要的如下所示：

（1）make config 基于文本的最为传统的配置界面，不推荐使用。

（2）make menuconfig 是基于文本选单的配置界面，在字符终端下推荐使用。

（3）make xconfig 基于图形窗口模式的配置界面，Xwindow 下推荐使用。

（4）make oldconfig 在原来内核配置的基础上修改一些小地方，会省去不少麻烦。

注意，以上命令都应该在内核所在的目录中运行，假设我们下载的内核位于/usr/src/mylinx，则用 cd /usr//src/mylinx 进入目录后，再运行以上命令。

所有内核的配置命令中，make xconfig 的界面最为友好，如果在 Xwindow 下，推荐使用这个命令。如果没有 Xwindow，推荐使用 make menuconfig。

make menuconfig 的界面如图 10.11 所示，make xconfig 的界面如图 10.12 所示（针对 2.4.x 内核）。

```
──────────────────────────────── Main Menu ────────────────────────────────
  Arrow keys navigate the menu.  <Enter> selects submenus --->.
  Highlighted letters are hotkeys.  Pressing <Y> includes, <N> excludes,
  <M> modularizes features.  Press <Esc><Esc> to exit, <?> for Help.
  Legend: [*] built-in  [ ] excluded  <M> module  < > module capable
 ┌────────────────────────────────────────────────────────────────────────┐
 │      Code maturity level options  --->                                   │
 │      Loadable module support  --->                                       │
 │      Processor type and features  --->                                   │
 │      General setup  --->                                                 │
 │      Memory Technology Devices (MTD)  --->                               │
 │      Parallel port support  --->                                         │
 │      Plug and Play configuration  --->                                   │
 │      Block devices  --->                                                 │
 │      Multi-device support (RAID and LVM)  --->                           │
 │      Cryptography support (CryptoAPI)  --->                              │
 │      Networking options  --->                                            │
 └────────────────────────────────────────────────────────────────────────┘
              <Select>       < Exit >       < Help >
```

图 10.11　make menuconfig 的起始界面

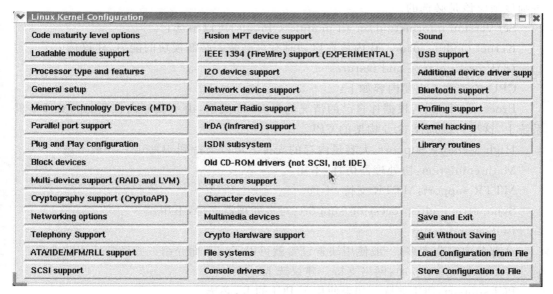

图 10.12　make xconfig 的起始界面

选择相应的配置时，会有三种选择：Y、N 和 M，其分别代表的含义如下：

（1）Y——将该功能编译进内核。

（2）N——不将该功能编译进内核。

（3）M——将该功能编译成模块，可以在需要时动态插入到内核中。

如果使用的是 make xconfig，使用鼠标就可以选择对应的选项。如果使用的是 make menuconfig，则需要使用空格键进行选取。你会发现在每一个选项前都有个括号，但有的是中括号有的是尖括号，还有一种圆括号。用空格键选择时可以发现，中括号里要么是空，要么是"＊"，而尖括号里可以是空，"＊"和"M"表示前者对应的项要么不要，要么编译到内核里。后者则多一样选择，可以编译成模块。

在编译内核的过程中，最繁杂的事情就是这步配置工作了，实际上在配置时，大部分选项可以使用其缺省值，只有小部分需要根据用户不同的需要选择。选择的原则是将与内核其他部分关系较远且不经常使用的部分功能代码编译成为可加载模块，有利于减小内核的长度，减小内核消耗的内存，简化该功能相应的环境改变时对内核的影响。不需要的功能就不要选，与内核关系紧密而且经常使用的部分功能代码直接编译到内核中。

下面就让我们对常用的选项分别加以介绍。

（1）Code maturity level options

代码成熟等级。此处只有一项：prompt for development and/or incomplete code/drivers，如果要试验现在仍处于实验阶段的功能，把该项选择为 Y；否则可以把它选择为 N。

（2）Loadable module support

对模块的支持。这里面有三项：

Enable loadable module support：除非你准备把所有需要的内容都编译到内核里面，

否则该项应该是必选的。

Set version information on all module symbols：可以不选它。

Kernel module loader：让内核在启动时有自己装入必需模块的能力，建议选上。

（3）Processor type and features

CPU 的类型。主要内容如下：

Processor family：根据你自己的情况选择 CPU 类型，由于我们内核要运行在 PC 机系统上，这里可以选择 i386 构架的 CPU。

High Memory Support：大容量内存的支持。可以支持到 4G、64G，一般不选。

Math emulation：协处理器仿真，不用。

MTTR support：MTTR 支持，不选。

Symmetric multi-processing support：对多处理器支持，不用。

（4）General setup

这部分内容非常多，一般使用缺省设置就可以了。下面介绍一些经常使用的选项：

Networking support：网络支持。建议选上。

PCI support：PCI 支持。如果使用了 PCI 的卡，必选。

PCI access mode：PCI 存取模式。可供选择的有 BIOS、Direct 和 Any，可以选 Any。

Suport for hot-pluggabel devices：热插拔设备支持。

PCMCIA/CardBus support：PCMCIA/CardBus 支持。

System V IPC、BSD Process Accounting、Sysctl support：以上三项是有关进程处理/IPC 调用的，主要就是 System V 和 BSD 两种风格。

Power Management support：电源管理支持。

Advanced Power Management BIOS support：高级电源管理 BIOD 支持。

（5）Memory Technology Device(MTD)

MTD 设备支持。

（6）Parallel port support

串口支持。

（7）Plug and Play configuration

即插即用支持。

（8）Block devices

块设备支持，具体说明如下：

Normal PCfloppy disk support：普通 PC 软盘支持。这个应该必选。

XT hard disk support：XT 硬盘支持。

Compaq SMART2 support：Compaq 设备支持。

Mulex DAC960/DAC1100 PCI RAIDController support：RAID 镜像用的。

Loopback device support：循环读取设备支持。

Network block device support：网络块设备支持。如果想访问网上邻居的东西，就选上。

Logical volume manager(LVM)support：逻辑卷管理支持。

Multiple devices driver support：多设备驱动支持。

RAMdisk support：RAM 盘支持。

（9）Networking options

网络选项。包含 TCP/IP networking。

（10）Telephony Support

电话支持。

（11）ATA/IDE/MFM/RLL support

有关各种接口的硬盘/光驱/磁带/软盘的支持。

（12）SCSI support

SCSI 设备的支持。

　　注意：如果是在 VMWare 下面测试新内核，必须要把 SCSI 的支持加上，这是由于 VMWare 虚拟出来的硬盘是 SCSI 的。如果新内核不支持 SCSI，内核启动是将会出现类似下面的错误：

    VFS：cannot open root device "sda2" or 08：02

    Please append a correct root "root = " boot option

    kernel panic：VFS：unable to mount root fs on 08：02

　　具体需要选择支持的 SCSI 的内容如下：

　　● Device Drivers→SCSI device support→＜ ∗ ＞ SCSI disk support（默认支持的）

　　● Device Drivers→ SCSI device support→ SCSI low-level drivers→BusLogic SCSI support（默认不支持的，一定要选上）

（13）IEEE 1394（FireWire）support

1394 设备支持。

（14）I2O device support

I2O 接口设备支持。

（15）Network device support

网络设备支持。主要有 ARCnet 设备、Ethernet（10 or 100 Mbit）、Ethernet（1000Mbit）、Wireless LAN（non-hamradio）、Token Ring device、Wan interfaces、PCMCIA network device support 几大类。

（16）Amateur Radio support

业余无线电支持。

（17）IrDA（infrared）support

红外支持。

（18）ISDN subsystem

ISDN 支持。

（19）Old CD-ROM drivers（not SCSI、not IDE）

非 SCSI/IDE 接口的光驱支持。

（20）Character devices

字符设备，主要有：

I2Csupport：I2C 是低速串行总线协议。如果你要选择下面的 Video For Linux，该项必选。

Mice：鼠标。现在可以支持总线、串口、PS/2、C&T 82C710 mouse port、PC110 digi-tizer pad。

Joysticks：手柄。

WatchdogCards：纯软件来实现的看门狗。如果选中，会在/dev 目录下创建一个名为 watchdog 的文件，它可以记录你的系统的运行情况。

Video For Linux：支持有关的音频/视频卡。

PCMCIA character device support：PCMCIA 字符设备

（21）File systems

文件系统，主要有以下几项：

Quota support：Quota 可以限制每个用户可以使用的硬盘空间的上限，在多用户共同使用一台主机的情况中十分有效。

DOS FAT fs support：DOS FAT 文件格式的支持，可以支持 FAT16、FAT32。

ISO 9660CD-ROMfile system support：光盘使用的就是 ISO 9660 的文件格式。

NTFS file system support：NTFS 是 NT 使用的文件格式。

/proc file system support：/proc 文件系统是 Linux 提供给用户和系统进行交互的通道，建议选上，否则有些功能没法正确执行。

（22）Console drivers

控制台驱动。一般使用 VGA text console 就可以了。

（23）Sound

声卡驱动。

（24）USB supprot

USB 支持。很多 USB 设备，比如鼠标、调制解调器、打印机、扫描仪等，在 Linux 系统下都可以得到支持，根据需要自行选择。

（25）Kernel hacking

配置了这个选项，即使在系统崩溃时，也可以进行一定的工作了。

内核配置完毕后，配置的结果记录在两个文件中（注：假设内核源文件位于/usr/src/mylinx 目录）：

    /usr/src/mylinx /.config(这是个隐藏文件)

    /usr/src/mylinx /include/Linux/autoconf.h

它们保存内核的配置信息。下一次再做 make xconfig 时将产生新的".config"文件，原来的".config"被改名为".config.old"。手工改写这两个文件可以达到相同的效果，但容易出错，建议不要手工改写文件。

2. Linux 内核的编译

内核配置完成之后，就可以进行内核的编译，与编译有关的命令有以下几个：

（1）make dep

该命令用于寻找依存关系，从而决定哪些需要编译而哪些不需要。

（2）make clean

该命令清除以前构造内核时生成的所有目标文件、模块文件和一些临时文件，以避免出现一些错误。

（3）make zImage（注意 I 是大写）

该命令用于编译并生成压缩的 Linux 内核，其大小不能超过 512KB，z 在这里表示压缩（zip）。本命令生成内核的名字为 zImage，位于/usr/src/myLinux/arch/i386/Linux/boot/目录中。

（4）make bzImage（注意 I 是大写）

该命令也用于编译并生成压缩的 Linux 内核。本命令和 make zImage 的区别是其可以生成超过 512KB 的内核（bzImage 表示 big zImage）。本命令生成内核的名字为 zImage，位于/usr/src/myLinux/arch/i386/Linux/boot/目录中，为了避免发生错误，建议使用 make bzImage 命令编译并生成内核。

（5）make modules

编译模块。

（6）make modules_install

对生成的模块进行安装，具体操作是把模块拷贝到相应的目录中（如/usr/src/myLinux/lib/modules/目录）。命令（5）（6）只有在进行内核配置的过程中，在回答 Enable loadable module support（CONFIG_MODULES）时选了"Yes"时才是有效的。

（7）make install

把编译好的内核和需要的文件复制到系统的/boot 目录中，同时更改/boot/grub.conf 文件（grub2 使用 grub.cfg 来代替 grub.conf），在 grub 启动菜单中增加一个新内核的启动选项。make install 所作的具体操作可以参看 makefile 中 install 一节。

另外，命令（3）和（4）都可以生成 Linux 内核，细心的读者可能会发出疑问，在 Linux 系统中，我们看到系统引导的内核文件是 vmLinuz。vmLinuz 是如何产生的呢？它其实上是 zImage 或 bzImage 的复制，可以通过以下命令产生 vmlinuz：

```
cp /usr/src/Linux-2.4/arch/i386/Linux/boot/zImage  /boot/vmlinuz
```

或者

```
cp /usr/src/Linux-2.4/arch/i386/Linux/boot/bzImage  /boot/vmlinuz
```

在 Linux 系统中，有时还有一个名为 vmLinux 的内核文件，它是 vmlinuz 的未压缩版本，z 表示压缩（zip）。

在有些系统中，以上这些命令也可能被组合起来，只要打入 make 就可以完成整个编译过程。至于是使用 make 还是 make ×××主要是由 make 命令的配置文件 makefile 决定的，执行 make 就是执行这个 makefile 中指定的操作。

makefile 是由编译器解释执行的，它的语法是 GCC 可识别的。makefile 的使用是为了简化编译过程，它本身可以看做是一个批处理过程，使得编译器可以连续完成对大量 C 代码文件的编译和链接而不需要人工参与。例如，在 Linux 上要编译一个 hello.c 文件，并生成名为 hello.o 的可执行程序，只要手工输入以下命令即可：gcc - o hello.o hello.c。如果有数千个.c 文件需要编译，这样手工的命令式编译显然是不可行的，因此就有了

makefile 的需求,makefile 把所有的编译链接命令写成一个文件,由编译器自动调用执行。myLinux/目录下的这个 makefile 是个总领式的文件,它通过调用包含在各个目录、子目录下面对应的 makefile,从而完成整个软件系统的编译。

makefile 还提供了许多独立的目标(参数),可以直接用 make 命令对指定目标单独编译。因此我们会有以下这些指令:make config,make menuconfig,make xconfig,make dep,make clean,make romfs 等。前面已经介绍过 make dep、make clean 和 make image,其他常用命令的解释为:

(1)make lib_only 该命令编译库文件。

(2)make user_only 该命令编译用户应用程序文件。

(3)make romfs 该命令生成 romfs 文件系统。

另外,在 Linux-2.4.x 中,lib 和 user 下的 makefile 中都用到了类似 CROSS_COM-PILE,CFLAGS,LDFLAGS 等这样的常用的公用的宏,它们是在 myLinux/×××CPU/config.arch 中定义的。这个文件给出了编译 lib 下 libc 库文件和 user 下应用程序的许多公用参数,其中最主要的就是编译参数 CFLAGS 和链接参数 LDFLAGS。

下面是 config.arch 有关编译器的一些内容:

```
...
MACHINE = arm
ARCH = armnoMMU
CROSS_COMPILE = arm-elf-
CROSS = $(CROSS_COMPILE)
#C 编译器
CC = $(CROSS_COMPILE)gcc
# 汇编编译器
AS = $(CROSS_COMPILE)as
#C++ 语言编译器
CXX = $(CROSS_COMPILE)g++
AR = $(CROSS_COMPILE)ar
# 链接器
LD = $(CROSS_COMPILE)ld
OBJCOPY = $(CROSS_COMPILE)objcopy
RANLIB = $(CROSS_COMPILE)ranlib
...
```

3. 新内核的测试

假设下载的内核位于/usr/src/myLinux 下。当上一步编译完成后,会生成/usr/src/myLinux/System.map 和/usr/src/myLinux/arch/i386/boot/bzImage 两个文件。

测试新内核可以参照以下步骤(假设主机系统使用的是 Grub 系统引导工具):

(1)重启系统,Grub 界面出来时,选择 Red Hat Linux 启动项,如图 10.13 所示。

图 10.13　Grub 启动界面

按下 e 键,出现如图 10.14 的界面。

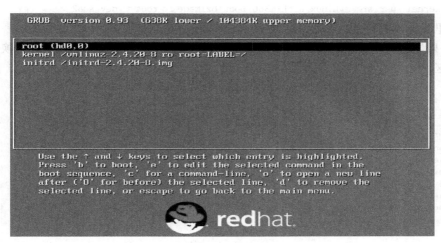

图 10.14　Grub 启动参数界面

显示的内容如下:

```
root (hd0,0)
kernel /boot/ vmlinuz-2. 4. 20-8 ro root = LABEL = /
initrd /boot/initrd-2. 4. 20-8. img
```

其中第一行 root 就是根的意思,表明实际的根文件系统所处的位置,你可以把它理解为从什么地方执行启动,而参数(hd0,0)表示(硬盘 1,第 0 分区),对应的有(hd0,1)或者(hd1,0)等等;而 fd 表示软驱,cd 表示光驱,nd 表示网络等,这里表明 Linux 内核安装在第一个硬盘的第 0 个分区,这是启动最开始的地方(root)。

第二行表示 Linux 的具体内核文件是/boot/vmlinuz 文件,后面是传递给内核的一些参数,ro 表示是只读的,后面是内核启动参数,root＝LABEL＝/表明根分区(根文件系统)所在的位置,其中 LABEL 是安装 Linux 系统时生成的系统参数,和具体 Linux 系统的安装位置有关。

第三行加载一个 initrd 内核文件，initrd 即初始化 Ramdisk，它是“initial ramdisk”的简写。采用 initrd 选项是在装载实际根文件系统之前首先装载一个初始根文件系统。initrd 与内核绑定在一起，并作为内核引导过程的一部分进行加载。initrd 内核文件完成对一些设备的初始化，可以被用来临时引导硬件。initrd 内核引导完毕后再由 Linux 内核引导。例如，系统使用的是 SCSI 硬盘，而内核中并没有这个 SCSI 硬件的驱动，那么在装入 SCSI 模块之前，内核不能加载根文件系统，但 SCSI 模块存储在根文件系统的/lib/modules 下。为了解决这个问题，可以引导一个能够读实际内核的 initrd 内核并用 initrd 修正 SCSI 引导问题。initrd-2.4.20-8.img 就是 initrd 的内核文件。

在桌面 Linux 系统中，initrd 是一个临时的文件系统，其作用周期很短，实际的根文件系统一旦被加载，其就失去了作用。然而，在很多嵌入式系统的应用中，可以把 initrd 作为永久的根文件系统来使用。

把光标移到第二行，按“e”键，进入编辑状态，把其改写为自己内核所在的位置。例如改为：

```
kernel /usr/src/myLinux/arch/i386/boot/bzImage ro root = /dev/sda2
```

这里我们没有使用“root＝LABEL＝/”，这是因为新内核不识别“LABEL＝/”这个参数，如果使用这个参数，将发生 kernel panic 错误，必须把这个“LABEL＝/”替换成真实的根分区。如要知道根目录在哪个分区，可以输入“df”命令，得到如图 10.15 所示的输出。

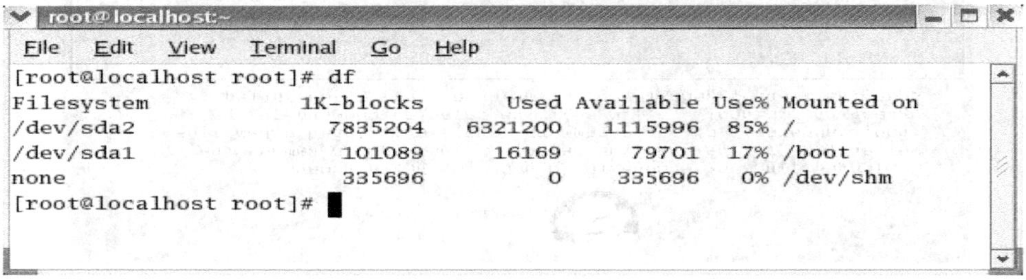
root@localhost:~
File Edit View Terminal Go Help
[root@localhost root]# df
Filesystem 1K-blocks Used Available Use% Mounted on
/dev/sda2 7835204 6321200 1115996 85% /
/dev/sda1 101089 16169 79701 17% /boot
none 335696 0 335696 0% /dev/shm
[root@localhost root]#

图 10.15 查看根目录分区

从图中可以看出，根分区位于/dev/sda2，因此将 root＝LABEL＝/改为 root＝/dev/sda2 即可。

改好后，按回车键返回图 10.14 所示的界面，然后按“b”键，开始引导系统，这时系统将会引导编译好的新内核。

还有一种引导新内核的方法是直接编辑/boot/grub/grub.conf 文件（或者 grub.cfg），具体如下：

```
# vi /boot/grub/grub.conf      //打开 grub.conf 文件
```

添加以下内容

```
title mylinux
root (hd0,0)
    kernel / usr / src / mylinux / arch / i386 / boot / bzImage ro root = / dev / sda2
```

initrd / boot / initrd.img（使用旧的 initrd 文件或者不要此行）

这样，在系统重新启动时，在 Grub 引导界面中就会有 myLinux 选项。

如果主机系统安装时使用的是 lilo 引导系统，可以编辑/etc/lilo.conf 文件使新的内核可以被引导，此处不再赘述。

需要注意的是，如果开发主机的 Linux 系统是安装在 VMWare 虚拟机上的，那么，Grub 中配置参数的默认路径都是在/boot 下的。此时图 10.14 中的 Grub 启动参数的内容如下所示：

```
root (hd0,0)
kernel / vmlinuz-2.4.20-8 ro root = LABEL = /
initrd / initrd-2.4.20-8.img
```

此时如果把第二行改写为：

```
kernel /usr/src/myLinux/arch/i386/boot/bzImage ro root = /dev/sda2
```

系统将会提示"file not found"的错误，因为系统默认路径是/boot，解决方法是把/usr/src/myLinux/arch/i386/boot/bzImage 文件复制到/boot 目录下，然后把引导语句改为"kernel /bzImage ro root＝/dev/sda2"即可。

4.模块的加载

在 10.4.1 节的内核配置中，许多驱动的支持是被设置为模块进行编译的，这些被编译好的模块可以由内核自动加载，也可以由用户加载。一般的，这些编译好的模块位于"/lib/modules/2.4.20-8/kernel/drivers/"目录下。加载这些模块可以使用 insmod 或 modprobe 命令，modprobe 命令除了加载制定的模块之外，还会加载和本模块相关的其他模块，因此建议使用 modprobe 命令代替 insmod 命令。例如，我们在 Linux 下使用 USB to RS232 的转接器。USB to RS232 转接器使用的芯片型号是 pl2303，则可以运行以下命令：

```
Modprobe /lib/modules/2.6.16-28/kernel/drivers/usb/serial/pl2303
```

内核会加载 pl2303.o、serialconvert.o 模块。如果查看已经加载的模块可以使用"lsmod"命令。

10.4.2　Linux 根文件系统的构建

前面已经讲过，单独的 Linux 内核是不能工作的，还需要根文件系统。根文件系统中包含系统运行必需的目录结构和应用程序。因此，在构建根文件系统之前，有必要首先了解一下其中的目录结构，在 Linux 系统中，根文件系统下的主要目录说明如下：

（1）/bin 该目录中存放 Linux 的常用命令、工具和应用程序。

（2）/sbin 该目录是/bin 目录的一个链接。

（3）/boot 该目录下存放系统启动时要用到的文件和程序，例如内核文件、grub 程序等。

（4）/dev 该目录包含了 Linux 系统中使用的所有设备文件，可以通过访问这些设备文件来访问实际设备本身。

（5）/etc 该目录存放了系统管理时要用到的各种配置文件和子目录，如网络配置文件、文件系统、X 系统配置文件、设备配置信息、用户设置信息等。

（6）/home 如果建立一个名为"xx"的用户，那么在/home 目录下就有一个对应的"/home/xx"路径，用来存放该用户的主目录，超级用户的主目录不在此处。

（7）/root 超级用户登录时的主目录

（8）/lib 该目录用来存放系统动态链接库，所有采用动态编译的应用程序都会用到该目录下的共享库。

（9）/lost＋found 该目录在大多数情况下都是空的。但当突然停电或者非正常关机后，有些文件就临时存放在这里。

（10）/mnt 该目录在一般情况下也是空的，你可以临时将别的文件系统挂在该目录下。

（11）/proc 可以在该目录下获取系统信息，这些信息是在内存中由系统自己产生的。

（12）/tmp 用来存放不同程序执行时产生的临时文件。

（13）/usr 用户的很多应用程序和文件都存放在该目录下，完全安装时，其下面将会有 Linux 内核的源程序。

一个根文件系统必须包括支持完整 Linux 系统的全部东西，因此，它至少应包括以下几项：

（1）最基本的文件系统结构，即目录结构，一般情况下，需要包含以下一些目录：/dev,/proc,/bin,/etc,/lib,/usr,/tmp,/mnt 等。

（2）最基本的应用程序，如 sh,ls,cp,cd,ps,mount,umount 等。

（3）最低限度的配置文件，如 rc.initrd,inittab,fstab 等。

（4）基本的设备：/dev/hd＊,/dev/tty＊,/dev/consol,/dev/ramdisk 等。

（5）基本程序运行所需的库函数。

下面对文件系统中具体的目录及其创建方法加以阐述。

（1）/dev

/dev 中含有系统不可缺少的设备文件，虽然该目录很普通，可以用 mkdir 创建，然而目录中的设备文件必须用 mknod 创建，也可以用"cp-a"命令把现有系统中/dev 目录下需要的设备节点复制过来，-a 选项保证了复职操作时文件的属性不会发生改变。

（2）/etc

这个目录中含有一些必不可少的系统配置文件，那么到底哪些文件是必需的，哪些可有可无呢？/etc 中主要的配置文件可以分为 3 部分，如下：

● rc.d/rcS(或者 init.d/rc.initrd)：系统启动的脚本。

● fstab：列出要登陆的文件系统。

● inittab：包含启动过程参数。

rc.d/rcS(或者 init.d/rc.initrd)中的一般内容如下：

```
/bin/sh
/bin/mount-av
```

　　　　/bin/hostname yjy

fstab 中的一般内容如下：

　　　　/dev/ram0 / ext2 defaults
　　　　/dev/fd0 / ext2 defaults
　　　　/proc /proc proc defaults

inittab 中的一般内容如下：

　　　　id：2：initdefault：
　　　　si：sysinit：/etc/rc
　　　　1：2345：respawn：/sbin/getty 9600 tty1
　　　　2：23：respawn：/sbin/getty 9600 tty2

（3）/bin

/bin 目录中包含有必不可少的应用程序，用户可以根据需要进行选择，一般需要包括以下程序：cp、cd、init、mount、shell 程序等。从系统的/bin 目录复制需要的命令文件时注意要把命令文件所用到的系统库文件复制到/lib 目录中。查看命令文件使用了哪些库文件可以使用"ldd 命令名"命令。

　　Linux 系统的这些常用的工具通常会占用很多空间，还有一种解决的方案是使用 BusyBox 工具来代替这些传统的 Linux 系统工具。BusyBox 包含了 70 多种 Linux 上标准的工具程序，但其大小只有几百 k。因此使用 BusyBox 工具会大大节省空间，这在嵌入式 Linux 系统的应用中会显得更加有效。BusyBox 的具体使用可以参考本章 10.8.1 节。

（4）/sbin

/sbin 是/bin 的连接，可以使用命令"ln-s bin sbin"建立。

（5）/lib

该目录中包含系统软件运行时所需要的共享函数库，如果缺少必需的函数库，系统会停止启动或出现一大堆错误信息，所以一定要注意。可以使用"ldd"命令查看一个程序使用的函数库。

在/lib 目录下你还必须有函数库装载器，这个装载器或是 ld.so（对于 a.out 库）或是 ld-Linux.so（对于 ELF 库）。新版本的 ldd 一般会告诉你所需库的加载器。

（6）/proc，/mnt 和/usr 目录在此情况下都是空的，只需要用 mkdir 创建它们既可。

至此，一个根文件系统就构建好了，为了节省空间，也可以对准备好的根文件系统进行压缩存放。例如常用的 Ramdisk 方式，就是把将准备好的根文件系压缩成为 Ramdisk 的镜像文件，当系统启动时，会形成一个虚拟盘（Ramdisk），压缩的镜像文件会解压到此虚拟盘中，然后再执行。

10.4.3　针对嵌入式应用的 Linux 系统开发

前面已针对 PC 机的 Linux 系统的开发作了详细论述，目的是让读者能够在 PC 机上熟悉 Linux 系统的开发过程，下面讲解面向嵌入式 Linux 系统开发时的不同之处。

1. 内核配置

内核的配置过程和针对 PC 机的开发完全一样。需要注意的是，为了尽量减小内核的大小和提高内核的稳定性和速度,可以做以下几方面的工作。

(1)只选择系统中需要的功能,不需要全部不选。针对 PC 机的系统开发,一般是使用默认选项,然后再添加特殊的功能支持,对于嵌入式系统,只选择自己需要的和必需的即可。

(2)在选择需要的功能模块时,尽量使用"Y"(将该功能编译进内核)选项,不使用"M"(将该功能编译成可以在需要时动态插入到内核中的模块)选项,提高运行速度。

(3)在内核配置时找到 Processor type and features 选项,在其中的 Processor family 中选择自己系统用到的 CPU 类型。有时候一些新款的 CPU 可能不会出现在这个选项中,此时就会需要对 Linux 内核进行打 CPU 补丁,CPU 补丁可以从网上寻找。一般来讲,处理器的生产厂商都会推出针对自己处理器的 Linux 内核补丁,用户应该首先想办法得到这些现成的补丁程序,对 Linux 内核进行处理后再进行配置和编译工作。

2. 内核编译

内核编译的不同之处是:针对 PC 机的内核编译时,编译器使用的是普通的编译器 GCC。针对嵌入式系统开发时,使用的编译器是本书在 10.2 节构建的交叉编译器,如果目标系统的 CPU 是 ARM 类型的,交叉编译器的名字可能是 arm-elf-gcc、arm-Linux-gcc、arm-elfu-booLinuxu-boogcc 之类。前面已经讲到,内核编译时使用的 make 命令的具体运行是由 makefile 文件控制的,编译内核时使用的具体编译器也是在 makefile 中规定的,因此只要修改 makefile 中相应的字段即可。打开 makefile 文件,找到以下两行,这是与编译器相关的:

```
… …
ARCH: = $（shell uname-m | sed-e s/i.86/i386/-e s/sun4u/sparc64/-e s/arm. * /arm/-e s/
sa110/arm/）
…
CROSS_COMPILE = arm-elf-
…
```

以 for arm cpu 的交叉编译器为例,可以把它们改为如下所示:

```
…
ARCH: = arm
CROSS_COMPILE = arm-elf-Linux-gcc   //与具体的交叉编译器的名字有关
…
```

另外,在嵌入式系统开发中,编译的 Linux 内核一般会要求一些的专用设备的支持,例如 SD 卡、LCD 驱动、SPI 驱动等,这些设备驱动的支持也要求更改 makefile 文件,这种改变就没有像改动编译器选项那么简单,在实际的嵌入式系统开发中,开发板的供应商一般在 BSP 中都会提供一个 Linux 的内核工具包,其中包含两个部分:

(1)公用的 Linux 内核源代码,例如 Linux-2.4.18. tar. bz2。

(2)Linux 内核的补丁包,补丁一般包含两个部分,一是针对嵌入式处理器(如 ARM)的补丁,例如 patch-2.4.18-rmk4。二是针对嵌入式开发板的补丁,例如 Motorola 的 MX1 开发板的 BSP 中的"patch-2.4.18-rmk4-mx1bsp0.3.4"。这些补丁中包含对开发板上 CPU 和其外围设备的支持。这些补丁主要有两方面的工作,一是把开发板上必需的一些文件复制到内核源代码的相应目录中,二是改变 makefile 文件,控制 make 命令的具体运行,例如显示不同的内核配置菜单、使用规定的交叉编译器等。

　　也有一些开发板的提供商,会直接提供一个打好补丁的 Linux 内核源码供用户使用,这个源码一般会包含了开发板上所需的驱动程序和修改好的 makefile 文件。

3. 根文件系统的构建

　　针对嵌入式系统的根文件系统和针对 PC 机的配置没有什么差异,也是构建必需的目录和一些常用的命令,嵌入式开发板的供应商一般也会提供一个做好的根文件系统供用户使用,这些根文件系统中除了包含一些必要的程序之外,一般还包含对开发板上外围设备的测试程序,因此一般比较大。用户可以使用这个根文件系统来测试自己的开发系统,在真正产品测试结束时,为了减小系统占用的存储空间,用户最好还是根据需要来重新编排自己的文件系统。

　　根文件系统构建好之后,为了便于在嵌入式系统中存储(适合存储在 Flash)上,一般还需要把根文件系统压缩为一定的格式,如嵌入式系统常用的 ROMFS、JFFS2 等文件系统。生成各类文件系统有不同的命令,以生成 JFFS2 文件系统为例,可以使用 mkfs.jffs2 专用命令来生成。

4. Linux 内核及文件系统的烧写

　　编译好的内核和文件系统可以烧写到系统的 Flash 中进行运行,烧写可以有两种方法,一种是利用板子带的 JTAG 接口,利用 JTAG 硬件调试工具进行烧写;另一种是当 BootLoader 烧写进去以后,利用 BootLoader 的 Flash 烧写功能进行。具体操作可以查看相应开发板所附的操作手册。

10.5　Linux 系统下设备驱动程序的开发

　　在嵌入式 Linux 开发中,驱动程序的开发也是经常会碰到的难题,虽然很多通用设备都有 Linux 的驱动程序,但是很多新型设备的 Linux 驱动却很难找到,Linux 下的很多驱动程序都是爱好者们自行编写并且免费发布到网上的,因此,对于 Linux 不支持设备的驱动程序的编写,一个切实可行的方法是首先上网查找是否有热心网友编写的驱动,如果没有,就去寻找和自己设备最为接近设备的驱动程序(接近的意思是指主芯片类似或相同),通过对这个驱动的修改来构建自己设备的驱动程序。本章主要对驱动程序的基本概念进行阐述。

10.5.1 Linux 设备驱动程序的概念

设备驱动程序是操作系统内核和机器硬件之间的接口,它为应用程序屏蔽了硬件的细节,提供了编程的便利。Linux 系统下编写驱动程序的原理和思想类似于 Unix 系统,但和 DOS 或 Window 环境下的驱动程序有很大的区别。Linux 把所有的设备都抽象为文件,使用设备文件的方式来表示硬件设备,每种设备驱动程序都被抽象为设备文件的形式,应用程序对设备的访问可以像操作普通文件一样,大大简化了操作。

Linux 系统中,设备驱动程序是内核的一部分,它主要完成以下的功能:

(1)对设备的探测和初始化。

(2)把数据从内核传送到设备。

(3)从设备读取数据并送到内核。

(4)检测和处理设备出现的错误。

在 Linux 中,所有的设备文件都放置在/dev 目录下。使用"ls -l"命令可以查看这些设备文件的具体属性。

```
# ls -l / dev / hda1 / dev / audio
crw － － － － － － － 1 root root 14, 4 2003-01-30 / dev / audio
brw － rw － － － － 1 root disk 3, 1 2003-01-30 / dev / hda1
```

在上面的列表中可以看到,属性中"c"属性表示字符设备,"b"属性表示块设备。逗号前后的数字用来表示设备的两个重要的序号,第一个为主设备号(Major Number),用来表示设备使用的硬件驱动程序在系统中的序号。第二个为从设备号(Minor Number),硬件驱动程序使用它来区分不同的设备和判断如何进行处理。FreeBSD 下主设备号用 8 位表示,从设备号用 24 位来表示。事实上设备文件的名字并不重要,重要的是这两个设备号,操作系统使用它确定硬件驱动程序,并与硬件驱动程序进行通信。设备文件的主设备号必须与设备驱动程序在登记时申请的主设备号一致,否则用户进程将无法访问到驱动程序。

由于设备文件就代表了整个设备,可以使用 FreeBSD 的标准命令以 raw 方式直接操作设备文件,从而直接访问硬件设备。利用这种方式,能完成很多有用的工作,但是这种方式也非常危险,如对硬盘设备文件的操作失误会破坏整个硬盘的数据。幸好大部分直接访问设备的操作都为读取相应数据的操作,而不需要写入磁盘设备。

当某个设备不可使用,则其对应的设备文件也不能正常访问,因此直接访问设备文件可以判断对应的设备是否真正正常。例如,判断连接到第一个串口 ttyd0 上的硬件(如鼠标)是否正常工作,可以使用命令"cat ＜/dev/ttyd0"来查看 ttyd0 上的输入数据,如果连接的设备工作正常,那么在设备发送数据时,屏幕上就会显示出接收到的数据。如果屏幕没有反应,说明硬件工作不正确,或者是其他程序接管了这个设备。

cat 命令没有控制具体接收到数据的多少,更有效的系统工具是 dd,它能精确输入输出一定数量的数据。例如:# dd if＝/dev/rwd0 of＝mbr count＝1 bs＝512,这将以 512 字节为单位,读取硬盘 wd0 上一个单位的数据,保存到名字为 mbr 的文件中,通常这是硬盘 wd0 上的主引导扇区。

　　Linux 系统对设备文件的访问是通过一组固定的操作函数（入口点）来进行的，这组操作函数是由每个设备驱动程序提供的，驱动程序提供操作函数通常有 open、close、read、write、ioctl、select 等。

　　最后必须提到的是，在用户进程调用驱动程序时，系统进入核心态，进程不再进行抢先式调度。也就是说，系统必须在驱动程序的子函数返回后才能进行其他的工作。如果此时驱动程序陷入死循环，系统将会处于死机状态，因此发布驱动程序时一定要经过严密测试。

10.5.2　设备的类型

　　在 Linux 操作系统下有两类设备文件，一种是块设备（Block Device），另一种是字符设备（Char Device）。其中，块设备主要用于随机存取的目的，磁盘为这一类设备的代表，而字符设备用于顺序存取的目的，例如磁带或终端设备。

　　块设备驱动程序和字符设备驱动程序的主要区别是：

　　（1）在对字符设备发出读写请求时，实际对硬件的读写紧接着就发生了，块设备则不然，它利用一块系统内存作为缓冲区，当缓冲区中的数据满足一定条件时，才会调用请求函数来进行实际的 I/O 操作。

　　（2）由于块设备具有缓冲区，因此它可以选择顺序进行响应。对于存储设备而言这一点是非常重要，因为读写连续扇区时远比读取离散的扇区快。

　　（3）字符设备以字节为单位进行读写，数据缓冲系统对它们的访问不提供缓冲。块设备只能以块为单位接受输入和返回输出（块的大小根据设备的不同而不同），且允许随机访问。

10.5.3　特殊设备的使用

　　除了与实际设备相联系的设备文件之外，还有一些特殊的设备文件。例如/dev/zero 文件代表一个永远输出 0 的设备文件，使用它作输入可以得到全为空的文件。因此可用来创建新文件和以覆盖的方式清除旧文件。下面使用 dd 命令将从 zero 设备中创建一个 10K 大小（bs 决定每次读写 1024 字节，count 定义读写次数为 10 次），但内容全为 0 的文件。

```
# dd if = /dev/zero of = file count = 10 bs = 1024
10 + 0 records in
10 + 0 records out
10240 bytes transferred in 0.001408 secs (7267903 b ytes/sec)
```

　　另一个特殊设备文件为/dev/null，永远无法写满，写入的内容被系统立即丢弃。如果不想看到程序的输出，可以使用它作输出。如以下语句：

```
# make world > /dev/null
```

可以把屏幕输出到/dev/null设备,屏蔽了程序执行中打印在屏幕上的内容。

10.5.4 设备文件的创建

通常情况下,安装系统时已经创建了常用的设备文件,可以直接访问这些设备文件来访问设备。但在用户重新定制内核,并添加了新硬件驱动程序之后,新驱动程序对应的设备文件就可能不存在,这时就需要创建相应设备文件。

创建设备文件可以使用/dev目录下的Shell程序MAKEDEV来完成,首先进入/dev目录,然后再执行MAKEDEV。

```
# cd /dev
# ./MAKEDEV snd0
```

MAKEDEV将使用设备名作参数创建设备文件,同时也创建这个设备文件依赖的其他相关设备文件。MAKEDEV的参数,并不一定为创建的设备文件名。例如建立"MAKEDEV tty8"将建立 ttyv0 到 ttyv7 共 8 个设备文件,使用"MAKEDEV wd1s1a"命令,将建立 wd1、wd1s1、wd1s2 等,以及 wd1s1a、wd1s1b 等设备文件。也可以使用 all 做MAKEDEV 的参数,这将首先清除/dev目录下的所有设备文件,然后 MAKEDEV 创建所有预设的设备文件。一般情况下这将创建足够多的设备文件,其中的大部分设备文件在具体的系统中不会用得到。

如果对一个系统中没有(或者内核没有探测到)的设备对应的设备文件进行操作,则系统返回 Device not configured 的错误信息。

MAKEDEV 将使用 mknod 和对应设备的正确参数,包括字符或块设备、主设备号和从设备号来建立相应的设备文件。管理员也可以直接使用 mknod 创建设备文件,但必须将这些设备的所有参数统统指定正确才行。因此除非对系统中的硬件驱动程序特别熟悉,一般不直接使用 mknod 来创建设备文件。

10.5.5 设备驱动程序的开发

1. 开发流程

一个设备驱动程序的开发大致流程如下:

(1)定义主、次设备号。

(2)实现驱动程序初始化和清除函数。

如果驱动程序采用模块方式,则需要实现模块初始化和清除函数。驱动程序可以按照两种方式编译。一种是编译进 Kernel,另一种是编译成模块(modules),如果编译进内核的话,会增加内核的大小,还要改动内核的源文件,而且不能动态的卸载,不利于调试,调试时推荐使用模块方式。

(3)规划需要实现的文件操作,定义 file_operations 数据结构。

file_operations 结构中的每一个成员都对应着一个系统调用。用户进程利用系统调用在对设备文件进行诸如 read/write 操作时，系统调用通过设备文件的主设备号找到相应的设备驱动程序，然后读取这个数据结构相应的函数指针，接着把控制权交给该函数。因此，编写 Linux 下的设备驱动程序时应首先在 file_operations 中定义各种操作函数，然后就是实现各个操作函数。一个 file_operations 典型的数据结构的如下所示：

```
struct file_operations {
    int (＊seek)(struct inode ＊,struct file ＊,off_t,int);
    int (＊read)(struct inode ＊,struct file ＊,char,int);
    int (＊write)(struct inode ＊,struct file ＊,off_t,int);
    int (＊readdir)(struct inode ＊,struct file ＊,struct dirent ＊,int);
    int (＊select)(struct inode ＊,struct file ＊,int,select_table ＊);
    int (＊ioctl)(struct inode ＊,struct file ＊,unsined int,unsigned long);
    int (＊mmap)(struct inode ＊,struct file ＊,struct vm_area_struct ＊);
    int (＊open)(struct inode ＊,struct file ＊);
    int (＊release)(struct inode ＊,struct file ＊);
    int (＊fsync)(struct inode ＊,struct file ＊);
    int (＊fasync)(struct inode ＊,struct file ＊,int);
    int (＊check_media_change)(struct inode ＊,struct file ＊);
    int (＊revalidate)(dev_t dev);
}
```

（4）实现上步定义的操作函数，如 read,write,open,close 等。

（5）实现中断服务函数，并用 request_irq 向内核注册。

（6）将驱动编译到内核，或编译成模块，用 ismod 或 modprobe 命令加载。

（7）生成设备节点文件。

2. 开发实例

下面以一个网上流传较广的字符设备驱动程序的编写为例，来讲解一下驱动程序的编写流程。这个简单的字符设备驱动程序是一个测试程序，它没有实际的用途，目的仅是为了理解驱动程序的编写过程，因此非常简单，主要步骤如下：

（1）源代码分析，其源代码如下，可以把程序命名为 test.c。

```
# define __NO_VERSION__
# include <linux / module.h>
# include <linux / config.h>
# include <linux / version.h>
# include <asm / uaccess.h>
# include <linux / types.h>
# include <linux / fs.h>
# include <linux / mm.h>
# include <linux / errno.h>
# include <asm / segment.h>
unsigned int test_major = 0;
```

/ * 定义 file_operations 数据结构,定义对设备文件需要操作的函数。这里定义得较为简单,
仅定义了 read、write、open、release 操作
* /
```
struct file_operations test_dops = {
    read:read_test,
    write:write_test,
    open: open_test,
    release:release_test
};
```
/ * 驱动程序采用模块方式,init_module(void)实现模块初始化。在用 insmod 命令将编译好
的模块调入内存时,init_module 函数被调用。在这里,init_module 只做了一件事,就是向系
统的字符设备表登记了一个字符设备。register_chrdev 需要三个参数,参数 1 是希望获得的
设备号,如果是 0 的话,系统将选择一个没有被占用的设备号返回。参数 2 是设备文件名,参
数 3 用来登记驱动程序实际执行操作的函数的指针。如果登记成功,返回设备的主设备号,如
果不成功,返回一个负值
* /
```
int init_module(void)
{
    int result;
        result = register_chrdev(0, "test", &test_fops);
      if (result < 0)
      {
            printk(KERN_INFO "test: can't get major number\ n");
            return result;
      }
    if (test_major == 0) test_major = result; / * dynamic * /
        return 0;
}
```
/ * 以下实现模块清除函数。在用 rmmod 卸载模块时,cleanup_module 函数被调用,它释放字
符设备 test 在系统字符设备表中占有的表项
* /
```
void cleanup_module(void)
{
        unregister_chrdev(test_major, "test");
}
```
/ * 实现设备文件的 read_test()操作函数,当调用 read 时,read_test()被调用,它把用户的缓
冲区全部写 1。buf 是 read 调用的一个参数。它是用户进程空间的一个地址。但是在 read_
test 被调用时,系统进入核心态。所以不能使用 buf 这个地址,必须用_ _put _user(),这是
Kernel 提供的一个函数,用于向用户传送数据
* /
```
static ssize_t read_test(struct file * file,char * buf,size_t count,loff_t * f_pos)
{
```

```
        int left;
        //在向用户空间拷贝数据之前,验证 buf 是否可用
        if (verify_area(VERIFY_WRITE,buf,count) == - EFAULT )
        return - EFAULT;
        for(left = count ; left > 0 ; left - -)
        {
            _ _put_user(1,buf);
            buf++ ;
        }
            return count;
        }
        // 实现设备文件的 write_test()操作函数,这个函数是为 write 调用准备的
    static ssize_t write_test(struct file * file, const char * buf, size_t count, loff_t
    * f_pos)
    {
    return count    // 测试用,不做任何事情
    }
        // 实现设备文件的 open_test()操作函数
    static int open_test(struct inode * inode,struct file * file )
    {
        MOD_INC_USE_COUNT;
        return 0;
    }
        // 实现设备文件的 release_test()操作函数
    static int release_test(struct inode * inode,struct file * file )
    {
        MOD_DEC_USE_COUNT;
        return 0;
    }
    MODULE_LICENSE("GPL");
    MODULE_AUTHOR("BECKHAM");
```

（2）编译

使用下面的命令编译 test.c 程序。

```
gcc-Wall-DMODULE-D KERNEL-DLINUX-I /usr/src/Linux-2.4.20-8/ include-c test.c
```

其中/usr/src/Linux-2.4.20-8/include 要根据你的具体内核源码所在的位置进行修改。编译完成之后,将会生成 test.o 文件。

（3）安装驱动程序

首先使用 insmod 命令,把 test.o 安装到系统中去。

```
insmod-f test.o
```

如果安装成功,在/proc/devices 文件中就可以看到设备 test,并可以看到它的主设备号。要卸载的话,运行:

```
rmmod test
```

（4）创建设备文件。

使用以下命令：

```
mknod /dev/test c <major> <minor>
```

其中 c 是指字符设备，major 是主设备号，可以在/proc/devices 里查看。minor 是从设备号，设置成 0 就可以了。如：mknod /dev/test c 254 0。

命令运行完毕，编写的驱动程序就可以运行了，下面来测试一下驱动程序的运行情况。

（5）驱动程序的测试

现在可以通过设备文件来访问编好的驱动程序。写一个小小的测试程序。其代码如下：

```
# include <stdio. h>
# include <sys / types. h>
# include <sys / stat. h>
# include <fcntl. h>
main()
{
  int testdev;
  int i;
  char buf[10];
  testdev = open("/ dev / test",O_RDWR);
  if ( testdev = = -1 )
  {
    printf("Cann't open file \ n");
    exit(0);
  }
  read(testdev,buf,10);
  for (i = 0; i < 10;i + +)
    printf("% d\ n",buf[i]);
  close(testdev);
}
```

编译运行，如果没有问题，屏幕上将会打印出 1。

以上只是一个简单的演示，主要是为了说明驱动程序的工作原理，真正实用的驱动程序还要复杂得多，可能还会涉及诸如中断、DMA、I/O port 等问题。

10.5.6 设备驱动程序中的问题

（1）I/O Port

在 Linux 下，操作系统没有对 I/O 口屏蔽，也就是说，任何驱动程序都可对任意的 I/O 口操作，这样就很容易引起混乱。每个驱动程序应该自己避免误用端口，这就要求驱动程序在使用端口之前要使用 check_region(int io_port,int off_set)函数或者 request_region(int io_port,int off_set,char * devname)函数来查询 I/O 口的状态,在确认没有被其他驱动程序占用之后,方可使用它。驱动程序在使用端口之前,必须向系统登记,以防止被其他程序占用。登记后,在/proc/ioports 文件中可以看到登记的 I/O 口。

(2)内存操作

在设备驱动程序中动态开辟内存,不能使用 malloc 函数,要使用 kmalloc 函数,或者用 get_free_pages 直接申请页。释放内存用的是 kfree 或 free_pages。另外,内存映射的 I/O 口、寄存器或者是硬件设备的 RAM(如显存)一般占用 0xF0000000 以上的地址空间。在驱动程序中不能直接访问,要通过 kernel 函数 vremap 获得重新映射以后的地址。

(3)中断处理

同处理 I/O 端口一样,要使用一个中断,必须使用 request_irq 函数先向系统登记。如果登记成功,返回 0,这时在/proc/interrupts 文件中可以看到所请求的中断。

(4)其他问题。

对硬件操作,有时时序非常重要。为了保证一些时序能够被满足,可能会在程序中书写一些 NOP 语句来增加延时,诸如此类的语句在被 GCC 编译器编译时会被优化掉,从而造成时序错误。可行的办法是禁止优化此类特殊代码。但是要注意不要对所有整个程序禁止优化,这样可能会导致 GCC 的一些扩展特性无法体现出来,造成编译的驱动程序无法装载。

10.6　Linux 应用程序开发

普通 Linux 应用程序的开发并不复杂,其开发的难度主要取决于对 C/C++语言和 Linux 系统 API 的熟练程度,此处不再赘述。本节主要讲解一下 Linux 下的图形用户界面(GUI)的开发。

10.6.1　几种流行的 GUI

1. MicroWindows

MicroWindows 是一个典型的基于 Server/Clinent 体系结构的 GUI 系统,基本分为三层,如图 10.16 所示。

最底层是面向图形显示和键盘、鼠标或触摸屏的驱动程序。中间层提供底层硬件的抽象接口,并进行窗口管理。最高层分别提供兼容于 X Window 和 ECMA APIW(Win32 子集)的 API。其中使用 nano-X 接口的 API 与 X 接口兼容,但是该接口没有提供窗口管理,如窗口移动和窗口剪切等高级功能,系统中需要首先启动 nano-X 的 Server 程序 nanoxserver 和窗口管理程序 nanowm。用户程序连接 nano-X 的 Server 获得自身的窗口绘制操作。使用

ECMA APIW 编写的应用程序无需 nanox-server 和 nanowm,可直接运行。

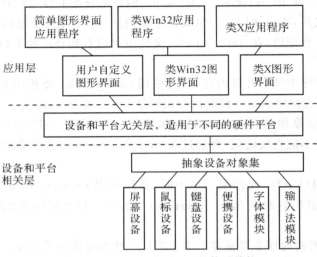

图 10.16　MicroWindows 的体系结构

MicroWindows 提供了相对完善的图形功能和一些高级的特性,如 Alpha 混合、三维支持和 TrueType 字体支持等。该系统为了提高运行速度,也改进了基于 Socket 套接字的 X 实现模式,采用了基于消息机制的 Server/Client 传输机制。MicroWindows 也有一些通用的窗口控件,但其图形引擎存在许多问题,主要有:

(1)无任何硬件加速能力。

(2)图形引擎中存在许多低效算法,如在圆弧图函数的逐点判断剪切的问题。

由于该项目缺乏一个强有力的核心代码维护人员,2003 年 MicroWindows 推出版本 0.90 后,该项目的发展开始陷于停滞状态。

2. MiniGUI

MiniGUI 是我国为数不多的在国际比较知名的自由软件之一。几乎所有的 MiniGUI 代码都采用 C 语言开发,提供了完备的多窗口机制和消息传递机制以及众多控件和其他 GUI 元素。其引人注目的特性和技术创新主要有:

(1)有一个轻量级的图形系统。

(2)完善的对多字体、中日韩文字输入法的和多字符集的支持。

(3)提供图形抽象层(GAL)以及输入抽象层(IAL)以适应嵌入式系统各种显示和输入设备。

(4)提供 MiniGUI-Threads、MiniGUI-Lite、MiniGUI-standone 三种不同架构的版本以满足不同的嵌入式系统。

(5)提供了丰富的应用软件,其商业版本提供了针对手机、PDA 类产品、机顶盒以及工业控制方面的诸多应用程序。

MiniGUI 的体系构如图 10.17 所示。

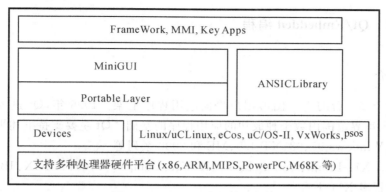

图 10.17　MiniGUI 的体系结构

MiniGUI 是一个典型的消息驱动的 GUI 系统，每一个 MiniGUI 程序都从 MiniGU-IMain 函数开始。应用程序先以 CreatMainWindow 函数创建一个主窗口，然后通过 Get-Message(&Msg,hMainWnd)进入消息循环。MiniGUI 的存储空间占用情况如表 10.1 所示。

表 10.1　**MiniGUI 的存储空间占用情况**

项　　目	容　　量	备　　注
Linux 内核	300～500KB	由系统决定
MiniGUI 支持库	500～700KB	由编译选项确定
MiniGUI 字体、位图等资源	400KB	由应用程序确定，可缩小到 200KB 以内
GB2312 输入法码表	200KB	不是必需的，由应用程序确定
应用程序	1～2MB	由应用程序决定

3. Qt/Embedded(QtE)

Qt 是挪威 Trolltech 软件公司的产品，Linux 桌面系统的 KDE 就是基于 Qt 库（不是 QtE）开发的。QtE 是 Qt 产品中的一个版本，使用 QtE 具有以下优势：

（1）当移植 QtE 程序到不同平台时，只需要重新编译代码，而不需要对代码进行修改。

（2）可随意设置程序界面的外观。

（3）可方便地为程序连接数据库。

（4）方便程序的本地化。

（5）可以将程序与 Java 集成。

同 Qt 一样，QtE 也是采用 C++ 作为编程语言的，虽然这样会增加系统资源消耗，但却可以为开发者提供了清晰的程序框架，使开发者能够迅速上手。由于 QtE 的使用非常广泛，接下来将详细论述其编程方法。

10.6.2　Qt/Embedded 编程

1. Qt 简介

Qt 是一个多平台的C++图形用户界面应用程序框架。1996 年,Qt 进入商业领域,它已经成为全世界范围内数千种成功的应用程序的基础。Qt 主要支持下述平台:

(1)MS/Windows-95、98、NT 4.0、ME 和 2000 系列等。

(2)Unix/X11-Linux、Sun Solaris、HP-UX、Compaq Tru64 UNIX、IBMAIX、SGI IRIX 和其他很多 X11 平台。

(3)Macintosh-Mac OS X。

(4)Embedded-有帧缓冲(Fframebuffe)支持的 Linux 平台。

Qt 按不同的版本发行,其主要发行版本有 Qt 企业版、Qt 专业版和 Qt 自由版。Qt 企业版和 Qt 专业版是收费的版本,它为商业软件开发提供开发工具。只有购买了专业版或企业版,才能够编写用于商业或收费的软件。如果购买了这些商业版本,还可以获得技术支持和升级服务。Qt 为微软公司的 Windows 操作系统只提供了专业版和企业版。

Qt 自由版是为开发自由和开放源码软件提供的 Unix/X11 版本。在 Q 公共许可证(QPL)和 GNU 通用公共许可证下,它是免费的。

Qt/嵌入式自由版是 Qt 为开发自由软件提供的嵌入式版本。在 GNU 通用公共许可证下,它是免费的。

根据 Qt 的运行平台的不同,Qt 主要分为以下三个版本:

(1)Qt/Windows:运行于微软的 Windows 平台,可以进行 Windows 环境下的基于图形界面的应用程序的开发。

(2)Qt/X11:运行于 Linux/Unix 等的 X11 平台,可以进行运行于 X11 环境下的基于图形界面的应用程序开发。

(3)Qt/Embedded:简写为 QtE,运行于嵌入式 Linux 平台,它不使用 X11 环境和库文件,而是使用帧缓冲(Fframebuffe)技术进行 Linux 平台下的基于图形界面的程序开发。

2. Qt/Embedded 的特性

Qt/Embedded 是基于 Qt 的嵌入式 GUI 和应用程序开发的工具包,它可运行于多种嵌入式设备上,主要运行在嵌入式 Linux 系统上,并且需要C++编译器的支持,并为嵌入式应用程序提供 Qt 的标准 API。Qt/Embedded 的 API 是基于面向对象技术的,在应用程序开发上使用与 Qt 相同的工具包,只需在目标嵌入式平台上重新编译即可。

Qt/Embedded 提供自带的轻量级窗口系统,比使用 Xlib 和 X Window 更加紧凑。Qt/Embedded 的设计原则是不依赖于 X server 或者 Xlib,而是直接访问帧缓存(Fframe-buffe),同其他解决方案如 Qt/X11 相比,这样做最显著的效果是减少了内存消耗。只需要一个 Qt/Embedded 动态链接库就足以替代 X server、Xlib 库和其他嵌入式解决方案的图形工具包。Qt/Embedded 还可以在编译时去掉运行时所不需的特性,以减少内存的占用。Qt/Embedded 的实现结构如下图 10.18 所示。

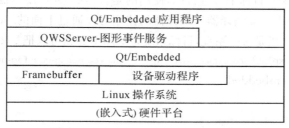

图 10.18　Qt/Embedded 的实现结构

3. Qt/Embedded 应用程序的运行模式

Qt/Embedded 的窗口系统由多个程序组成,其中一个作为主窗口程序,用来分配子窗口的显示区域,并产生鼠标和键盘事件。主窗口程序提供输入方式和启动子应用程序的用户界面。主窗口程序处理行为类似于子窗口程序,但有一些特殊。在命令行方式中键入-qws 选项,可以使任何应用程序都运行为主窗口程序。

子窗口程序通过共享内存方式与主窗口程序进行通讯。子窗口程序可以不通过主窗口程序,而把所有绘制窗口的操作直接写到帧缓存,包括自身的标题栏和其他部件。所有这些都是由 Qt/Embedded 链接库自动完成,对开发者来说是完全透明的。子窗口程序使用 QCOP 通道于主程序交换信息。主程序只需简单地向 QCOP 广播信息,所有正在监听特定信道的应用程序就会收到,应用程序则可以通过与 received( )信号相连的槽作出响应。

10.6.3　Qt/Embedded 编程示例

1. 安装编译 Qt/Embedded

(1)获取 Qt/Embedded

可以 Trolltech 公司的 ftp 上(ftp://ftp.trolltech.com/qt/source)下载 qt-embedded-2.3.8.tar.gz 包。

(2)解压 qt-embedded

```
# tar xzvf qt-embedded-2.3.8.tar.gz
```

(3)编译 qt-embedded

```
# cd qt-2.3.8
# export QTDIR = $ PWD
# export QTEDIR = $ QTDIR
# export PATH = $ QTDIR/bin; $ PATH
# export LD_LIBRARY_PATH = $ QTDIR/lib; $ LD_LIBRARY_PATH
# ./configure-qconfig-qvfb-depths 4,8,16,32(如果目录中不存在 qconfig—qvfb.h qcon-
```

fig—depths.h 可以创建一个空头文件）

> # make

以上编译是针对 x86 目标平台进行的，使用的是普通的 GCC 编译器，如果目标平台是其他处理器平台，应该使用交叉编译器。编译器的使用可以通过上面的 ./configure 命令进行设置。例如我们的开发主机是 x86 系统，目标系统是 ARM，那么可以把 ./configure 改为：

> # ./configure-xplatform Linux－arm－g＋＋－shared-debug-qconfig-qvfb-depths 4,8,16,32

（4）交叉编译 qt-embedded

> # cd qt－2.3.8
> # export QTDIR＝$ PWD
> # export QTEDIR＝$ QTDIR
> # ./configure-xplatform Linux－arm－g＋＋－shared-debug-qconfig-qvfb-depths 4,8,16,32
> # make

通过上面的步骤，嵌入式环境下的 Qt 库就建立起来了。

Qt/Embedded 安装编译好之后，其中自带的很多例子也被编译好了，进入 ..\qt-2.3.8\examples\会看到很多 Qt 的例程。可以通过这些例子学习 Qt 的编程。

另外，开发 Qt 应用程序时还需要一个 Makefile 的生成工具 Qmake，Qmake 是一个为编译 Qt/Embedded 库和应用而提供的 Makefile 生成器。它可以根据一个工程文件（.pro）产生不同平台下的 Makefile 文件。Qmake 可以从 ftp://ftp.trolltech.com/qt/source 下载，下载后可以按下面命令进行安装。

> # tar xzvf tmake－1.11.tar.gz   //假设下载的文件为 tmake－1.11.tar.gz
> # export TMAKEDIR＝$ PWD/tmake－1.11
> # export TMAKEPATH＝$ TMAKEDIR/qws/Linux－X86－g＋＋
> # export PATH＝$ TMAKEDIR/bin：$ PATH

2. 使用 Qt/Embedded 进行用户界面编程

在 Qt/Embedded 附带的文档中，有许多 Qt/Embedded 开发的例子，我们来看一下其中最简单的一个例子"Hello world"。

（1）编辑源程序 hello.cpp 如下：

```
# include <qapplication.h>
# include <qpushbutton.h>
int main(int argc,char * * argv)
{
  QApplication a(argc,argv);
  QPushButton hello("Hello world!",0);
  hello.resize(100,30);
  a.setMainWidget(&hello);
  hello.show();
  return a.exec();
}
```

程序解释：

```
#include <qapplication.h>
```

本行包含了一个 QApplication 类的定义，Qt. QApplication 用来管理各类应用程序的资源。例如字体、光标等。

```
#include <qpushbutton.h>
```

本行包含了一个 QPushButton 类的定义。QPushButton 中包含普通的按钮定义。

```
int main(int argc,char * * argv)
```

这是程序的入口，定义和 C 语言中完全一样。

```
QApplication a(argc,argv);
```

生成一个 QApplication 类的实例 a。

```
QPushButton hello("Hello world!",0);
```

生成一个 push 按钮 hello。按钮上显示"Hello world!"文字。

```
hello.resize(100,30);
```

设置按钮的大小为：宽 100 pixels，高 30 pixels。

```
a.setMainWidget(&hello);
```

把 hello 按钮设置为应用程序的主部件。

```
hello.show();
```

显示 hello 按钮。

```
return a.exec();可以
```

main()函数返回 a 的执行。

（2）编辑工程文件 hello. pro 文件

hello. pro 文件的具体代码如下：

```
TEMPLATE = app　#文件类型
CONFIG + = qt warn_on release #配置文件
HEADERS =  #头文件
SOURCES = hello.cpp  #源文件
TARGET = t1 #目标文件
```

（3）生成 Makefile 文件

使用以下命令指定正确的 Qt/Embedded 库路径：

```
export QTDIR = …/qt - 2.3.8
```

使用 tmake 工具来生成 Makefile 文件：

```
tamke -o Makefile hello.pro
```

（4）编译链接整个工程

最后就可以在命令行下输入 make 命令对整个工程进行编译链接了。make 生成后的二进制文件就可以在目标板上运行了。如果不使用交叉编译器，生成的可执行文件在 PC 上的执行结果如图 10.19 所示。

图 10.19　运行结果

3. Framebuffer 的配置

运行 Qt/Embedded 的系统必须支持 Framebuffer，下面来谈一下 Framebuffer 的配置问题。

首先要确认你使用系统是否支持 Framebuffer。测试方法很简单，可以首先看看电脑启动时，是否会出现一个小企鹅（如图 10.20 所示）。如果有，就是内核支持而且配置成功，如果没有，可以查看一下系统的/dev/目录下是否有 Framebuffer 设备，如果有，说明内核是支持的，只是没有配置，这样可以直接从下面的第(3)步开始。如果没有，说明内核没有支持 Framebuffer，必须重新配置编译内核，这样就从下面的第(1)步开始。

(1)确认在配置内核时包含了支持 Framebuffer 选项，如果没有支持，可以使用 make xconfig 或 make menuconfig 配置内核并重新编译（具体参考 10.4 节）。具体配置如下

①在"Code maturity level options"中选择"Prompt for development and/or incomplete code/drivers"。

②在"Console drivers"选择"Support for frame buffer devices"。

③在"Advanced low level driver options"中确认支持 16bpp 和 32bpp。

(2)编译新的内核并且让系统使用新的内核工作（具体参考 10.4 节）

(3)配置 grub 启动选项

用 vi grub.conf 编辑/boot/grub/grub.conf 文件，在新内核 Kernel 的那一行最后加上 vga＝×××即可（这是写启动参数的地方）。例如：

原来为：kernel /boot/ vmlinuz - 2.4.20 - 8 ro root = LABEL = /

改为：kernel /boot/ vmlinuz - 2.4.20 - 8 ro root = LABEL = / vga = 791

vga＝×××表示显示器的显示模式，788 代表 800×600(64K 色)，其他常用的参加表 10.2 所示。

表 10.2 Framebuffer 显示模式列表

颜色 \ 分辨率	640×480	800×600	1024×768	1280×1024
256	0x301(769)	0x303(771)	0x305(773)	0x307(775)
32k	0x310(784)	0x313(787)	0x316(790)	0x319(793)
64k	0x311(785)	0x314(788)	0x317(791)	0x31A(794)
16M	0x312(786)	0x315(789)	0x318(792)	0x31B(795)

(4)保存并重启电脑，如果看见在启动时出现一个小企鹅，如图 10.20 所示，这就说明配置成功了。如果没有的话，就可能是内核不支持，或者是显卡不支持。可以试着按上面的方法去配置并编译一下内核参数。

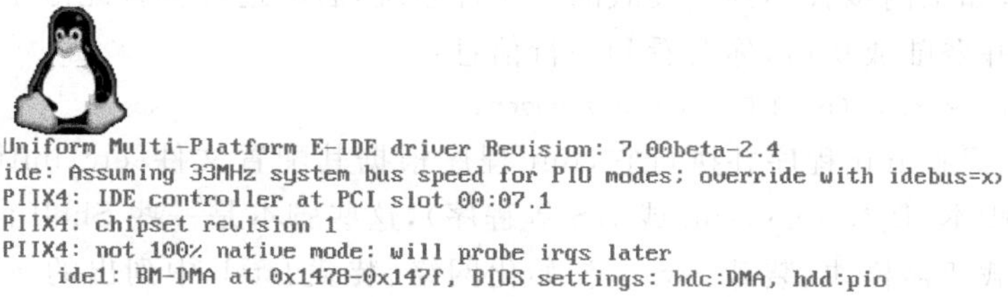

Uniform Multi-Platform E-IDE driver Revision: 7.00beta-2.4
ide: Assuming 33MHz system bus speed for PIO modes; override with idebus=xx
PIIX4: IDE controller at PCI slot 00:07.1
PIIX4: chipset revision 1
PIIX4: not 100% native mode: will probe irqs later
ide1: BM-DMA at 0x1478-0x147f, BIOS settings: hdc:DMA, hdd:pio

图 10.20　通过 Framebuffer 显示的小企鹅

10.7　Linux 系统的启动流程

CPU 复位之后，都是从厂商制定的地址开始运行的，所有的 PC 机都是在厂商制定的位置开始执行的，此时开始执行 BootLoader 程序（对于 PC 而言，是 BIOS 程序），完成对基本硬件的初始化，BootLoader 执行的最后是加载操作系统，对于具有 OSLoader 的系统而言，BootLoader 执行的最后加载的是 OSLoader（例如 lilo、grub 等），然后由 OSLoader完成对操作系统的加载。对于 PC 机系统而言，OSLoader 一般位于启动盘的 0 柱面 0 扇区中。

无论是在 PC 机或者嵌入式系统上，Linux 的启动流程都是差别不大的，可以参考图 10.21。

CPU复位
CPU的PC指向特定的地址，开始执行程序
BootLoader或BIOS启动
OSLoader (嵌入式系统一般没有)
运行 Linux Kernel
加载根文件系统
运行 init
mingetty (login)
Shell

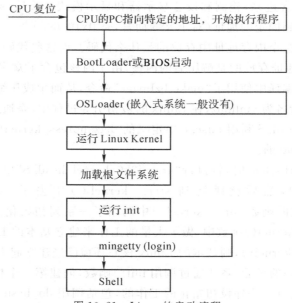

图 10.21　Linux 的启动流程

在系统启动后，首先会加载内核，然后进行基本设备的初始化，接着加载并登陆磁盘

中根文件系统,如果内核找不到可装载的根文件系统,启动过程会就此停止。如果根文件系统装载完毕并登陆成功后,你会看到一行信息:

    VFS:Mounted root (ext2 filesystem)readonly.

之后,系统寻找 init 程序并执行它,init 程序根据其配置文件/etc/inittab 的设置,开始执行其中的脚本(例如 rc. sysini 或 rcS 等程序),这些脚本是一些 Shell 命令的组合,用来执行诸如加载所需模块、装载 Swap、初始化网络、装载 fstab 中列出的所有驱动器等任务。init 程序最后启动一个叫 mingetty 的程序,它负责 console 和 tty 之间的通信,它在显示器上打印 login 提示符并激活 login 程序,login 处理登陆的有效性并建立与用户的对话。这样就完成了从开机到登录的整个启动过程。下面将逐一介绍其中几个关键的部分。

10.7.1　内核的引导

Red Hat9. 0 可以使用 lilo 或 grub 等引导程序开始引导 Linux 系统,当引导程序成功完成引导任务后,Linux 从它们手中接管了 CPU 的控制权,然后 CPU 就开始执行 Linux 的核心映象代码,开始了 Linux 的启动过程。这里使用了几个汇编程序来引导 Linux,这一步泛及 Linux 源代码树中的“arch/i386/boot”下的这几个文件:bootsect. S、setup. S、video. S 等。

其中 bootsect. S 是生成引导扇区的汇编源码,它完成加载动作后直接跳转到setup. S 的程序入口。setup. S 的主要功能就是将系统参数(包括内存、磁盘等,由 BIOS 返回)拷贝到特别内存中,以便以后这些参数被保护模式下的代码来读取。此外,setup. S 还将 video. S 中的代码包含进来,检测和设置显示器和显示模式。最后,setup. S 将系统转换到保护模式,并跳转到固定的地址(对于 x86 而言,是 0x100000)。

那么 0x100000 这个内存地址中存放的是什么代码?而这些代码又是从何而来的呢?0x100000 这个内存地址存放的是解压后的内核,由于内核包含了众多驱动和功能而显得比较大,所以在内核编译中使用了“make bzImage”命令,从而生成压缩过的内核,在 Red-Hat 中内核常常被命名为 vmlinuz,在 Linux 的最初引导过程中,是通过“arch/i386/boot/compressed/”中的 head. S 利用 misc. c 中定义的 decompress_kernel()函数,将内核 vmlinuz 解压到 0x100000 的。

当 CPU 跳到 0x100000 时,将执行“arch/i386/kernel/head. S”中的 startup_32,它也是 vmLinux 的入口,然后就跳转到 start _ kernel ( ) 中去了。 start _ kernel ( ) 是“init/main. c”中定义的函数,start_kernel()中调用了一系列初始化函数,以完成 kernel 本身的设置。start_kernel()函数中,做了大量的工作来建立基本的 Linux 核心环境。如果顺利执行完 start_kernel(),则基本的 Linux 核心环境已经建立起来了。

在 start_kernel()的最后,系统通过调用 init()函数,创建第一个核心线程 init。核心线程 init 主要是来进行一些外设初始化的工作的,包括调用 do_basic_setup(),完成外设及其驱动程序的加载和初始化,并完成文件系统初始化和 root 文件系统的安装。

do_basic_setup()函数返回到 init()后,init()打开/dev/console 设备,重定向三个标

准的输入输出文件 stdin、stdout 和 stderr 到控制台,最后,搜索文件系统中的 init 程序
(或者在启动选项中由参数 init 指定的程序),并使用 execve()系统调用加载执行 init 程
序。到此,init()函数结束,内核的引导部分就完成了。

10.7.2　运行 init

init 的进程号是 1,从这一点就能看出,init 进程是系统所有进程的起点,Linux 在完
成内核引导以后,就开始运行 init 程序。init 程序需要读取配置文件/etc/inittab,inittab
是一个不可执行的文本文件,它有若干行指令所组成。在 Redhat 9.0 中,inittab 的内容
如下所示。

```
#
# inittab   This file describes how the INIT process should set up
# the system in a certain run-level.
#
# Author:        Miquel van Smoorenburg.
# Modified for RHS Linux by Marc Ewing and Donnie Barnes
#
# Default runlevel. The runlevels used by RHS are:
# 0-halt (Do NOT set initdefault to this)
# 1-Single user mode
# 2-Multiuser,without NFS (The same as 3,if you do not # havenetworking)
# 3-Full multiuser mode
# 4-unused
# 5-X11
# 6-reboot (Do NOT set initdefault to this)
#
# # #表示当前缺省运行级别为 5(initdefault)
id:5:initdefault:
# # #启动时自动执行/etc/rc.d/rc.sysinit 脚本
# System initialization.
si::sysinit:/etc/rc.d/rc.sysinit
l0:0:wait:/etc/rc.d/rc 0
l1:1:wait:/etc/rc.d/rc 1
l2:2:wait:/etc/rc.d/rc 2
l3:3:wait:/etc/rc.d/rc 3
l4:4:wait:/etc/rc.d/rc 4
# # #当运行级别为 5 时,以 5 为参数运行/etc/rc.d/rc 脚本,init 将等待其返回(wait)
l5:5:wait:/etc/rc.d/rc 5
l6:6:wait:/etc/rc.d/rc 6
# # #在启动过程中允许按 CTRL-ALT-DELETE 重启系统
# TrapCTRL-ALT-DELETE
```

```
ca∷ctrlaltdel:/sbin/shutdown-t3-r now
# When our UPS tells us power has failed,assume we have a few minutes
# of power left. Schedule a shutdown for 2 minutes from now.
# This does,of course,assume you have powerd installed and your
# UPS connected and working correctly.
pf∷powerfail:/sbin/shutdown-f-h+2 "Power Failure; System Shutting Down"
# If power was restored before the shutdown kicked in,cancel it.
pr:12345:powerokwait:/sbin/shutdown-c "Power Restored; ShutdownCancelled"
# # # 以 ttyX 为参数执行/sbin/mingetty 程序,打开 ttyX 终端用于用户登录,
# # # 如果进程退出则再次运行 mingetty 程序(respawn)
# Run gettys in standard runlevels
1∷2345∷respawn:/sbin/mingetty tty1
2∷2345∷respawn:/sbin/mingetty tty2
3∷2345∷respawn:/sbin/mingetty tty3
4∷2345∷respawn:/sbin/mingetty tty4
5∷2345∷respawn:/sbin/mingetty tty5
6∷2345∷respawn:/sbin/mingetty tty6
# # # 在 5 级别上运行 xdm 程序,提供 xdm 图形方式登录界面,在退出时重新执行(respawn)
# Run xdm in runlevel 5
x∷5∷respawn:/etc/X11/prefdm-nodaemon
```

以上面的 inittab 文件为例,来说明 inittab 的格式。其中以♯开始的行是注释行,除了注释行之外,每一行都有以下格式:

```
id∷runlevel∷action∷process
```

对上面各项的详细解释如下:

(1)id:是指入口标识符,它是一个字符串,对于 mingetty 等其他 login 程序项,要求 id 与 tty 的编号相同,否则 mingetty 程序将不能正常工作。

(2)runlevel:是 init 所处于的运行级别的标识,一般使用 0~6 以及 S 或 s。0、1、6 运行级别被系统保留:其中 0 作为 shutdown 动作,1 作为重启到单用户模式,6 为重启。S 和 s 意义相同,表示单用户模式,且无需 inittab 文件,因此也不在 inittab 中出现,实际上,进入单用户模式时,init 直接在控制台(/dev/console)上运行/sbin/sulogin。在一般的系统实现中,都使用了 2、3、4、5 几个级别,在 RedHat 系统中,2 表示无 NFS 支持的多用户模式,3 表示完全多用户模式(也是最常用的级别),4 保留给用户自定义,5 表示 XDM 图形登录方式。7~9 级别也是可以使用的,传统的 Unix 系统没有定义这几个级别。runlevel 可以是并列的多个值,以匹配多个运行级别。对大多数 action 来说,仅当 runlevel 与当前运行级别匹配成功才会执行。

(3)action:是描述其后的 process 的运行方式的。action 可取的值包括:initdefault、sysinit、boot、bootwait 等。initdefault 是一个特殊的 action 值,用于标识缺省的启动级别。当 init 由核心激活以后,它将读取 inittab 中的 initdefault 项,取得其中的 runlevel,并作为当前的运行级别。如果没有 inittab 文件,或者其中没有 initdefault 项,init 将在控制台上请求输入 runlevel。sysinit、boot、bootwait 等 action 将在系统启动时无条件运行,

而忽略其中的 runlevel。其余的 action(不含 initdefault)都与某个 runlevel 相关。各个 action 的定义在 inittab 的 man 手册中有详细的描述。

（4）process：为具体的执行程序。程序后面可以带参数。

10.7.3　系统初始化

观察上述 init 的配置文件/etc/inittab，可以在最前面找到这么一行：

```
si : : : sysinit : /etc/rc.d/rc.sysinit
```

它告诉系统启动时要调用/etc/rc.d/rc.sysinit。rc.sysinit 是一个 bash Shell 的脚本，它主要是完成一些系统初始化的工作，rc.sysinit 是每一个运行级别都要首先运行的重要脚本。它主要完成的工作有：激活交换分区，检查磁盘，加载硬件模块以及其他一些需要优先执行的任务。当 rc.sysinit 程序执行完毕后，将返回 init 继续下一步。

10.7.4　启动对应运行级别的守护进程

在 rc.sysinit 执行后，将返回 init 继续其他的动作，通常接下来会执行到/etc/rc.d/rc 程序。以运行级别 5 为例，init 将执行配置文件 inittab 中的以下这行：

```
15 : 5 : wait : /etc/rc.d/rc 5
```

这一行表示以 5 为参数运行/etc/rc.d/rc，/etc/rc.d/rc 是一个 Shell 脚本，它接受 5 作为参数，去执行/etc/rc.d/rc5.d/目录下的所有的 rc 启动脚本。/etc/rc.d/rc5.d/目录中的这些启动脚本实际上都是一些链接文件，而不是真正的 rc 启动脚本，真正的 rc 启动脚本实际上都是放在/etc/rc.d/init.d/目录下。而这些 rc 启动脚本有着类似的用法，它们一般能接受 start、stop、restart、status 等参数。

/etc/rc.d/rc5.d/中的 rc 启动脚本通常是 K 或 S 开头的链接文件，对于以 S 开头的启动脚本，将以 start 参数来运行。而如果发现存在相应的脚本也存在 K 打头的链接，而且已经处于运行态了(以/var/lock/subsys/下的文件作为标志)，则将首先以 stop 为参数停止这些已经启动了的守护进程，然后再重新运行。这样做是为了保证是当 init 改变运行级别时，所有相关的守护进程都将重启。

至于在每个运行级中将运行哪些守护进程，用户可以通过 chkconfig 或 setup 中的"System Services"来自行设定。常见的守护进程有：

amd：自动安装 NFS 守护进程。

apmd：高级电源管理守护进程。

arpwatch：记录日志并构建一个在 LAN 接口上看到的以太网地址和 IP 地址对数据库。

autofs：自动安装管理进程 automount，与 NFS 相关，依赖于 NIS。

crond：Linux 下的计划任务的守护进程。

named：DNS 服务器。

netfs：安装 NFS、Samba 和 NetWare 网络文件系统。

network：激活已配置网络接口的脚本程序。

nfs：打开 NFS 服务。

portmap：RPCportmap 管理器，它管理基于 RPC 服务的连接。

sendmail：邮件服务器 sendmail。

smb：Samba 文件共享/打印服务。

syslog：一个让系统引导时启动 syslog 和 klogd 系统日志守候进程的脚本。

xfs：X Window 字型服务器，为本地和远程 X 服务器提供字型集。

Xinetd：支持多种网络服务的核心守护进程，可以管理 wuftp、sshd、telnet 等服务。这些守护进程启动完成后，rc 程序也就执行完了，然后又将返回 init 继续下一步。

10.7.5 建立终端

rc 执行完毕后，返回 init。这时基本系统环境已经设置好了，各种守护进程也已经启动了。init 接下来会打开 6 个终端，以便用户登录系统。通过按 Alt＋Fn(n 对应 1～6)可以在这 6 个终端中切换。在 inittab 中的以下 6 行就是定义了 6 个终端：

```
1：2345：respawn：/sbin/mingetty tty1
2：2345：respawn：/sbin/mingetty tty2
3：2345：respawn：/sbin/mingetty tty3
4：2345：respawn：/sbin/mingetty tty4
5：2345：respawn：/sbin/mingetty tty5
6：2345：respawn：/sbin/mingetty tty6
```

从上面可以看出，在 2、3、4、5 的运行级别中都将以 respawn 方式运行 mingetty 程序，mingetty 程序能打开终端、设置模式。同时它会显示一个文本登录界面，这个界面就是我们经常看到的登录界面，在这个登录界面中会提示用户输入用户名，而用户输入的用户将作为参数传给 login 程序来验证用户的身份。

10.7.6 登录系统

对于运行级别为 5 的图形方式用户来说，它们的登录是通过一个图形化的登录界面。登录成功后可以直接进入 KDE、Gnome 等窗口管理器。当看到登录界面时，我们就可以输入用户名和密码来登录系统了。

Linux 的账号验证程序是 login，login 会接收 mingetty 传来的用户名作为用户名参数。然后 login 会对用户名进行分析。如果用户名不是 root，且存在/etc/nologin 文件，login 将输出 nologin 文件的内容，然后退出。这通常用来系统维护时防止非 root 用户登录。只有在/etc/securetty 中登记了的终端才允许 root 用户登录，如果不存在这个文件，则 root 可以在任何终端上登录。/etc/usertty 文件用于对用户作出附加访问限制，如果不存在这个文件，则没有其他限制。

在分析完用户名后，login 将搜索/etc/passwd 以及/etc/shadow 来验证密码以及设置账户的其他信息,比如:主目录是什么、使用何种 Shell。如果没有指定主目录,将默认为根目录;如果没有指定 Shell,将默认为/bin/bash。

login 程序成功后,会向对应的终端在输出最近一次登录的信息(在/var/log/lastlog中有记录),并检查用户是否有新邮件(在/usr/spool/mail/的对应用户名目录下)。然后开始设置各种环境变量:对于 bash 来说,系统首先寻找/etc/profile 脚本文件,并执行它;然后如果用户的主目录中存在. bash_profile 文件,就执行它。在这些文件中又可能调用了其他配置文件,所有的配置文件执行后,各种环境变量也设好了,这时会出现大家熟悉的命令行提示符,到此,整个启动过程就结束了。

10.8 常用的 Linux 工具和命令

10.8.1 vi 的使用

vi 是 Linux/Unix 世界里极为普遍的全屏幕文本编辑器,几乎可以说任何一台Linux/Unix 机器都会提供这个软件。在 Shell 提示符下,打入 vi 就可以进入 vi 的文本编辑器。

1. vi 的工作方式

vi 有三种状态,即编辑方式、插入方式和命令方式。

(1)在命令方式下,所有命令都要以“:”开始,所键入的字符系统均作为命令来处理,如:q 代表退出,:w 表示存盘。

(2)当你进入 vi 时,会首先进入命令方式(同时也是编辑方式)。按下 i 就进入插入方式,用户输入的可视字符都添加到文件中,显示在屏幕上。按下 ESC 就可以回到命令状态(同时也是编辑方式)。

(3)编辑方式和命令方式类似,都是要输入命令,但它的命令不要以“:”开始,它直接接受键盘输入的单字符或组合字符命令,例如直接按下 u 就表示取消上一次对文件的修改,相当于 Windows 的 Undo 操作。编译方式下有一些命令是要以/开始的,例如查找字符串就是:/string,即在文件中匹配查找 string 字符串。在编辑模式下按下“:”就进入命令方式。

2. vi 的基本命令

(1)光标命令

k、j、h、l:上、下、左、右光标移动命令。虽然你可以在 Linux 中使用键盘右边的 4 个光标键,但是记住这 4 个命令还是非常有用的。

nG:跳转命令。n 为行数,该命令可以使光标立即跳到指定行。

Ctrl＋G:光标所在位置的行数和列数报告。

w、b:使光标向前或向后跳过一个单词。

（2）编辑命令

i,a,r:在光标的前、后以及所在处插入字符命令(i＝insert、a＝append、r＝replace)。

cw,dw:改变（置换）/删除光标所在处的单词的命令（c＝change、d＝delete)。

x、d＄、dd:删除一个字符、删除光标所在处到行尾的所有字符以及删除整行的命令。

（3）查找命令

/string、? string:从光标所在处向后或向前查找相应的字符串的命令。

（4）拷贝复制命令

yy、p:拷贝一行到剪贴板或取出剪贴板中内容的命令。

3. 常用操作:

无论是开启新档或修改旧文件,都可以使用 vi,所需指令为:

```
$ vi filemane
```

如果文件是新的,就会在荧幕底部看到一个信息,告诉用户正在创建新文件。如果文件早已存在,vi 则会显示文件的首 24 行,用户可再用光标(cursor)上下移动。

指令 i　　　在光标处插入正文。

指令 I　　　在一行开始处插入正文。

指令 a　　　在光标后追加正文。

指令 A　　　在行尾追加正文。

指令 o　　　在光标下面新开一行。

指令 O　　　在光标上面新开一行。

在插入方式下,不能打入指令,必需先按 Esc 键,返回命令方式。若用户不知身处何种状态,也可以按 Esc 键,都会返回命令方式。

在修改文件时,如何存档及退出指定文件都非常重要。在 vi 内,使用存档或退出的指令时,要先按冒号“:”,改变为命令方式,用户就可以看见在荧幕左下方,出现冒号“:”,显示 vi 已经改为指令状态,可以进行存档或退出等工作。

:q!　　　　放弃任何改动而退出 vi,也就是强行退出。

:w　　　　存档。

:w!　　　　对于只读文件强行存档。

:wq　　　　存档并退出 vi。

:x　　　　与 wq 相同。

:zz　　　　与 wq 相同。

删除或修改正文都是利用编辑方式,故此,下面所提及的指令只需在编辑方式下,直接键入指令即行。

x　　　　删除光标处字符(Character)。

nx　　　　删除光标处后 n 个字符。

nX　　　　删除光标处前 n 个字符。

ndw　　　　删除光标处下 n 个单词(word)。

dd　　　　　删除整行。

d\$ 或 D　　删除由光标至该行最末。

u　　　　　恢复前一次所做的删除。

当使用 vi 修改正文,加减字符时,就会采用另一组在编辑方式下操作的指令。

r char　　　　由 char 代替光标处的字符。

Rtext⟨Esc⟩　由 text 代替光标处的字符。

cwtext⟨Esc⟩　由 text 取代光标处的单词。

Ctext⟨Esc⟩　由 text 取代光标处至该行结尾处。

cc　　　　　　使整行空白,但保留光标位置,让你开始打入。

如删除指令一样,在指令前打入的数,表示执行该指令多少次。

要检索文件,必须在编辑方式下进行。

/str⟨Return⟩　向前搜寻 str 直至文件结尾处。

? str⟨Return⟩　往后搜寻 str 直至文件开首处。

n　　　　　　同一方向上重复检索。

N　　　　　　相反方向上重复检索。

vi　　　　　　缠绕整个文件,不断检索,直至找到与模式相匹配的下一个出现。

全程替换命令:

:%s/string1/string2/g 在整个文件中替换"string1"成"string2"。

如果要替换文件中的路径:使用命令":%s♯/usr/bin♯/bin♯g"可以把文件中所有路径/usr/bin 换成/bin。也可以使用命令":%s/\/usr\/bin/\/bin/g"实现,其中"\"是转义字符,表明其后的"/"字符是具有实际意义的字符,不是分隔符。

同时编辑 2 个文件,拷贝一个文件中的文本并粘贴到另一个文件中,命令如下:

vi　　file1 file2

yy　　　　　在文件 1 的光标处拷贝所在行。

:n　　　　　切换到文件 2 (n＝next)或者按 Ctrl＋ww,就在两个文件间切换。

p　　　　　在文件 2 的光标所在处粘贴所拷贝的行。

:n　　　　　切换回文件 1。

如果要在 vi 执行期间,转到 Shell 执行,使用惊叹号"!"执行系统指令,例如在 vi 期间,列出当前目录内容,可以键入:

:! ls

另一方面,用户可以在主目录中创建.exrc 环境文件,用 set 打入选项,每次调用 vi 时,就会读入.exrc 中的指令与设置。下面是.exrc 环境文件的实例:

```
set   wrapmarging = 8
set   showmode
set   autoindent
```

10.8.2　GCC 的使用

GCC 是 GNU 的 C 和C++编译器,它是 Linux 中最重要的软件开发工具。实际上,GCC 能够编译三种语言:C、C++和 ObjectC(C 语言的一种面向对象扩展)。利用 GCC 命令可同时编译并连接 C 和C++源程序。

GCC 编译器已经被成功的移植到不同的处理器平台上,标准 Linux 系统上的 GCC 是 FOR INTEL x86 构架的 CPU 的,在进行嵌入式系统开发时,需要在 GCC 的基础上构建交叉编译器。

1. GCC 命令的常用选项

-ansi 只支持 ANSI 标准的 C 语法,这一选项将禁止 GNUC 的某些特色,例如 asm 或 typeof 关键词。

-c 只编译并生成目标文件。

-DMACRO 以字符串"1"定义 MACRO 宏。

-DMACRO=DEFN 以字符串"DEFN"定义 MACRO 宏。

-E 只运行 C 预编译器。

-g 生成调试信息,gdb 调试器可利用该信息。

-IDIRECTORY 指定额外的头文件搜索路径 DIRECTORY。

-LDIRECTORY 指定额外的函数库搜索路径 DIRECTORY。

-lLIBRARY 连接时搜索指定的函数库 LIBRARY。

-m486 针对 486 进行代码优化。

-o FILE 生成指定的输出文件。用在生成可执行文件时。

-O0 不进行优化处理。

-O 或-O1 优化生成代码。

-O2 进一步优化。

-O3 比-O2 更进一步优化。

-shared 生成共享目标文件。通常用在建立共享库时。

-static 禁止使用共享连接。

-UMACRO 取消对 MACRO 宏的定义。

-w 不生成任何警告信息。

-Wall 生成所有警告信息。

2. GCC 使用举例

```
gcc-o hello.o hello.c
```

编译源文件 hello.c 生成可执行文件 hello.c

10.8.3　gdb 的使用

gdb 是一个用来调试 C 和C++程序的强力调试器。它使你能在程序运行时观察程序的内部结构和内存的使用情况。gdb 功能非常强大，可以监视程序中变量的值，可设置断点以使程序在指定的代码行上停止执行，可以支持单步执行等。

在命令行上键入 gdb 并按回车键就可以运行 gdb 了。当启动 gdb 后，可以在命令行上指定很多的选项，也可以以下面的方式来运行 gdb：

```
♯gdb <fname>
```

这种方式可以直接指定想要调试的可执行文件。还可以用 gdb 去检查一个因程序异常终止而产生的 core 文件，或者与一个正在运行的程序相连。可以参考 gdb 指南页或在命令行上键入 gdb -h 得到一个有关这些选项的说明的简单列表。

采用 gdb 调试的程序必须在编译时包含调试信息，方法是在用 GCC 编译源程序时，使用-g 选项打开调试选项即可。调试信息包含了程序里的每个变量的类型和在可执行文件里的地址映射以及源代码的行号，gdb 利用这些信息使源代码和机器码相关联。

1. gdb 的常用命令

gdb 支持很多的命令，如果想了解 gdb 的详细使用，请参考 gdb 的帮助。下面对一些常用命令进行解释：

break NUM　在指定的行上设置断点。

bt　显示所有的调用栈帧。该命令可用来显示函数的调用顺序。

clear　删除设置在特定文件、特定行上的断点。用法为：

```
clear FILENAME：NUM。
```

continue　继续执行正在调试的程序。该命令用在程序由于处理信号或断点而导致停止运行时。

display EXPR　每次程序停止后显示表达式的值。表达式由程序定义的变量组成。

file FILE　装载指定的可执行文件进行调试。

help NAME　显示指定命令的帮助信息。

info break　显示当前断点清单，包括到达断点处的次数等。

info files　显示被调试文件的详细信息。

info func　显示所有的函数名称。

info local　显示当函数中的局部变量信息。

info prog　显示被调试程序的执行状态。

info var　显示所有的全局和静态变量名称。

kill　终止正被调试的程序。

list　显示源代码段。

make　在不退出 gdb 的情况下运行 make 工具。

next　在不单步执行进入其他函数的情况下，向前执行一行源代码。

print EXPR   显示表达式 EXPR 的值。

gdb 还支持很多与 Unix Shell 程序一样的命令编辑特征。在 gdb 中可以像在 bash 或 tcsh 里那样按 Tab 键让 gdb 补齐一个唯一的命令,如果不唯一的话,gdb 会列出所有匹配的命令。

2. gdb 应用举例

下面用一个实例展示如何使用 gdb 调试程序。这个程序被称为 hello,它首先显示一个"hello there"字符串,然后反序打印这个字符串,即"ereht olleh"。其原程序如下:

```
#include <stdio.h>
main (){
    char my_string[] = "hello ";
    my_print (my_string);
    my_print2 (my_string);
}
void my_print (char * string){
    printf ("The string is % s\n", string);
}
void my_print2 (char * string){
    char * string2;
    int size, i;
    size = strlen(string);
    string2 = (char *) malloc(size + 1);
    for (i = 0; i < size; i++)
      string2[size - i] = string[i];
    string2[size + 1] = '\0';
    printf ("The string printed backward is % s\n", string2);
}
```

用下面的命令编译它:

```
#gcc -g -o hello hello.c
```

这个程序执行时显示如下结果:

```
The string is hello
The string printed backward is
```

输出的第一行是正确的,但第二行打印出的东西并不是我们所期望的。我们所设想的输出应该是:

```
The string printed backward is olleh
```

由于某些原因,my_print2 函数没有正常工作。让我们用 gdb 看看问题究竟出在哪儿,先键入如下命令:

```
#gdb hello
```

注意:记得在编译 hello 程序时把调试选项(-g)打开。如果在输入命令时忘了把要调试的程序作为参数传给 gdb,可以在 gdb 提示符下用 file 命令来载入它:

```
(gdb)file hello
```

这个命令将载入 hello 可执行文件,就像你在 gdb 命令行里装入它一样。接下来就可以利用 gdb 的 run 命令来运行 hello。键入以下命令:

```
(gdb)run
```

屏幕输出为:

```
Starting program:/root/hello
The string is hello
The string printed backward is
Program exited with code 041
```

这个输出和在 gdb 外面运行的结果一样,问题是反序打印没有工作。为了找出错误所在,可以在 my_print2 函数的 for 语句后设一个断点,具体的做法是在 gdb 提示符下键入 list 命令三次,列出源代码:

```
(gdb)list
(gdb)回车
(gdb)回车
```

(注:在 gdb 提示符下按回车健将重复上一个命令。)

要 list 三次是因为一次无法显示全部文件内容,而必须多次才能翻到想要设置断点的文件行处。根据列出的源程序,能看到要设断点的地方在第 24 行,在 gdb 命令行提示符下键入如下命令设置断点:

```
(gdb)break 24
```

gdb 将作出如下的响应:

```
Breakpoint 1 at 0x139:file hello.c.line 24
```

现在再键入 run 命令,将产生如下的输出:

```
Starting program:/root/hello
The string is hello
Breakpoint 1.my_print2 (string = 0xbfffdc4 "hello")at hello.c:24
24 string2[size-i] = string[i]
```

通过设置一个观察 string2[size-i] 变量的值的观察点来看出错误是怎样产生的,做法是键入:

```
(gdb)watch string2[size-i]
```

gdb 将作出如下回应:

```
Watchpoint 2:string2[size-i]
```

现在可以用 next 命令来一步步的执行 for 循环了:

```
(gdb)next
```

经过第一次循环后,gdb 告诉我们 string2[size-i]的值是"h"。gdb 用如下的显示来告诉你这个信息:

```
Watchpoint 2.string2[size-i]
Old value = 0 '\000'
New value = 104 'h'
my_print2(string = 0xbfffdc4 "hello")at hello.c : 23
```

```
23 for (i = 0; i<size; i++)
```

这个值正是期望的,后来的数次循环的结果都是正确的.当 i=4 时,表达式 string2 [size-i]的值等于 'o',size-i 的值等于 1,最后一个字符已经拷到新字符串里了。如果你再把循环执行下去,你会看到已经没有值分配给 string2[0]了,而它是新字符串的第一个字符,因为 malloc 函数在分配内存时把它们初始化为空(null)字符。所以 string2 的第一个字符是空字符。这解释了为什么在打印 string2 时没有任何输出了。

现在找出了问题出在哪里,修正这个错误是很容易的。可以把代码里写入 string2 的第一个字符的偏移量改为 size-1 而不是 size。即把:

```
string2[size-i] = string[i]
string2[size+1] = '\0';
```

改为:

```
string2[size-1-i] = string[i]
string2[size] = '\0';
```

10.8.4　ncftp 工具的使用

ncftp 是 Linux 系统下非常好的 FTP 工具软件,它除了支持 FTP 命令操作外,还支持 Linux Shell 下的命令用法,例如,它也支持 Tab 键用法,支持目录上传和下载(用-r 或 -R参数)。ncftp 的用法,例如要 FTP 一台 IP 为 192.168.2.32 的 Linux PC 机 A,命令如下:

```
# ncftp -u hhcn 192.168.2.32
```

其中 hhcn 为 A 机器上的合法的用户,连接上之后会提示输入 hhcn 用户的密码,密码验证通过后,就进入 ncftp 命令提示符。

10.8.5　mount 和 unmount 指令

1. mount 命令

mount 命令可以被用来装载任何设备,甚至可以用-o loop 选项将某个一般的压缩文件当成设备装载到系统上。这个功能对于 ramdisk、romdisk 或 ISO 9660 的影像文件的读取非常实用。

常用格式:

mount [－fnrsvw] [－t vfstype] [－o options] 设备名 装载目录

vfstype 表明了文件的类型,常用文件类型的有:

msdos　　DOS 分区文件。

ext2　　Linux 的文件系统。

swap　　Linux swap 分区或 swap 文件。

iso9660　　安装 CD-ROM 的文件系统。

vfat 支持长文件名的 DOS 分区。

hpfs OS/2 分区文件系统。

options 指明了装载方式,其主要选项有

-o async 打开异步模式,所有的压缩读写动作都会用异步模式执行。

-o sync 在同步模式下执行。

-o atime -o noatime 当 atime 打开时,系统会在每次读取压缩时更新压缩的"上一次存取时间"。当我们使用 Flash 压缩系统时可能会选项把这个选项关闭以减少写入的次数。

-o auto -o noauto 打开/关闭自动挂上模式。

-o defaults 使用预设的选项 rw,suid,dev,exec,auto,nouser,and async。

-o dev -o nodev -o exec -o noexec 允许执行档被执行。

-o suid -o nosuid 允许执行档在 root 权限下执行。

-o user -o nouser 使用者可以执行 mount/umount 的动作。

-o remount 将一个已经挂下的压缩系统重新用不同的方式挂上。例如原先是只读的系统,现在用可擦写的模式重新挂上。

-o ro 用只读模式装载。

-o rw 用可读写模式装载。

-o loop 使用 loop 模式用来将一个压缩当成设备装载到系统上。

设备名是指要装载的设备的名称,如软盘、硬盘、光盘等,软盘一般为/dev/fdx,光盘和硬盘一般为/dev/hdx,U 盘和 SCSI 设备一般为/dev/sdx。

mount 使用范例:

(1)装载软盘

   mount /dev/fd0 /mnt/floppy

(2)装载一个 mddos 格式的软盘

   mount-t msdos /dev/fd0 /mnt/floppy

(3)装载一个 Linux 格式的软盘

   mount-t ext2 /dev/fd0 /mnt/floppy

(4)装载 Windows 98 格式的硬盘分区

   mount-t vfat /dev/hda1 /mnt/c

(5)装载一个光盘

   mount-t iso9660 /dev/hdc /mnt/cdrom

装载完成之后便可对该目录进行操作,在使用新的软盘及光盘前必须退出该目录,使用卸载命令进行卸载,方可使用新的软盘及光盘,否则系统是不会承认该软盘的,光盘在卸载前是不能用光驱面板前的弹出键退出的。

(6)装载 fat32 的分区

   mount-o codepage = 936,iocharset = cp936 /dev/hda7 /mnt/cdrom

(7)装载 USB 闪存

   mount /dev/sda1 /mnt/usb

（8）装载网络共享的文件

假设主机 192.168.0.2 上共享的目录是/usr，使用以下命令可以装载共享的目录到本地/mnt 下。

```
mount 192.168.0.2:/usr /mnt
```

（9）装载一个压缩文件

```
mount-o loop /tmp/initrd /mnt/initrd
```

（10）装载影像文件

```
mount-o loop /tmp/image.iso /mnt/cdrom
```

2. umount 命令

当一个文件系统不需要再 mount 着，可以用 umount 卸载，特别是对于软盘、U 盘等块存储设备操作时，只有 umount 后，在其上所作的修改才会真正被保存到存储介质上。操作示例如下：

```
umount /mnt/cdrom    //卸载光盘
umount /mnt/floppy   //卸载软盘
umount /mnt/usb      //卸载 U 盘
```

注意：

mount 和 umount 需要超级用户的权限，即只有 root 用户可以做。

10.8.6　基本命令

1. 常用命令

ls：显示当前目录下的所有文件和目录。常用选项如下：

　　-a 选项可以看到隐藏的文件，如以.开头的文件。

　　-l 选项可给出详细列表。

cp：文件和目录复制命令。复制目录时注意使用-R 选项。常用选项有：

　　-a 选项保证文件的属性不变。

　　-R 选项保证目录的正确复制。

　　-f 如果目标文件不能被写操作打开的话，指定移去目标文件。

pw：显示当前目录路径。

ps：列举当前 TTY 下所有进程。ps -A：列举所有进程。

cd 目录名：进入目录。

mkdir 目录名：创建目录。

rmdir 目录名：删除空目录。

rm -rf 目录名：强行删除整个目录内容（无法恢复），其中 f 表示强制不进行提示，r 表示目录递归。

Tab 命令：文件目录匹配搜索命令。例如想要进入 /myLinux 目录，只需敲入：cd /

my,然后按下 Tab 键,则 Shell 会自动匹配找到的以 my 开头的目录,这样就不必完全键入剩余的 Linux 字符,这个功能在访问名字很长的文件和目录时非常有效,可以大大提供键盘输入的速度,极为方便。

　　ln 创建一个链接。这是 Linux 中又一个非常重要命令,其功能是为某一个文件在另外一个位置建立一个同步的链接,这个命令最常用的参数是-s,具体用法是:ln -s 源文件 目标文件。当我们需要在不同的目录,用到相同的文件时,我们不需要在每一个需要的目录下都放一个必须相同的文件,我们只要在某个固定的目录,放上该文件,然后在其他的目录下用 ln 命令链接(link)它就可以,不必重复占用磁盘空间。例如:ln -s /bin/less /usr/local/bin/less。-s 是代号(symbolic)的意思。这里有两点要注意:第一,ln 命令会保持每一处链接文件的同步性,也就是说,不论你改动了哪一处,其他的文件都会发生相同的变化;第二,ln 的链接有软链接和硬链接两种,软链接就是 ln -s * * * *,它只会在你选定的位置上生成一个文件的镜像,不会占用磁盘空间,硬链接 ln * * * *,没有参数-s,它会在你选定的位置上生成一个和源文件大小相同的文件,无论是软链接还是硬链接,文件都保持同步变化。如果你用 ls 察看一个目录时,发现有的文件后面有一个@的符号,那就是一个用 ln 命令生成的文件,用 ls -l 命令去察看,就可以看到显示的 link 的路径了。例子:

```
ln -s /usr/src/Linux/include/asm-i386 asm       //创建一个 asm 链接
ln -s /usr/src/Linux/include/Linux Linux        //创建一个 Linux 链接
ln -s yy zz                                      //创建一个 zz 链接,链向文件 yy
```

2. man 命令

　　man,即 manunal,是 Unix 系统手册的电子版本。根据习惯,UNIX 系统手册通常分为不同的部分(或小节,即 section),每个小节阐述不同的系统内容。Linux 系统中也采用了同样的机制。目前的小节划分如下:
　　(1)命令:普通用户命令;
　　(2)系统调用:内核接口;
　　(3)函数库调用:普通函数库中的函数;
　　(4)特殊文件:/dev 目录中的特殊文件;
　　(5)文件格式和约定:/etc/passwd 等文件的格式;
　　(6)游戏;
　　(7)杂项和约定:标准文件系统布局、手册页结构等杂项内容;
　　(8)系统管理命令;
　　(9)内核例程:非标准的手册小节。
　　手册页一般保存在/usr/man 目录下,其中每个子目录(如 man1,man2,…,manl,mann)包含不同的手册小节。使用 man 命令查看手册页。
　　常用 man 命令行:

```
man strtoul
```

3. 取消 root 密码

编辑/etc/shadow 文件,输入以下命令:

```
vim /etc/shadow
```

可以看到第一行内容大致如下:

```
root：$1$dVVd5YVP$OgZG58TL/NRExTfcr6URH.：11829：0：99999：7：-1：-1：134539236
```

要取消 root 密码,只需将第一行 root 后第一对“：”之间的字符全部删除即可,删除后如下:

```
root：：11829：0：99999：7：-1：-1：134539236
```

然后用：w! 强行存盘(因为 shadow 文件是只读的)后,用:q 退出 vi 则实现了取消了 root 密码。

4. 修改 IP 地址

把 IP 地址改为 192.168.0.3。

```
ifconfig eth0 192.168.0.3
```

5. 文件压缩/解压缩

Linux 的软件一般是以.gz 或.ta 或者.tar.g 结尾的。前者是由 gzip 压缩的,后者是先用 tar 归档,再用 gzip 压缩而成的。这些压缩文件都可以用 tar 命令配上合适参数进行解压或者生成。

tar 命令是 Linux 下用得较多的文件解压/压缩命令,其具体功能是通过参数来控制的,tar 命令的主要参数有:

(1)主选项参数:

-c 创建新的压缩文件。可以对整个目录或多个文件进行压缩。

-r 把文件追加到压缩文件的末尾。

-t 列出压缩文件的内容。

-u 更新压缩文件中的某个文件。如果在压缩文件中找不到要更新的文件,则把它追加到压缩文件的最后。

-x 对压缩文件进行解压缩。

(2)辅助选项参数:

-b 该选项是为磁带机设定的。

-f 指定文件的名称,这个选项通常是必选的。

-k 保存已经存在的文件。例如我们把某个文件还原,在还原的过程中,遇到相同的文件,不会进行覆盖。

-m 在还原文件时,把所有文件的修改时间设定为现在。

-M 创建多卷的压缩文件,以便在几个磁盘中存放。

-v 详细报告 tar 处理的文件信息。

-w 每一步都要求确认。

-z 用 gzip 来处理文件。用于 ".tgz" 或 ".gz" 后缀的文件。

-j 用 bzip 来处理。用于 ".bz2" 后缀的文件。

解压例子：

```
tar-xzf HHARM740.tgz
tar-xvjf Linux-2.6.7.tar.bz2
tar-xvzf module-init-tools-3.0.tar.gz
```

压缩例子：

（1）把一个目录 mydir 包含其子目录的所有内容压缩成一个文件 mydir.tgz。

```
tar-czf mydir.tgz mydir
```

（2）把一个目录 mydir 下的文件压缩成一个文件 myfile.tar.gz。

```
tar-zcvf myfile.tar.gz　/mydir/*
```

6. 查找文件

例如查找 main.c：

```
find-name main.c
```

或者：

```
locate main
```

注意：locate 为模糊匹配，它会递归的在当前目录下的所有子目录下搜索，并列出所有名字包含 main 字串的文件。

7. dd 指令

功能说明：读取，转换并输出数据。dd 可从标准输入或文件读取数据，依指定的格式来转换数据，再输出到文件、设备或标准输出。

语法：

dd [bs=＜字节数＞][cbs=＜字节数＞][conv=＜关键字＞][count=＜区块数＞] [ibs=＜字节数＞][if=＜文件＞][obs=＜字节数＞][of=＜文件＞][seek=＜区块数＞][skip=＜区块数＞][－－help][－－version]

参数说明：

bs=＜字节数＞：bytes，同时设置读/写缓冲区的字节数（等于设置 ibs 和 obs）。

cbs=＜字节数＞：转换时，每次只转换指定的字节数。

conv=＜关键字＞：指定文件转换的方式。

count=＜区块数＞：仅读取指定的区块数。

ibs=＜字节数＞：每次读取的字节数。

if=＜文件＞：从文件读取。

obs=＜字节数＞：每次输出的字节数。

of=＜文件＞：输出到文件。

seek=＜区块数＞：开始输出时，跳过指定的区块数。

skip=＜区块数＞：开始读取时，跳过指定的区块数。

使用示例：

（1）把光盘的内容制作为 iso 文件

　　♯ dd if＝/dev/cdrom of＝/tmp/cdrom.iso

（2）要把一张软盘的内容拷贝到另一张软盘上，利用/tmp 作为临时存储区。把源盘插入驱动器中，输入下述命令：

　　♯ dd if＝/dev/fd0 of＝/tmp/tmpfile

拷贝完成后，将源盘从驱动器中取出，把目标盘插入，输入命令：

　　♯ dd if＝/tmp/tmpfile of＝/dev/fd0

软盘拷贝完成后，应该将临时文件删除：

　　♯ rm /tmp/tmpfile

（3）通过设备来建立一个空的文件：

　　♯ dd if＝/dev/zero of＝/tmp/initrd bs＝/M count＝4

建立大小为 4 ∗ 1M＝4M 的文件/tmp/ initrd。

8. mkinitrd 指令

mkinitrd(make initial ramdisk images)的功能是建立要载入 ramdisk 的映像文件，以供 Linux 开机时载入。其语法如下：

mkinitrd [－fv][－－omit-scsi-modules][－－version][－－preload＝＜模块名称＞][－－with＝＜模块名称＞][映像文件][Kernel 版本]

参数说明：

　　-f：若指定的映像问家名称与现有文件重复，则覆盖现有的文件。

　　-v：执行时显示详细的信息。

　　--omit-scsi-modules：不要载入 SCSI 模块。

　　--preload＝＜模块名称＞：指定要载入的模块。

　　--with＝＜模块名称＞：指定要载入的模块。

　　--version：显示版本信息。

使用示例：

建立一个 ramdisk 映像文件

　　♯ mkinitrd /tmp/initrd.gz 2.4.20－8

9. mke2fs 指令

mke2fs(make ext2 file system)功能是建立 ext2 文件系统。其语法如下：

mke2fs [－cFMqrSvV][－b ＜区块大小＞][－f ＜不连续区段大小＞][－i ＜字节＞][－N ＜inode 数＞][－l ＜文件＞][－L ＜标签＞][－m ＜百分比值＞][－R＝＜区块数＞][设备名称][区块数]

参数说明：

　　-b＜区块大小＞：指定区块大小，单位为字节。

　　-c：检查是否有损坏的区块。

-f＜不连续区段大小＞:指定不连续区段的大小,单位为字节。

-F:不管指定的设备为何,强制执行 mke2fs。

-i＜字节＞:指定"字节/inode"的比例。

-N＜inode 数＞:指定要建立的 inode 数目。

-l＜文件＞:从指定的文件中,读取文件西中损坏区块的信息。

-L＜标签＞:设置文件系统的标签名称。

-m＜百分比值＞:指定给管理员保留区块的比例,预设为 5%。

-M:记录最后一次挂入的目录。

-q:执行时不显示任何信息。

-r:指定要建立的 ext2 文件系统版本。

-R＝＜区块数＞:设置磁盘阵列参数。

-S:仅写入 superblock 与 group descriptors,而不更改 inode able inode bitmap 以及 block bitmap。

-v:执行时显示详细信息。

使用示例:

建立 ext2 文件系统,设备名称为/dev/sda1

```
mke2fs - m 0 /dev/sda1
```

10.8.7 Linux 下软件安装指令

1. 源代码包的安装

对于提供源代码软件包,其典型安装步骤如下:

(1)解压缩。使用 tar 等命令对软件包进行解压缩。

(2)配置。对于可以供用户配置的软件包而言,解压后一般都会有一个配置脚本可以运行,通常是运行"./configure"。具体有哪些配置选项和具体的软件有关,一般可以使用"./configure-help"来查看。

(3)编译。源代码软件包需要用户自行编译,一般使用"make"命令,此时,系统将会根据上一步的配置选项进行编译。

(4)安装。编译完毕后,使用"make install"进行软件安装。

(5)清除临时文件。使用"make clean"清除安装中产生的临时文件。

例如,安装 apache 服务器,下载的源码为 apache_1.3.20.tar.gz。其安装步骤如下:

```
#tar-xvzf apache_1.3.20.tar.gz
#cd apache_1.3.20
#./configure
#make
#make install
#make clean
```

2. RPM 包的安装

以 RPM 包 kdbg-1.2.6-2.i386.rpm 为例来进行 RPM 包的安装情况。首先在 kdbg-1.2.6-2.i386.rpm 的名字中可以看出：软件包的名称为 kdbg，版本号为 1.2.6，发行号为 2，适用的硬件平台为 i386。

（1）安装

可以用以下命令进行安装：

```
# rpm -ivh kdbg-1.2.6-2.i386.rpm
```

如果没有错误，软件包将会被自动安装到系统中。如果没有被安装，可能会是以下情况：

①软件包已被安装，出现以下提示：

```
package kdbg-1.2.6-2 is already installed
```

如果仍旧想要安装该软件包，你可以在命令行上使用--replacepkgs 选项，这将忽略该错误信息，即：

```
# rpm -ivh--replacepkgs kdbg-1.2.6-2.i386.rpm
```

②文件冲突

如果要安装的软件包中有一个文件经被安装，会出现以下错误信息：

```
kdbg-1.2.6-2.i386.rpm cannot be installed
```

要想让 RPM 忽略该错误信息，请使用--replacefiles 命令行选项，即：

```
# rpm -ivh--replacefiles kdbg-1.2.6-2.i386.rpm
```

③未解决依赖关系

RPM 软件包可能依赖于其他软件包，在安装了特定的软件包之后才能安装该软件包，此时会出现以下错误信息：

```
failed dependencies:
kdbg is needed by × × × × × ×
```

必须安装完所依赖的软件包，才能解决这个问题。如果想强制安装（但是，这样安装后，软件包未必能正常运行），请使用--nodeps 命令行选项。

（2）卸载

可以用以下命令进行卸载：

```
# rpm-e kdbg
```

注意：这里使用软件包的名字 kdbg，而不是软件包文件的名字"kdbg-1.2.6-2.i386.rpm"。如果其他软件包依赖于你要卸载的软件包，卸载时则会产生错误信息。如：

```
removing these packages would break dependencies:
kdbgis needed by × × × × × ×
```

要想 RPM 忽略该错误信息继续卸载的话（但是，依赖于该软件包的程序可能无法运行），请用--nodeps 命令行选项。

（3）升级

可以用以下命令进行 RPM 软件包的升级：

```
# rpm -Uvh kdbg-1.2.6-2.i386.rpm
```

当使用旧版本的软件包来升级新版本的软件时,会产生以下错误信息:

```
package kdbg-1.2.6-2(which is newer)is already installed
error:kdbg-1.2.5-2.i386.rpm cannot be installed
```

要使 RPM 坚持这样"升级",可使用--oldpackage 命令行参数。

(4)查询

可以用以下命令进行 RPM 软件包的安装情况查询:

```
♯ rpm -q kdbg
```

如果已经安装,屏幕将会输出:kdbg-1.2.5-2

查询时使用的选项主要有:

-a 查询所有已安装的软件包。

-f ＜file＞将查询包含有文件＜file＞的软件包。

-p ＜packagefile＞查询软件包文件名为＜packagefile＞的软件包。

其他主要的显示选项有:

-i 显示软件包信息,如描述、发行号、尺寸、构建日期、安装日期、平台等。

-l 显示软件包中的文件列表。

-s 显示软件包中所有文件的状态。

-d 显示被标注为文档的文件列表(man 手册,info 手册,README's,etc)。

-c 显示被标注为配置文件的文件列表。

(5)验证

验证软件包是通过比较软件包中安装的文件和软件包中的原始文件信息来进行的。除了其他一些东西,验证主要是比较文件的尺寸,MD5 校验码,文件权限,类型,属性和用户组等。

可以使用:"rpm -V 软件名"命令来验证一个软件包,例如:

```
♯ rpm -V kdbg
```

验证所有已安装的软件包,可以使用以下命令:

```
♯ rpm -Va
```

根据一个 RPM 来验证某个软件包,可以使用以下命令:

```
♯ rpm -Vp kdbg-1.0-1.i386.rpm
```

如果担心 RPM 数据库已被破坏,就可以使用这种方式。如果一切校验均正常将不会产生任何输出。如果有不一致的地方,就会显示出来。输出格式是 8 位长字符串,c 用以指配置文件,接着是文件名。8 位字符的每一个用以表示文件与 RPM 数据库中一种属性的比较结果。"."(点)表示测试通过,以下字符表示某种测试的失败:

5　　MD5 校验码

S　　文件尺寸

L　　符号连接

T　　文件修改日期

D　　设备

U　　用户

G 用户组

M 模式 e（包括权限和文件类型）

如果有信息输出，应当认真加以考虑，是删除、重新安装，还是修正出现的问题。

（6）RPM 应用的几个例子

①如误删了一些文件，但是不能肯定到底删除了哪些文件，可以验证一下整个系统都丢失了哪些文件，键入以下命令：

　　♯ rpm-Va

②若是一些文件丢失了或已被损坏，就可以重新安装或先卸载再安装该软件包。如果碰到一个自己不认识的文件，要想查处它属于哪个软件包，可以输入以下命令：

　　♯ rpm -qf kdbg

而输出的结果会是：

　　kdbg-1. 2. 6-2

③如果发生综合以上两个例子的情况，如文件 kdbg 出了问题。想验证一下拥有该文件的软件包，可又不知道软件包的名字，这时可以简单地键入：

　　♯ rpm -Vf kdbg

这样相应的软件包就会被验证。

④如果想了解一个正在使用的程序的详细信息，可以键入如下命令来获得拥有该程序的软件包中的文档信息：

　　♯ rpm -qdf kdbg

⑤如果发现了一个新的 kdbg RPM，但是不知道它是什么东西，可以键入如下命令：

　　♯ rpm -qip kdbg-1. 2. 6-2. i386. rpm

⑥如果想了解 kdbg RPM 所安装的文件。可以键入：

　　♯ rpm -qlp kdbg-1. 2. 6-2. i386. rpm

习　题

1. 简述嵌入式 Linux 的开发步骤。

2. 什么是 TFTP？什么是 NFS？它们在嵌入式 Linux 开发中有何作用？

3. 发行版本的 Linux 操作系统（例如 RedHat9. 0）在嵌入式 Linux 开发中有何作用？

4. 嵌入式 Linux 开发中，BootLoader 的功能是什么？

5. 对 Linux 内核进行配置的命令有哪些？

6. Linux 设备驱动程序开发中，file_operations 数据结构有何作用？

7. 简述 Linux 操作系统的启动流程？

8. 在 Linux 开发中，什么是 Ram disk？

9. 简述嵌入式 Linux 的开发和普通 Linux 的开发有何不同之处？

第 11 章

Linux 系统构建的实战练习

本节以构建一个基于 U 盘存储的 Linux 操作系统为例，详细讲述一下 Linux 操作系统的具体构建过程。本节主要采用两种方法来构建 U 盘 Linux 系统，一种方法是利用 U 盘 Linux 工具进行制作，特点是方便快捷，可以很快获得 U 盘 Linux 的感性认识。缺点是学到知识不多。另一种方法是全部手工构建，缺点是耗时费脑，优点是可以巩固对 Linux 知识的学习，提高实战经验。

11.1 使用现成工具构建 U 盘 Linux

11.1.1 使用 pup2usb 进行构建

1. 软件准备

（1）pup2usb

pup2usb 适用于直接安装小芭比 Linux 或 Puppy Linux iso 到 U 盘或硬盘上。安装完毕即可通过 U 盘或硬盘来启动，非常方便实用。pup2usb 的下载地址为：http://www.miniLinux.net/software/pup2usb。

（2）Puppy Linux

可以下载小芭比 Linux，下载地址为：http://www.miniLinux.net/software/％E5％B0％8F％E8％8A％AD％E6％AF％94431％E4％B9％8Bwine％E9％9B％86％E6％88％90％E7％89％88。也可以下载完整版的 Puppy Linux，书稿截至时，最新版本是 Precise 5.4。下载地址为：http://distro.ibiblio.org/quirky/precise－5.4/。下载 Precise-5.4.iso 即可。

2. 构建 U 盘的 Puppy Linux

运行下载的 pup2usb. exe，在"Puppy Linux 光盘镜像"中浏览选择下载的 Puppy Linux 的光盘镜像文件：puppy-wine-cn-k2. 6. 30. 5-20100702w. iso 或者 precise-5. 4. iso。

在"安装到哪个分区"中选择 U 盘，勾选"安装前格式化"。如图 11.1 所示。

图 11.1　pup2usb 运行结果

点击开始，U 盘首先被格式化，之后会进行 U 盘 Linux 的制作，制作完毕之后，一个 U 盘 Linux 就完成了，之后把 U 盘插到支持 U 盘启动的计算机上，设置好 CMOS 中引导次序，就可以测试这个 Linux 系统了。

11.1.2　使用 Ultra ISO 进行构建

1. 软件准备

（1）Ubuntu Linux

Ubuntu 是一个以桌面应用为主的 Linux 操作系统，其名称来自非洲南部祖鲁语或豪萨语的"ubuntu"一词，意思是"人道待人"。Ubuntu 是基于 Debian 发行版，采用 GNOME 桌面环境。Ubuntu 每 6 个月发布一次，且每次发布的版本均提供为期 18 个月的支援。Ubuntu 的目标在于为一般用户提供一个最新的，也是相当稳定的只使用自由软件的操作系统。而 Ubuntu 具有庞大的社群支持，用户可以方便地寻求协助。Kubuntu与Xubuntu 是 Ubuntu 计划正式支援的衍生版本，分别将 KDE 与 Xfce 桌面环境带入 Ubuntu。Edubuntu 则是一个为了学校教学环境而设计，并且让小孩在家中也可以轻松学会使用的衍生版本。书稿截至时，Ubuntu 的最新版本是 12.10，下载地址是：http://www. ubuntu. org. cn/download/desktop。

（2）UltraISO 软件

UltraISO 软件有很多功能，其中一种就是可以用来制作 Linux 启动盘，同时将 Linux 操作系统安装在 U 盘中的辅助软件。UltraISO 从很多地方都可以下载到，可以自行到搜索引擎中搜索下载。

2. 制作 U 盘 Ubuntu Linux

(1)用 UltraISO 软件打开 Ubuntu 镜像文件

启动 UltraISO 软件,在 UltraISO 菜单中选择:文件→打开→选择要打开的镜像文件(ubuntu-12.10-desktop-i386.iso)。

(2)写入硬盘映像

在 UltraISO 菜单中选择:启动→写入硬盘映像,弹出如图 11.2 所示的界面:①选择硬盘驱动器(即你要写入的 u 盘)。②选择 USB-HDD+,点击写入,完成后退出软件。U盘 Linux 制作完成之后,就可以在支持 U 盘启动的计算机上测试了。

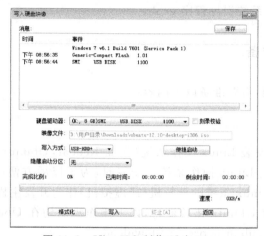

图 11.2　UltraISO 制作 U 盘 Linux

实际上,UltraISO 制作 U 盘 Linux 和具体使用的 Linux 发行版本是无关的。因此,也可以用 UltraISO 制作 U 盘的 Puppy Linux,在 UltraISO 打开 Puppy Linux(例如 precise-5.4.iso)即可,如图 11.3 所示。

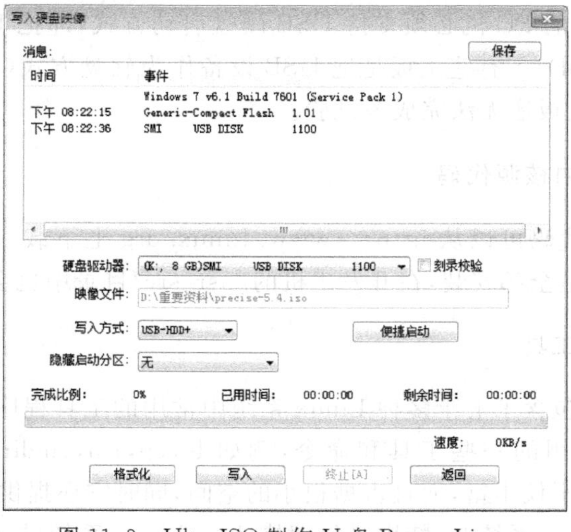

图 11.3　UltraISO 制作 U 盘 Puppy Linux

11.2　从零开始构建自己的 U 盘 Linux

此方法比较复杂,但可以了解 Linux 开发的整个过程,其主要步骤如下：
(1)前期准备,包含软硬件的准备工作。
(2)Linux 内核编译。
(3)构建 Linux 根文件系统,建立系统必需的目录、命令和设备。
(4)在 U 盘上安装系统引导程序 grub。

11.2.1　前期准备

在做这个练习之前,需要准备以下内容：

1. 准备开发主机

准备一台计算机,安装 Linux 操作系统(例如 Redhat,Ubuntu 等),也可以在虚拟机上(例如 VMWare)安装 Linux 操作系统。安装时,为了以后方便,可以选择安装全部组件。我们把这台装有 Linux 系统的计算机(或虚拟机)作为开发主机使用。

注意：(1)由于目前 Ubuntu 比较流行,以下操作示例均在 Ubuntu 下完成。Ubuntu 下载地址 http：//www. ubuntu. org. cn/download。

(2)大多数操作需要 root 权限,由于 Ubuntu 默认为普通用户权限登录,可以在每个命令前添加 sudo 来实现使用 root 权限操作。

2. 准备测试用计算机

测试 U 盘 Linux 的 PC 机必须支持 USB 硬盘启动方式,即把 U 盘作为硬盘来对待的启动方式(USB-HDD)。有些主板是把 USB 设备作为软盘方式(即 USB-FDD)来启动系统的。目前,这些主板还无法完成该试验。

3. 准备 Linux 的内核源代码

Linux 的内核源代码可以从 http：//www. Linux. org 上下载。另外,如果开发安装 Linux 系统时选择的是全部安装,在开发主机的/usr/src/目录中也会有 Linux 的源代码。

4. 准备 BusyBox 工具

BusyBox 工具中包含了七十多种 Linux 系统中常用的工具程序,利用 BusyBox 可以替代 Linux 系统中常用的一些工具和命令,例如 ls,cp,rm,rmdir,mount,umount,init 等。BusyBox 中命令不仅丰富,而且占据很小的空间,同时它还提供面向嵌入式系统的应用。因此,在构建 Linux 系统时,特别是针对嵌入式 Linux 系统的应用中,使用 BusyBox

取代常用的 Linux 命令非常有效。

BusyBox 的实质是提供了一个很小的可执行程序 BusyBox,通过对其的链接,可以建立其他常用的 Linux 系统命令。BusyBox 的具体使用方法如下:

(1)从 BusyBox 的官方网站 http://www.busybox.net/downloads 上下载 BusyBox 的源代码,例如 busybox-1.21.0.tar.bz2。将其放到/tmp 目录中。

(2)解压缩 busybox-1.21.0.tar.bz2

```
$ cd /tmp                        //进入/tmp 目录
$ tar-xvjf busybox-1.21.0.tar.bz2    //解压缩
```

(3)进入 busybox-1.2.2 目录,修改 BusyBox 中的 init.c 源代码,具体操作如下:

```
$ cd /tmp/busybox－1.21.0
$ vi init/init.c //编辑 init.c 文件
```

找到 init.c 文件中的以下代码:

```
# define INIT_SRCIPT "/etc/init.d/rcS
```

把其修改为:

```
# define INIT_SRCIPT "/etc/rc.d/rc.sysinit"
```

修改的目的是把系统执行的第一个程序设为:/etc/rc.d/rc.sysinit。如果不修改,也可以把以后建立的/etc/rc.d/rc.sysinit 文件改为/etc/init.d/rcS。

(4)对 BusyBox 进行配置,具体操作如下:

```
$ make defconfig        //使用默认配置,让 busybox 包含常用的工具和命令
$ make menuconfig       //进入人工配置菜单
```

进入手工配置菜单后,根据需要作一些修改。主要需要修改的选项说明如下:

```
BusyBox Settings→Build Options
    [ * ] Build BusyBox as a static binary (no shared libs)
```

这个选项能把 BusyBox 编译成静态链接的可执行文件,运行时可以不需要其他函数库,建议选上。

```
[ ] Do you want to build busybox with a Cross Compiler
```

本选项设置是否把 BusyBox 用于嵌入式系统中,如果是,则需要设置交叉编译器。如果选中,会出现如下提示:

```
(/usr/local/hybus-arm-Linux-R1.1/bin/arm-Linux-)Cross Compiler prefix
```

选中此行,可以输入自己定义的交叉编译器的前缀。例如交叉编译器为"/usr/arm/bin/arm-elf-gcc",则在这里输入"/usr/arm/bin/arm-elf-"即可。

```
BusyBox Settings→Installation Options
    [ * ]Don't use /usr
```

这个选项也一定要选,否则 make install 后 BusyBox 将安装在原系统的/usr 下,这将覆盖系统原有的命令。选择这个选项后,make install 后会生成一个叫_install 的目录,里面有 BusyBox 和指向它的链接。

进入 Shell 选项,选择 ash 作为默认的 Shell 程序。如下:

```
Shells→Choose your default shell (ash)
    [ * ]ash
```

```
[ ]hush
[ ]lash
[ ]msh
```

在 BusyBox 的其他选项中可以选择包含那些 Linux 系统的命令，根据具体的需要进行选择。由于在手工配置(make menuconfig)之前，使用了 make defconfig 命令，因此，此时的 BusyBox 中已经包含了大部分的 Linux 系统常用的工具和命令。当然，如果用户希望包含 BusyBox 支持的全部命令，也可以使用 make allyesconfig 来进行配置。

(5)编译 BusyBox，命令如下：

```
$ make
```

(6)安装 BusyBox，命令如下：

```
$ make install
```

make install 完成后，会在/tmp/busybox-1.21.0/目录下生成 _install 目录，里面会建立 bin 和 sbin 子目录，其中包含 BusyBox 可执行文件和所有 BusyBox 支持命令对其的链接。通过察看/tmp/busybox-1.21.0/_install/bin/目录下的链接，用户可以清楚地看到 BusyBox 中究竟支持了哪些命令和工具。如果用户希望的命令没有出现在这个目录中，就需要重新配置、编译 BusyBox，让其支持。

11.2.2　编译 Linux 内核

从网上 http://www.kernel.org 下载一个 Linux 内核，放到开发主机上，解压缩之后就可以配置、编译内核了，具体操作可以按照以下步骤进行：

(1)进入 Linux 内核源码所在目录，使用"make menuconfig"命令配置 Linux 内核。

需要注意是由于要支持 U 盘启动，配置内核时必须选择以下内容：

①选择 Device Drivers→Block devices 下的 Loopback device support、RAMblock device support 等支持；

②选择 Device Drivers→SCSI Support 下的 SCSI device support、SCSI disk support、SCSI low-level drivers→Buslogic SCSI support 等支持；

③选择 Device Drivers→USB Support 下的 Support for Host-side USB、Preliminary USB device filesystem、USB Mass Storage support 支持；另外，还需要选中至少一个"Host Controller Driver(HCD)"，比如适用于 USBI.1 的"UHCI HCD support"或"OHCI HCD support"，适用于 USB2.0 的"EHCI HCD (USB2.0)Support"。如果拿不准的话把它们全部选中。

选择好需要编译的选项后，在主菜单中，选择最后一项 Save an Alternate Configuration File。

(2)使用"make dep"命令寻找依存关系，由系统决定需要编译哪些内容。

(3)使用"make clean"命令清除以前编译内核时生成的中间文件等。

(4)使用"make bzImage"命令生成压缩的 Linux 内核文件。生成的内核文件被命名为 bzImage，位于"../arch/i386/boot"目录下。

11.2.3　在 U 盘上建立根文件系统

1. 在 U 盘上面建立 Linux 分区和 ext2 文件格式

在对 U 盘进行分区之前必须要得到 U 盘在系统中的设备文件，U 盘在 Linux 系统中被识别为 SCSI 设备，因此系统分配给其的设备文件一般为 sda、sdb、sdc 等，如果系统中只有一个 SCSI 设备，则插入的第一个 U 盘的设备文件一般为/dev/sda。对于 VM-Ware 下安装的 Linux 系统而言，第一个 U 盘的设备文件一般为 /dev/sdb。实际的设备文件可以通过"fdisk-l"指令来查看。知道 U 盘的设备文件之后，就可以对 U 盘进行分区和格式化，其具体操作如下：

（1）把 U 盘插到开发主机上。

（2）使用"fdisk-l"命令查看 U 盘的设备文件。这里假设为/dev/sda1。

（3）使用 fdisk 在 U 盘上建立 Linux 分区，具体操作如下：

```
♯fdisk / dev / sda      // 这里假设 U 盘的设备文件为 sda
Command(m for help):d      // 输入 d,删除旧的分区
Command(m for help):n      // 输入 n,建立新的分区
    e extended
    p    primary partition(1－4)
                    p            // 输入 p,选择建立主分区,回车
partition number(1－4):1   // 输入 1,建立 1 个分区
First cylinder (1－1019,default 1):  // 回车,选择默认
Last cylinder or ＋size or ＋sizeM or ＋sizeK (1－1019,default 1019):＋512M //由于现
```
的 U 盘都比较大,为了避免错误,这里可以输入 ＋512M,在 U 盘上建立一个 512M 大小的分区
```
Command(m for help):p   // 输入 p,察看分区
Command(m for help):w   // 输入 w,保存并退出 fdisk
```

（4）格式化完成后，U 盘上会建立一个 Linux 分区。下面就可以在 U 盘上建立 ext2 文件系统，具体操作如下：

```
$ mkfs.ext2 /dev/sda1   //创建文件系统,这里假设 U 盘的设备文件为 sda1
```

2. 建立必需的目录

把 U 盘挂载到系统中，并且建立 /boot,/etc,/etc/rc. d,/proc,/tmp,/var,/dev,/mnt,/lib,/initrd 等系统必需的目录，具体操作如下：

```
$ mkdir /mnt/usb                    //建立 /mnt/usb 目录,用于挂载 U 盘
$ mount /dev/sda1 /mnt/usb      //挂载 U 盘到/mnt/usb 目录,假设 U 盘的设备文件为 sda1
$ cd /mnt/usb                        //进入 /mnt/sda 目录
$ mkdir boot etc etc/rc.d proc tmp var dev mnt lib initrd        //建立需要的目录
$ chmod 755 boot etc etc/rc.d proc tmp var dev mnt lib initrd     //改目录属性为可读写
```

这里没有建立 /bin 和/sbin 目录，这两个目录将直接从 BusyBox 的 _install 复制过来。另外，如果使用 initrd 内核文件，也要创建 initrd 目录。

3. 建立必需的设备节点文件

进入 /mnt/usb/dev 目录,建立必需的设备节点文件,建立方法用两种,一是使用"cp-a"指令从系统的/dev 目录把需要的设备复制过来,另一种是使用 mknod 命令自己创建,自行创建的具体操作如下:

```
$ cd /mnt/usb/dev
```

(1)建立一般终端机设备

```
$ mknod tty c 5 0
$ mknod console c 5 1
$ chmod 666 tty console
```

(2)建立 VGA Display 虚拟终端机设备

```
$ mknod tty0 c 4 0
$ chmod 666 tty0
```

(3)建立 RAM disk 设备

```
$ mknod ram0 b 1 0
$ chmod 600 ram0
```

(4)建立 null 设备

```
$ mknod null c 1 3
$ chmod 666 null
```

4. 生成一些常见的命令和工具

文件系统中要包含一些常见的命令和工具,比如 ls、cp、rm、rmdir、init、ifconfig 等。用户可以复制原来系统中的这些命令,需要注意的是一定要把所用到的动态链接库(可以使用 ldd 命令查看)复制到/mnt/usb/lib 目录。

前面已经提过,这些常用 Linux 命令和工具会占用很多空间,有一种解决方法是使用 BusyBox 工具。BusyBox 工具中命令丰富,占用的空间又小,在本实验中将使用前面编译好的 BusyBox 工具。把 busybox-1.2.2/_install/目录下的 bin 目录和 sbin 目录复制到 U 盘的根目录下,命令如下:

```
$ cp-a-R-f /tmp/busybox-1.2.2/_install/ * /mnt/usb/
```

使用-a 选项保证链接的正确性,使用-R 选项保证目录的正确复制,使用-f 选项进行强制覆盖。

在 BusyBox 工具中,还缺少 sh 命令,可以把 Linux 操作系统的 sh 命令复制过来,首先进入系统的/bin 目录,通过 ls-l 命令来查看 sh 命令,操作如下:

```
$ cd /bin
$ ls-l sh
```

发现 sh 命令实际上是 bash 命令的一个链接,再用 ldd 命令来查看 bash 的关联性:

```
$ ldd bash
```

发现 bash 需要/lib/libtermcap. so. 2、/lib/libdl. so. 2、/lib/tls/libc. so. 6 和/lib/ld-Linux. so. 2 库的支持,可以把这些库和 bash 复制到 U 盘中。具体操作如下:

```
$ cp /bin/bash /mnt/usb/bin
$ cp /lib/libtermcap.so.2 /mnt/usb/lib
$ cp /lib/libdl.so.2 /mnt/usb/lib
$ cp /lib/tls/libc.so.6 /mnt/usb/lib
$ cp /lib/ld-Linux.so.2 /mnt/usb/lib
$ cd /mnt/usb/bin
$ ln-s bash sh      //通过链接命令建立 sh 命令
```

至此,我们需要的命令已经建立完毕。

4. 建立一些必需的配置文件

Linux 系统在启动过程中还需要一些配置文件,比如/etc/rc.d/inittab、/etc/rc.d/rc.sysinit 和/etc/fstab 等。具体操作如下:

(1)建立 /mnt/usb/etc/rc.d/inittab 配置文件

```
$ vi /mnt/usb/etc/rc.d/inittab
```

添加以下内容:

```
::sysinit:/etc/rc.d/rc.sysinit
::askfirst:/bin/sh
```

如果是在窗口界面下操作,为了方便,可以使用 gedit 来创建上述文件,下同。

(2)建立 /mnt/usb/etc/rc.d/rc.sysinit 配置文件

```
$ vi /mnt/usb/etc/rc.d/rc.sysinit
```

添加以下内容:

```
$! /bin/sh
mount-a
```

(3)建立 /mnt/usb/etc/fstab 配置文件

```
$ vi /mnt/usb/etc/fstab
```

添加以下内容:

```
proc /proc proc defaults 0 0
```

(4)然后修改 inittab,rc.sysinit,fstab 这 3 个文件的权限

```
$ chmod 644 /mnt/usb/etc/inittab
$ chmod 755 /mnt/usb/etc/rc.d/rc.sysinit
$ chmod 644 /mnt/usb/etc/fstab
```

5. 复制 Linux 内核文件等到 U 盘中

复制编译好的内核文件到 U 盘:

```
$ cp ×××/arch/is36/boot/bzImage /mnt/usb/boot
```

如果使用了 initrd 内核文件,还需要复制其内核文件到 U 盘中,并把其后缀名改为 img,不改也可以。操作如下:

```
$ cp /tmp/initrd.gz /mnt/usb/boot/initrd.img
```

最后需要把 U 盘卸载下来,这样在/mnt/usb/中建立的目录和文件才会被保存到 U 盘中,可以使用"umount /mnt/usb"命令来卸载 U 盘。**这一步非常关键**,如果 U 盘没有

被 umount,则以上所有修改不会被保存到 U 盘上。

11.2.4　安装 grub 到 U 盘中

有了已经格式化好的 ext2 的文件系统,接下来就可以在这个文件系统上安装 Linux 的引导程序 grub 了。如果开发主机也是使用 grub 引导的,则在开发主机的/boot 目录下会安装有 grub 程序。如果没有,则需要自行下载之后进行安装,下载地址为 http://www.gnu.org/software/grub/。grub 的安装过程如下:

(1)首先,要将格式化好的优盘上的文件系统挂载到当前的 Linux 系统中。命令如下:

```
$ mount /dev/sda1 /mnt/usb
```

(2)建立 grub 所需要的目录,并将当前使用的 Linux 系统中的 grub 相关文件(/boot/grub/目录下的 stage1 和 stage2)复制到 U 盘的/usb/boot/grub 下。命令如下:

```
$ mkdir /mnt/usb/boot/grub
$ cp /boot/grub/stage * /mnt/usb/boot/grub/
```

(3)使用"grub"命令将 grub 引导程序安装在优盘上。具体命令如下:

```
$ grub
grub>root (hd1,0)
grub>setup (hd1)
grub>quit
```

上述操作中的 hd1 表明系统中已经有了一个硬盘,插入的 U 盘被标示为 hd1。类似这样的参数会随用户机器的硬盘数量和分布情况的不同而不同。

(4)在安装完 grub 后,还要对其进行配置。用户在 U 盘的/usr/boot/grub 目录下创建 grub.conf 文件(或者 grub.cfg,menu.lst,这和使用的 grub 版本和配置有关),命令如下:

```
$ vi /mnt/usb/boot/grub/grub.conf
```

增加以下内容:

```
default = 0
timeout = 10
title MyUSBLinux-No-Use-initrd.img
root (hd0,0)
kernel /boot/bzImage ro root = /dev/sda1
title MyUSBLinux-Use-initrd.img
root (hd0,0)
kernel /boot/bzImageNoChange ro root = /dev/sda1
initrd /boot/initrd.img
```

grub 中的 root (hd0,0)需要根据测试用计算机的具体情况更改,根据计算机上的 CMOS 设置的不同和硬盘数量的多少,这一项有可能是 root (hd1,0)或 root (hd2,0)等。

(5)最后使用"umount /mnt/usb"命令把 U 盘卸载掉即可。至此,一个可以在 U 盘上独立运行的 Linux 操作系统就完成了。把 U 盘插到可以用 USB-HDD 方式启动的计算机上,设置好 CMOS 中的引导次序,就可以测试制作的 U 盘 Linux 系统了。

11.2.5　使用 initrd 内核作为根文件系统

上例中建立的根文件系统是直接存放在 U 盘上的,为了进一步节省空间,可以对准备好的根文件系统进行压缩存放。Linux 启动时,可以把压缩的根文件系统读到内存中,解压缩之后在进行加载。在嵌入式 Linux 系统设计中,通常会采用这种方式,例如前面使用的 initrd 内核实际上就是一个压缩的微型根文件系统,是否可以利用 initrd 内核来作为整个系统的根文件系统呢? 答案是肯定的。initrd 内核实际上也是一个采用 Ramdisk 方式压缩的微型根文件系统,但是,在桌面 Linux 系统中,initrd 内核是作为一个临时文件系统使用的,其作用周期很短,实际的根文件系统一旦被加载,它就失去了作用。然而,在很多嵌入式系统的应用中,可以把 initrd 作为永久的根文件系统来使用。在本节,我们使用这种方式来购建一个使用 initrd 作为永久根文件系统的 Linux 操作系统。具体操作如下:

(1)创建一个 initrd 映像文件 initrdnew

创建 initrd 映像文件有多种方法,一是使用 Redhat 下建立 initrd 映像文件的专用命令 mkinitrd,具体操作如下:

```
$ mkinitrd /tmp/initrdnew.gz 2.4.20-8
$ gunzip /tmp/initrdnew.gz
$ mkinitrd /tmp/initrdnew.gz 2.4.20-8
```

另一种创建 initrd 的映像文件方法是采用通用的 loop 设备来制作,具体操作如下:

```
$ dd if = /dev/zero of = /tmp/ initrdnew bs = 1M count = 4
$ mkfs.ext2 /tmp/ initrdnew
```

上述命令创建了大小为 4M 的 initrd 映像文件 initrdnew,并且使用 mkfs.ext2 命令创建了 ext2 的文件系统。

(2)把 initrd 的映像文件 initrdnew 加载到系统中,具体操作如下:

```
$ mkdir /mnt/initrd                          //为加载上步得到的 initrd 文件作准备
$ mount-o loop /tmp/ initrdnew /mnt/initrd    //加载 initrd 文件
```

(3)建立必要的目录和命令

如果是使用 mkinitrd 创建的 initrd 映像文件,则其中将会有基本的目录结构。如果是使用 loop 设备创建的还需要建立一些基本的目录,例如/bin、/sbin、/boot、/etc、/proc、/tmp、/var、/dev、/mnt、/lib、/initrd 等系统必需的目录。具体操作如下:

```
$ cd /mnt/initrd
$ mkdir bin dev sys proc etc lib mnt
```

建立必要的命令:

```
$ cp /tmp/busybox-1.2.2/busybox /mnt/initrd/bin   //把 busybox 复制一份
$ cd /mnt/initrd/bin                              //进入 bin 目录
$ ln-s busybox ls                                 //建立一个链接,使其具有 ls 命令
```

```
$ ln-s busybox cp
$ ln-s busybox ash
$ ln-s busybox mount
$ ln-s busybox echo
$ ln-s busybox ps
……
```

建立 sbin 目录：

```
$ cd /mnt/initrd
$ ln-s bin sbin
```

建立必要的设备：

```
$ cp-a /dev/console /mnt/initrd/dev
$ cp-a /dev/ramdisk /mnt/initrd/dev
$ cp-a /dev/ram0 /mnt/initrd/dev
$ cp-a /dev/null /mnt/initrd/dev
$ cp-a /dev/tty1 /mnt/initrd/dev
$ cp-a /dev/tty2 /mnt/initrd/dev
……
```

（4）建立并修改 Linuxrc 文件，操作如下：

```
$ vi /mnt/initrd/Linuxrc
```

加入的内容如下即可：

```
$ ! /bin/ash
/bin/ls
/bin/ash-login
```

（5）卸载 initrd，重新压缩生成 initrdnew. gz

```
$ umount /mnt/initrd
$ gzip-9 initrdnew
```

（6）U 盘的处理

参照以前的步骤，并在 U 盘上面建立 Linux 分区和 ext2 文件格式。建立/boot /boot/grub 目录。并且装上 grub。然后把以前编译好的 Linux 内核文件和上步得到的 initrdnew. gz 复制到 U 盘的/boot 目录中，创建和编辑 U 盘中的/boot/grub/grub. conf 文件（或者 grub. cfg），操作如下：

```
$ vi /mnt/usb/boot/grub/grub.conf
```

输入以下内容：

```
default = 0
timeout = 10
title InitrdLinux
root (hd0,0)
kernel /boot/bzImage ro root = /dev/ram0 init = /Linuxrc rw
initrd /boot/initrdnew.gz
```

保存退出，把 U 盘卸载下来，整个制作过程结束。一个可以在 U 盘上独立运行的采用 Ramdisk 方式的 Linux 操作系统就完成了，把 U 盘插到可以用 USB-HDD 方式启动的计算机上，设置好 CMOS 中的引导次序，就可以测试这个 Linux 系统了。

习　题

根据书上的例子，采用不同的方法，完成一个 U 盘 Linux 系统的制作与调试。

第 12 章

Android 的开发与应用

12.1 Android 操作系统简介

Android 是一种以 Linux 为基础的开放源码操作系统，主要应用于便携设备。Android 一词最早出现于法国作家利尔亚当在 1886 年发表的科幻小说《未来夏娃》中。作者将外表像人类的机器起名为 Android，这也就是 Android 小人名字的由来。Android 股份有限公司于 2003 年在美国加州成立，在 2005 年被 Google 收购。2010 年末数据显示，仅正式推出两年的 Android 系统的市场占有率已经超越称霸十年的诺基亚 Symbian 系统，跃居全球最受欢迎的智能手机平台之一。

12.1.1 Android 系统构架

Android 的系统构架分为四层，从高层到底层分为应用程序层，应用程序框架层，系统运行库层和 Linux 核心层，如图 12.1 所示。

1. Android 应用层

Android 应用层由运行在 Android 设备上的所有应用共同构成，它不仅包括通话、短信、联系人等系统应用(随 Android 系统一起预装在移动设备上)，还包括其他后续安装到设备中的第三方应用。第三方应用都是基于 Android 提供的 SDK(Software Development Kit)进行开发的，并受到 SDK 接口的约束。而预装在设备中的系统应用，则可以调用整个框架层的接口和模块，其中的很多接口在 SDK 中是隐藏的，因此，系统应用具有比第三方应用更多的权利。

Android 的应用都是基于 Java 语言来开发的，但在很多应用(尤其是游戏)中，需要进行大规模的运算和图形处理，以及使用开源 C/C++ 类库。通过 Java 来实现，可能会有执行效率过低和移植成本过高等问题。因此在 Android 开发中，开发者可以使用 C/C++

来实现底层模块,并添加 JNI(Java Native Interface)接口与上层 Java 实现进行交互,然后利用 Android 提供的交叉编译工具生成类库并添加到应用中。为了让应用开发者能够绕过框架层,直接使用 Android 系统的特定类库,Android 还提供了 NDK(Native Development Kit),它由 C/C++ 的一些接口构成,开发者可以通过它更高效地调用特定的系统功能。但开发者通常只能使用 C/C++ 编写功能类库,而不是整个应用。这是因为,诸如界面绘制、进程调度等核心机制是部署在框架层并通过 Java 来实现的,应用只有按照它们规定的模式去编写特定的 Java 模块和配置信息,才能够被识别、加载和执行。

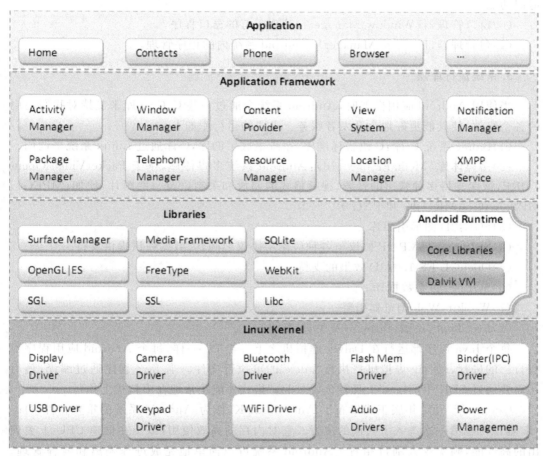

图 12.1　Android 系统框架

2. 应用程序框架层

这一层即是编写 Google 发布的核心应用时所使用的 API 框架,开发人员同样可以使用这些框架来开发自己的应用,这样便简化了程序开发的架构设计,但是必须遵守其框架的开发原则,本层提供以下组件:

(1)丰富而又可扩展的视图(Views):可以用来构建应用程序,它包括列表(lists)、网格(grids)、文本框(text boxes)、按钮(buttons),甚至可嵌入的 Web 浏览器。

（2）内容提供器（Content Providers）：它可以让一个应用访问另一个应用的数据（如联系人数据库），或共享它们自己的数据。

（3）资源管理器（Resource Manager）：提供非代码资源的访问，如本地字符串、图形和布局文件（layout files）。

（4）通知管理器（Notification Manager）：应用可以在状态栏中显示自定义的提示信息。

（5）活动管理器（Activity Manager）：用来管理应用程序生命周期并提供常用的导航退回功能。

（6）窗口管理器（Window Manager）：管理所有的窗口程序。

（7）包管理器（Package Manager）：Android 系统内的程序管理。

3. 系统运行库层

当使用 Android 应用框架时，Android 系统会通过一些 C/C++ 库来支持对我们使用的各个组件，使其能更好地为开发者服务。主要的运行库如下：

（1）Bionic 系统 C 库：C 语言标准库，系统最底层的库，C 库通过 Linux 系统来调用。

（2）多媒体库（MediaFrameword）：Android 系统多媒体库，基于 PacketVideo Open-CORE，该库支持多种常用的音频、视频格式的回放和录制以及一些图片，比如：MPEG4、MP3、AAC、AMR、JPG 和 PNG 等。

（3）SGL：2D 图形引擎库。

（4）SSL：位于 TVP/IP 协议与各种应用层协议之间，为数据通讯提供支持。

（5）OpenGL ES 1.0：3D 效果的支持。

（6）SQLite：关系数据库。

（7）Webkit：Web 浏览器引擎。

（8）FreeType：位图（Bitmap）及矢量（Vector）。

每个 Java 程序都运行在 Dalvik 虚拟机之上。与 PC 一样，每个 Android 应用程序都有自己的进程，Dalvik 虚拟机只执行".dex"的可执行文件。当 Java 程序通过编译，最后还需要通过 SDK 中的"dx"工具转化成".dex"格式才能正常地在虚拟机上执行。

Google 于 2007 年底正式发布了 Android SDK，作为 Android 系统的重要特性，Dalvik 虚拟机也第一次进入了人们的视野。它对内存的高效使用，以及在低速 CPU 上表现出的高性能，确实令人刮目相看。Android 系统可以简单地完成进程隔离和线程管理。每一个 Android 应用在底层都会对应一个独立的 Dalvik 虚拟机实例，其代码在虚拟机的解释下得以执行。很多人认为 Dalvik 虚拟机是一个 Java 虚拟机，因为 Android 的编程语言恰恰就是 Java 语言。但是这种说法并不准确，因为 Dalvik 虚拟机并不是按照 Java 虚拟机的规范来实现的，两者并不兼容；同时还要两个明显的不同：Java 虚拟机运行的是 Java 字节码，而 Dalvik 虚拟机运行的则是其专有的文件格式 DEX（Dalvik Executable）的文件。在 Java SE 程序中的 Java 类会被编译成一个或者多个字节码文件（.class）然后打包到 JAR 文件，而后 Java 虚拟机会从相应的 CLASS 文件和 JAR 文件中获取相应的字节码；Android 应用虽然也是使用 Java 语言进行编程，但是在编译成 CLASS 文件后，还会通过一个工具(dx)将应用所有的 CLASS 文件转换成一个 DEX 文件,而后 Dalvik 虚拟机会从其中读取指令和数据。

Dalvik 虚拟机非常适合在移动终端上使用,相对于在桌面系统和服务器系统运行的虚拟机而言,它不需要很快的 CPU 速度和大量的内存空间。根据 Google 的测算,64M 的 RAM 已经能够让系统正常运转了。其中 24M 被用于底层系统的初始化和启动,另外 20M 被用于高层启动高层服务。当然,随着系统服务的增多和应用功能的扩展,其所消耗的内存也势必越来越大。

4. Linux 核心层

Android 的核心系统服务基于 Linux2.6 内核,其安全性、内存管理、进程管理、网络协议栈和驱动模型等都依赖于 Linux2.6 内核。Linux 内核同时也作为硬件和软件栈之间的抽象层。Android 更多的是需要一些与移动设备相关的驱动程序,主要的驱动如下:

(1)显示驱动(Display Driver):基于 Linux 的帧缓冲(Frame Buffer)驱动。

(2)键盘驱动(KeyBoard Driver):作为输入设备的键盘驱动。

(3)Flash 内存驱动(Flash Memory Driver):基于 MTD 的 Flash 驱动程序。

(4)照相机驱动(Camera Driver):常用的基于 Linux 的 v4l2(Video for Linux)驱动。

(5)音频驱动(Audio Driver):常用的基于 ALSA(Advanced Linux Sound Architecture)的高级 Linux 声音体系驱动。

(6)蓝牙驱动(Bluetooth Driver):基于 IEEE 802.15.1 标准的无线传输技术。

(7)WiFi 驱动(Camera Drive):基于 IEEE 802.11 标准的驱动程序。

(8)Binder IPC 驱动:Android 的一个特殊的驱动程序,具有单独的设备节点,提供进程间通讯的功能。

(9)Power Management(能源管理):比如电池电量等。

12.1.2　Android 系统开发环境的构建

搭建 Android 开发环境,需要安装 JDK、Eclipse、Android SDK 和 ADT,具体安装方法如下:

1. 安装 JDK(Java Development Kit)

虽然运行 Eclipse 开发工具只需要 JRE(Java Runtime Environment)即可,但是开发 Android 的程序时需要完整的 JDK(包含 JRE)。去 Java 的官方网站进行下载安装即可;下载地址为:http://www.oracle.com/technetwork/java/javase/downloads/jdk7-downloads-1880260.html。

在该网页中提供了各种平台的 JDK 下载,可以根据需要选择合适的 JDK 进行下载。

2. 下载安装 Eclipse IDE for Java Developers

下载地址为:http://www.eclipse.org/downloads/。

3. 下载安装 Android SDK 管理器

在 Android 开发者官方网站，可以下载 SDK 工具包。这个工具包是一个 SDK 下载
管理器，安装时可以根据你选择的基础组件和 API 进行新的在线下载与安装。Android
SDK 的下载地址为：http://developer.android.com/sdk/index.html。

Android SDK 中的工具、平台和其他组件包是分开的，原始下载的 Android SDK 中
仅仅包含 SDK 工具，其他需要的平台和组件包需要使用 SDK 工具中的 Android SDK
Manager 来下载它们。具体使用如下：

（1）启动 SDK 管理器

下载解压 Android SDK 之后，在 Windows 中，双击 SDK manager.exe 文件启动
SDK 管理器。

（2）Android SDK Manager 会显示所有能够用到的工具包。作为最低配置，你的
SDK 建议至少安装以下内容：

- 最新的工具包（选择 Tools 文件夹）。
- 最新版本的 Android（选择 Android 文件夹）。
- 对 Android 的支持库（打开 Extras 文件夹并选择 Android Support Library）。

一旦你选择了你的包，请单击"Install"。Android SDK Manager 会安装选定的软件
包到你的 Android SDK 环境。图 12.2 显示了已经安装或更新的软件包的情况。

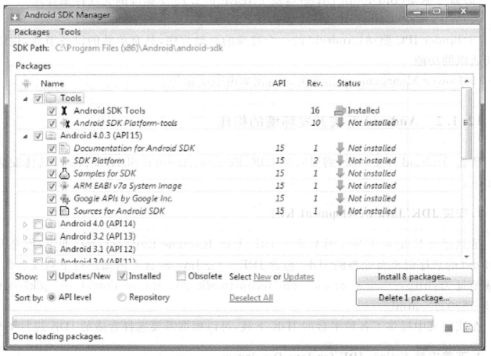

图 12.2　已经安装或更新的软件包

4. 下载安装 ADT

ADT 是安卓专为 Eclipse 定制的插件，方便进行 Android 应用程序的开发；打开 Eclipse后，单击 Menu 项中的 Help-Software Update，选择 Available 标签，单击 Add Site，将安卓提供的 ADT 网站添加进去即可，目前这个网址是 https://dl-sll. google. com/Android/eclipse/。添加相关的 ADT 组件过程如下：

（1）启动 Eclipse，然后选择 Help > Install New Software。

（2）单击右上角的 Add。

（3）在 ADD 对话框的 Name 中输入"ADT Plugin"。在 Location 中输入下面的网址：https://dl-ssl. google. com/android/eclipse/。

（4）点击 OK。

（5）在 Available Software 对话框中，选择 Developer Tools 旁边的复选框，然后单击 Next。

（6）在下一个窗口中，你会看到一个要下载的工具列表。单击 Next。

（7）阅读并接受许可协议，然后单击 Finish。

（8）当安装完成后，重新启动 Eclipse。

5. 配置 ADT 插件

当 Eclipse 重新启动后，还需要指定下载的 Android SDK 的位置。

（1）在"Welcome to Android Development"窗口中，选择 Use existing SDKs。

（2）浏览并选择你下载并解压后的 Android SDK 所在的目录，单击 Next。

至此，Eclipse IDE 就可以开发 Android 应用程序了。以后如需要添加新的 SDK 平台和组件包到 Eclipse 开发环境，可以使用前面所述的 Android SDK 工具中的 Android SDK Manager 管理器来帮忙。

12. 1. 3　**Android 应用程序开发实例**

1. 新建项目文件

打开 Eclipse，File→New→project，进入如图 12.3 所示的界面。

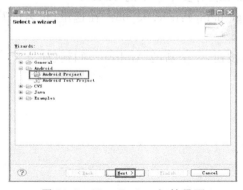

图 12.3　New Project 初始界面

选择 Android Project，点击 Next，出现如图 12.4 所示的界面。

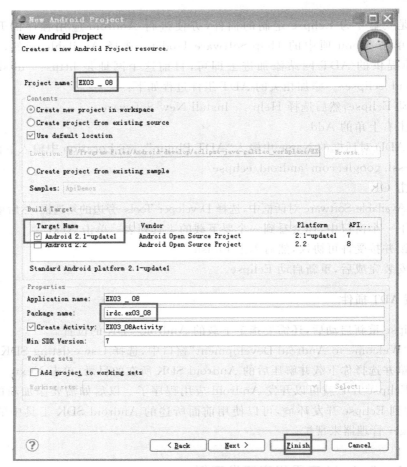

图 12.4　New Project 信息界面

在图 12.4 中，做以下几件事情：

(1)填写工程名(Project name)：EX03 _ 08；

(2)选择版本平台(如果装有多个版本的 SDK)；

(3)填写包名(Package name)：irdc.03_08。在这里，包名的写法一定要是×××.×
××。

完成后，点击 Finish 按钮，一个新的 Android 项目就建立了。

2. 修改 Android 项目的程序代码

新建立的工程文件的程序结构视图如图 12.5 所示。

工程的源程序（包和 java 文件）全部放在 src 的文件夹里；布局文件（全为. XML 文件）在 layout 文件夹里；赋值文件（全为. XML 文件）在 values 文件夹里。程序的图标文件 icon. png 存在 drawable 文件夹里，且该图标文件一定要命名为 icon。

双击 src 目录下的 * . java 文件（这里为 EX03_08. java），编辑窗中已建好一个继承自 Activity 的公共类 public class EX03_08 extends Activity。另外 Eclipse 也建好了重写方法 onCreate：

public void onCreate(Bundle savedInstanceState)

新项目希望实现的功能是：定义一个按钮，按一下这个按钮后会发生背景颜色和文字的改变。具体做法是：在 layout 文件里新建两个布局 XML 文件 main. xml 和 my-layout. xml，然后使用 setContentView 这个方法将 java 程序与 XML 文件相关联，用 setOnClickListener 方法监听 Button 的点击事件，点击后转换不同的布局文件。

编辑好的源代码如图 12.6 所示。

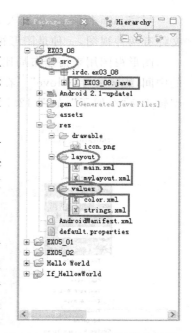

图 12.5　工程文件的程序结构视图

```
package irdc.ex03_08;
/* import相关class */
import android.app.Activity;
public class EX03_08 extends Activity
{
  /** Called when the activity is first created. */
  @Override
  public void onCreate(Bundle savedInstanceState)
  {
    super.onCreate(savedInstanceState);
    /* 加载main.xml Layout */
    setContentView(R.layout.main);
    /* 以findViewById()取得Button对象，并加入onClickListener */
    Button b1 = (Button) findViewById(R.id.button1);
    b1.SetOnClickListener(new Button.OnClickListener()
    {
      public void onClick(View v)
      {
        jumpToLayout2();
      }
    });
  }
  /* method jumpToLayout2: 将layout由main.xml切换成mylayout.xml */
  public void jumpToLayout2()
  {
    /* 将layout改成mylayout.xml */
```

图 12.6　按钮 onCreate 方法的源代码

3. 程序设计

写完 java 代码后,再进入 layout 文件夹下的 main. xml 文件中,在 Eclipse 中该布局文件有两种视图,一种是图形视图,另一种是代码视图。

图形视图用来搭建布局比较方便:在左边 Form Widget 中拖一个 Button 到模拟界面的中间,编辑文字"Move"。在左边 Form Widget 中拖一个 Textview 到 Button 的上方,编辑文字"车厘子",如图 12.7 所示。

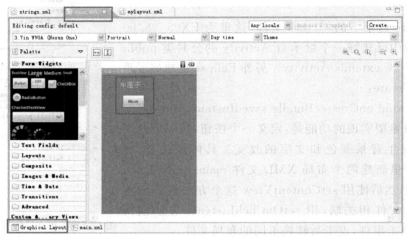

图 12.7　项目的图形视图

再进入 main. xml 的代码视图,如图 12.8 所示,在＜AbsoluteLayout ...＞中找到 android：background="@drawable/black"。

在＜Button...＞中找到 android：id="@+id/button1" android：text="Move"

在＜TextView...＞中找到 android：text="@string/layout1"android：id="@+id/text1"

图 12.8　Main 的代码

由此可以看出,只要修改 black 的定义就可以修改背景颜色。只要修改 layout1 的定义就可改变显示的文字内容。mylayout. xml 和 main. xml 代码结构内容基本相同,仅是把表示背景颜色的 black 改为了 white,layout1 改为了 layout2 等类似的小改动。

双击 values 文件夹下的 color. xml,在 eclipse 中有列表视图和代码视图两种。如图 12.9 和图 12.10 所示。

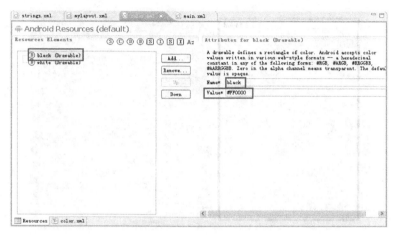

图 12.9 Color. xml 的列表视图

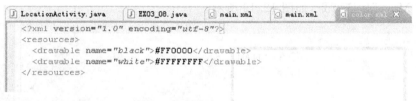

图 12.10 Color. xml 的代码

从图 12.9 和图 12.10 中,都可以自定义背景色变量 black 的颜色值,如这里把它改成 FF0000,即红色。

双击 values 文件夹下的 Strings. xml,在 Eclipse 中也有列表视图和代码视图两种。在代码视图下(图 12.11),也可以修改文字。

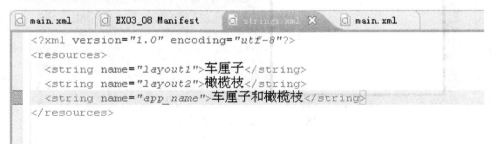

图 12.11 String. xml 的代码

其中的 app_name 是指应用程序的名字。这里命名为"车厘子和橄榄枝"

5. 在模拟器运行

右击工程 EX03_08→Run As→Android Application，Eclipse 会启动 Android 模拟器，这跟 Android 手机类似，等待一段时间后，程序"车厘子和橄榄枝"就会运行，如图12.12 所示。

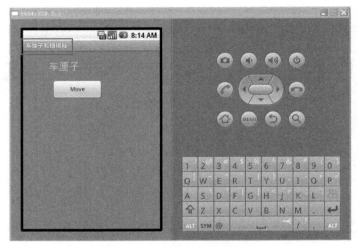

图 12.12　程序运行初始界面

点击"Move"后变背景，如图 12.13 所示。

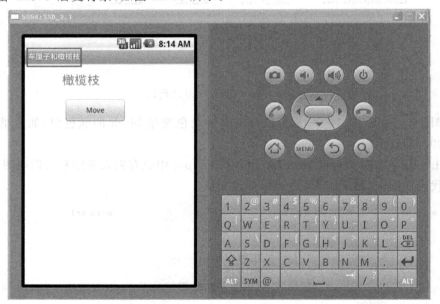

图 12.13　程序运行结果 2

6. 打包发布

程序调试完成之后就可以打包并发布了，具体操作如下：

右击工程 EX03_08→Android Tools→Export Unsigned Application Package,如图
12.14 所示。

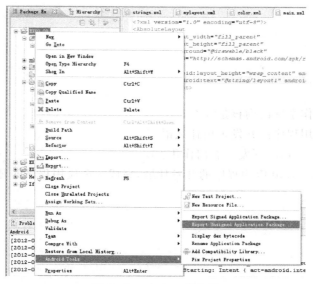

图 12.14 打包工程文件

因为在 Android Market 上发布程序是需要先注册签名的,注册费大概为 25 美元,由
于没有注册过,所以选择 Unsigned。之后把打包好的 .APK 文件保存到指定的目录中。

7. 签名

由于缺少签名,打包后的程序无法安装到手机或 PAD 上,为了能够在手机 PAD 上
安装,可以先使用网上的签名工具。例如使用 Dodo APKSign 签名工具,其下载地址可以
自行搜索。

打开签名工具后选择要签名的程序,如图 12.15 所示。

图 12.15 网络上的签名工具

点击制作签名即完成。这样这个 APK 就可以在运行 Android 2.1 以上版本的系统上安装使用了。

习　题

1. Android 操作系统的内核是什么?
2. Android 应用程序的开发采用什么语言?
3. C/C++在 Android 开发中有何作用?
4. 构建一个 Android 应用程序的开发环境,完成一个应用程序的开发、调试和发布。

第 13 章

iPhone OS 应用程序的开发

13.1　苹果操作系统简介

iPhone OS(简称 IOS)是苹果公司为 iPhone 开发的操作系统。它主要是给 iPhone 和 iPad 等便携产品使用。iPhone OS 和 Mac OS 一样,都是以 Darwin 为基础的(Darwin 是由苹果公司开发的一个开放源码的操作系统),都使用基于 BSD Unix 的内核,并带来 Unix 风格的内存管理和抢占式多任务处理(pre-emptive multitasking)。

IOS 的系统架构如图 13.1 所示,分为四个层次:核心操作系统层(Core OS layer),核心服务层(Core Services layer),媒体层(Media layer)和可轻触层(Cocoa Touch layer)。

图 13.1　iPhone OS 的系统架构

1. Core OS 层

Core OS 层是用 FreeBSD 和 Mach(一种开源的 Unix 操作系统)所改写的 Darwin,是开源、符合 POSIX 标准的一个 Unix 核心。这一层提供了整个 iPhone OS 的一些基础功能,比如:硬件驱动,内存管理,程序管理,线程管理(POSIX),文件系统,网络(BSD Socket)以及标准输入输出等等,所有这些功能都会通过 C 语言的 API 来提供。如果把 Unix 上所开发的程序移植到 iPhone OS 上,多半会使用到 Core OS 的 API。Core OS 层的驱动也提供了硬件和系统框架之间的接口,但出于安全考虑,只有有限的系统框架类能访问内核和驱动。

2. Core Services 层

Core Services 层在 Core OS 基础上提供了更为丰富的功能,包含 Foundation 框架和 Core Data 框架。Foundation 是属于 Objective-C 的 API,Core Data 是属于 C 的 API。另外 Core Services 层还提供了其他的功能,比如:Security,Core Location,SQL Lite 和 Address Book。其中 Security 是用来处理认证、密码管理和安全性管理的;Core Location 是用来处理 GPS 定位的;SQL Lite 是轻量级的数据库;而 Address Book 则用来处理电话簿资料。

3. Media 层

Media 层包含图形技术、音频技术和视频技术,这些技术相互结合就可为移动设备带来最好的多媒体体验,更重要的是,它们让创建外观音效俱佳的应用程序变得更加容易。Media 层是用 C 语言和 Objective-C 混合写成。多媒体应用层包含了基本的类库来支持 2D 和 3D 的界面绘制、音频和视频的播放。这一层包括了一些基于 C 语言的技术,比如 OpenGL ES,Quartz 和 Core Audio,也包括了基于 Objective-C 的较高一层次的动画引擎。

4. Cocoa Touch 层

Cocoa Touch 层是 Objective-C 的 API,其中最核心的部分是 UIKit 框架。Cocoa Touch 层大部分代码是基于 Objective-C 的。这一层提供了很多基础性的类库,比如提供了面向对象的集合类,文件管理类,网络操作类等。

UIKit 框架提供了可视化的编程方式,如果你想节省项目开发的时间,最好的选择是使用(Cocoa Touch)层进行开发。使用高级别的框架比使用低级别的框架更加容易,建议只有当高级别的框架在没有现成方法的时候,才考虑使用更低级别的框架。

13.2   iPhone 开发环境的构建

iPhone 和 IP 程序开发需要以下环境:
(1)装有 Mac OS 的开发主机;
(2)集成开发环境 XCode;
(3)开发工具包 iPhone SDK。

13. 2. 1　Mac OS 虚拟机的安装

Mac OS 是一套运行于苹果 Macintosh 系列电脑上的专用操作系统。它是基于 Unix 内核的图形化操作系统,一般情况下在普通计算机上无法安装 Mac OS。

由于苹果的计算机在国内并不普及,而其操作系统 Mac OS 又无法安装到普通 PC 机上,为了使用 Mac OS,本书采用虚拟机的方式,即使用 Windows 操作系统的计算机,利用 VMware 虚拟机软件虚拟出来一个苹果计算机,进而安装 Mac OS。具体操作方式如下:

1. 硬件准备

安装高版本的 Mac OS 需要 CPU 支持虚拟化技术,因此在安装 Mac OS 之前首先检查处理器是否支持虚拟化技术,一种方法是:进入 BOIS 后找到有关 Virtualization Technology(VT)并设置为 Enabled,如果找不到相应的选项,说明你的处理器不支持虚拟化技术。另一种方法是使用 Virtualization Technology 检测软件 SecurAble。SecurAble 运行后的界面如图 13.2 和图 13.3 所示的窗口左边的图标显示了检测系统是否支持 64 位,中间图标显示了系统是否支持硬件数据执行保护(也就是地址扩展),右边图标显示了系统是否支持 VT。图 13.2 表明被检测的计算机支持 64 位、硬件数据执行保护和 CPU 虚拟化技术。图 13.3 表明被检测的计算机支持 64 位和硬件数据执行保护,但是不支持 CPU 虚拟化技术,因此无法安装高版本的 Mac OS,如果强行安装,安装过程中将会出现如图 13.4 所示的提示。但是,可以在不支持 CPU 虚拟化技术的计算机上安装低版本的 Mac OS,往届同学和网友的测试表明,现在可以在不支持处理器虚拟化技术的计算机上成功安装 Mac OS X 10.5.5 和 MacOS X 10.6.3 等版本。

图 13.2　SecurAble 检测结果

图 13.3　SecurAble 检测结果

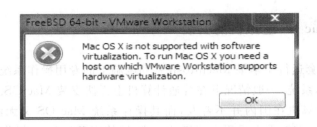

图 13.4　安装警告提示

SecurAble 软件很容易获得,可以自行在搜索引擎中查找并下载。

2. VMware 中虚拟机的创建

确认 CPU 支持虚拟化技术之后就可以创建安装 Mac OS 的虚拟机了,以 VMware Workstation 8 为例,具体方法如下:

(1)打开 VMware Workstation 8,点击 Create a New Virtual Machine,创建一个新的虚拟机。在 New Virtual Machine Wizad 界面中,选择 Custom(advanced),点击 Next。如图 13.5 所示。

图 13.5　虚拟机创建界面 1

保持默认选项,点击 Next,在出现图 13.6 所示的界面时,选择选择 I will Install the operating system later,点击 Next。

出现图 13.7 所示的界面时,选择 other,Version 选择 FreeBSD 64-bit,点击 Next。出现图 13.8 所示的界面时,在 Virtual machine name 中设置虚拟机名,这里为 Mac OS,并在 Location 中设置虚拟机建立的目标路径,之后点击 Next。

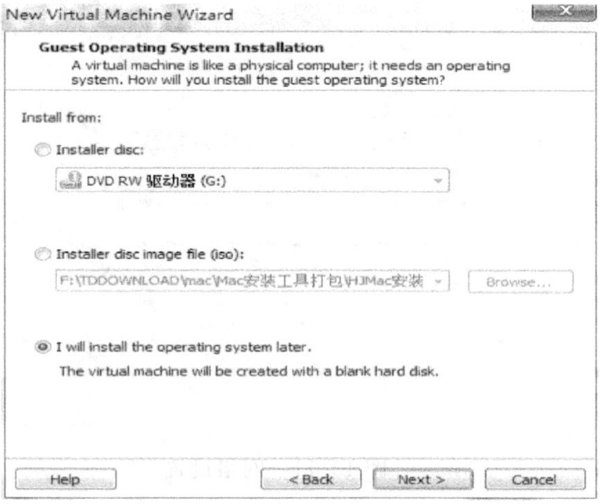

图 13.6 虚拟机创建界面 2

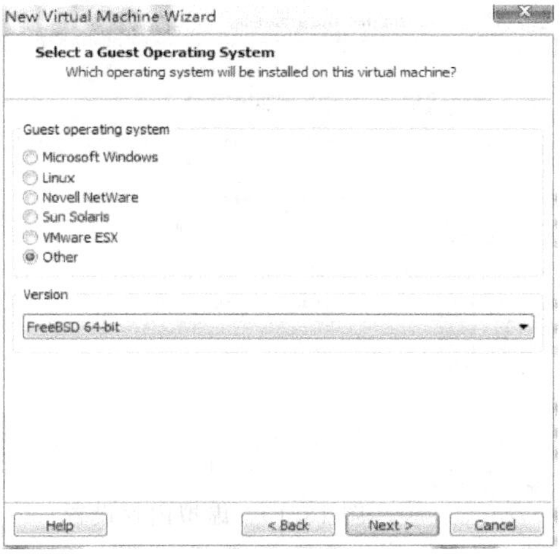

图 13.7 操作系统选择界面

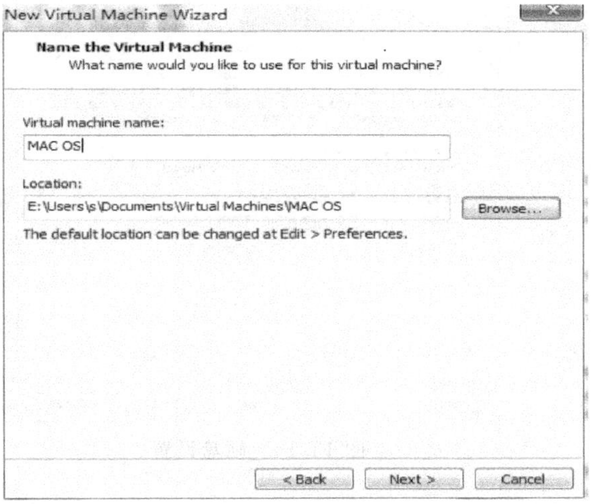

图 13.8 虚拟机信息界面

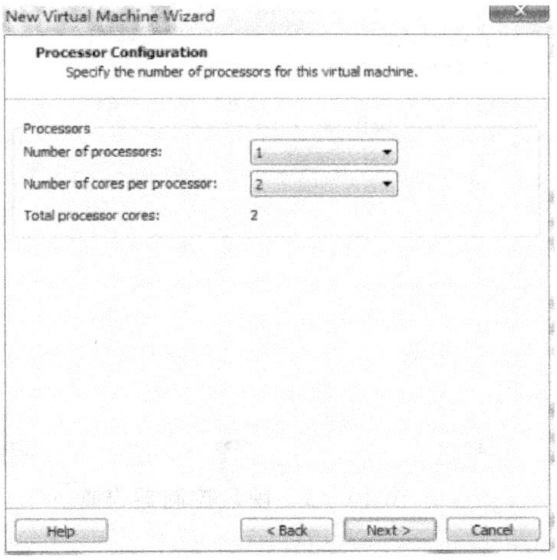

图 13.9 虚拟机 CPU 配置

出现图 13.9 所示的界面时,在 Number of cores per processor 可以选择 1 个或多个,这里选择 2,其他默认,点击 Next。出现图 13.10 所示的界面时,虚拟内存最好大于 1024M,设置好后,点击 Next,分别按照出现的图 13.11 所示至图 13.14 所示设置即可。

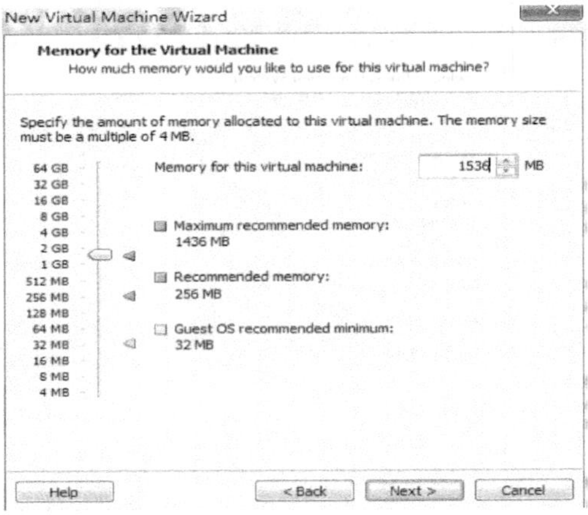

图 13.10　虚拟内存设置

图 13.11　网络设置

图 13.12　硬盘控制器设置

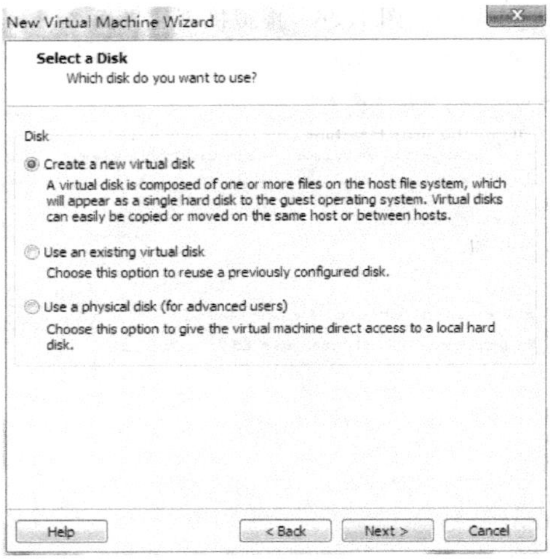

图 13.13　硬盘设置

图 13.14　硬盘类型设置

图 13.15　虚拟硬盘大小设置

在图 13.15 设置虚拟硬盘大小时可以设置 Maximum disk size 为 20.0GB,也可以设置更大一些。确认选中 Store virtual disk as a single file 点击 Next。

出现如图 13.16 所示界面,保持默认选项,直接点击 Next。出现图 13.17 时,点击 Finish 完成虚拟机的创建。

图 13.16　虚拟机保存文件　　　　　　　　图 13.17　虚拟机的创建完成

3. 苹果虚拟机的设置

(1)选中 Mac OS X Lion,点击 Edit virtual machine settings,对创建的虚拟机进行设置,如图 13.18 所示。选择 CD/DVD(SCSI)→Advanced…→SCSI 0∶10 CD/DVD(SC-SI),将光驱设置为 SCSI 模式,如图 13.19 所示。

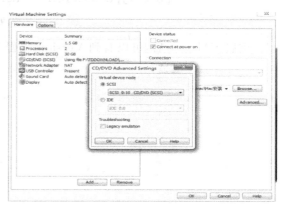

图 13.18　设置虚拟机　　　　　　　　图 13.19　设置光驱位 SCSI

选择 Display→Accelerate 3D graphics,显卡启动 3D 加速,如图 13.20 所示。

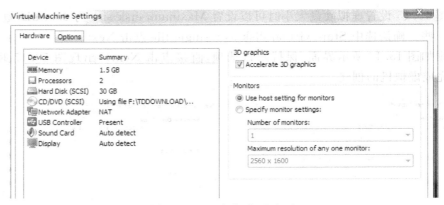

图 13.20   显卡启动 3D 加速

在资源管理器中找到创建的虚拟机文件 Mac OS X LION. vmx，用记事本或其他文本编辑软件打开，修改该文件，"guestOS"这行，将后面的改为"darwin10"，修改后如图13.21 所示。然后保存。

```
hpet0. present = "TRUE"
displayName = "Mac OS X LION"
guestOS = "darwin11"
ich7m. present = "TRUE"
keyboard. vusb. enable ="TRUE"
mouse. vusb. enable = "TRUE"
monitor. virtual_exec = "hardware"
monitor. virtual_mmu = "software"
nvram = "Mac OS X LION. nvram"
virtualHW. productCompatibility = "hosted"
powerType. powerOff = "hard"
powerType. powerOn = "hard"
```

图 13.21   修改后的代码

重启 VMware 后，可以看到 Version 编程 Mac OS X 10.7 了，如图 13.22 所示。

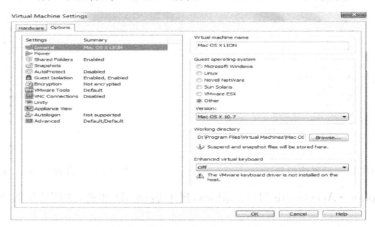

图 13.22   添加了 Mac OS X 操作系统

选择 CD/DVD(SCSI)→Use ISO image，载入 Mac OS X 10.7 光盘镜像文件，至此，

虚拟机的设置结束,下面可以在虚拟机中安装 Mac OS 了。

4. 安装 Mac OS

Mac OS 可以在 apple store 中下载,也可以在搜索引擎中搜索 Mac OS X 下载,截至截稿时,Mac OS 最新版本是 Mac OS X 10.8.2。下载后就可以安装了,安装方法如下:

(1)启动 VMware,选择前面创建并设置好的虚拟机 Mac OS,在 CD/DVD 设置中,选择下载的 Mac OS X 镜像文件,如图 13.23 所示。设置完毕,点击 Power on this virtual machine 开始安装。等待安装完成,安装成功后界面如图 13.24 所示。

图 13.23 载入 ISO 文件

图 13.24 Mac OS 安装成功

5. 引导 Mac OS

安装好 Mac OS 之后还需要引导盘引导才可以启动系统,可以在网上寻找 darwin. iso 或者 Rebel EFI. iso 作为启动引导盘,但更方便的是使用 HJmac. iso 来引导系统。HJmac. iso 可以在网上很多地方下载到,请自行搜索。下载之后回到图 13.23 所示的界面,把光盘的镜像文件由 Mac OS 的 iso 文件换为 HJmac. iso,然后重新启动虚拟机。

光驱中加载 HJMac 安装成功后用这个引导. iso,启动虚拟机,启动后将会出现如图 13.25 所示的启动引导界面,选择 Mac OS X10.7 即可启动 Mac OS。启动完成后将看到如图 13.26 所示的界面,至此 Mac OS 安装正式完成。

图 13.25 启动引导界面

图 13.26 Mac OS LION 10.7 界面

13.2.2 XCode 和 iPhone SDK 的介绍与安装

1. XCode 简介

XCode 是一个集成开发环境(IDE),用于开发 Mac OS,IOS 的应用程序。XCode 是一个强大的专业开发工具。相对于创建单一类型的应用程序所需要的能力而言,XCode要强大得多,它的设计目的是使你可以创建任何想象得到的软件产品类型,从 Cocoa 及 Carbon 应用程序,到内核扩展及 Spotlight 导入器等各种开发任务,XCode 都能完成。XCode 独具特色的用户界面可以帮助你以各种不同的方式来漫游工程中的代码,并且使您可以访问工具箱下面的大量功能,包括 GCC,javac,jikes 和 GDB,这些功能都是制作软件产品需要的。它是一个由专业人员设计的、又由专业人员使用的工具。

由于能力出众,XCode 已经被 Mac 开发者广为采纳。而且随着苹果电脑向基于 Intel 的 Macintosh 迁移,转向 XCode 变得比以往的任何时候都更加重要。这是因为使用 XCode 可以创建通用的二进制代码,这里所说的通用二进制代码是一种可以把 PowerPC 和Intel 架构下的本地代码同时放到一个程序包的执行文件格式。事实上,对于还没有采用 XCode 的开发人员,转向 XCode 是将应用程序编译为通用二进制代码的第一个必要的步骤。

注释:Carbon 是苹果电脑操作系统的应用程序编程接口(API)之一,Carbon 和 Co-coa,Toolbox,POSIX,JAVA 并列成为 Mac OS X 五个主要的 API。与 Cocoa 相较之下,Carbon 是非物件导向(Procedural)编程语言 API,而 Cocoa 是面向对象(Object Orien-ted)的编程语言 API。Carbon 是比 Cocoa 更为低层次的 API,比较类似于微软视窗操作系统的 Win32 API。调用 Carbon 的程序可以使用包括 C、C++在内的多种编程语言。而 Cocoa 只能支持 Objective-C 和 Java。在从 Power PC 平台向 Intel 平台转移的过程中。使用 Carbon 的程序比使用 Cocoa 的程序需要更多的修改。

2. iPhone SDK 简介

软件开发工具包 iPhone SDK 于 2008 年 3 月 6 日发布。开发人员可以利用 iPhone SDK 开发 iPhone 和 iPod touch 的应用程序,并对其进行测试。

使用 iPhone SDK 需要拥有英特尔处理器且运行 Mac OS X 操作系统,其他的操作系统,包括微软的 Windows 操作系统和旧版本的 Mac OS X 都不被支持。

iPhone SDK 本身是可以免费下载的,但为了发布软件,开发人员必须加入 iPhone 开发者计划,其中有一步需要付款以获得苹果的批准。加入了之后,开发人员们将会得到一个牌照,开发者可以用这个牌照将他们编写的软件发布到苹果的 App Store,但这个过程是需要交纳费用的。

还有一种发布自己开发的软件的方式是基于 Ad-hoc,苹果的 Ad-hoc 项目允许开发者无需在 App Store 上发布软件便可对软件进行测试。而开发者现在可以选择一年的签约服务,目前售价为 100 美元,其可以允许最多 100 部 iPhone 或者 iPod touch 设备列入测试列表中,而开发者也可任意将不再需要测试的设备从列表中移出。当然如果仅是在自己手机上测试使用,可以自行搜索探讨其他免费途径。

XCode 结合 iPhone SDK 就可以支持 iPhone OS 的开发。并在 iPhone 模拟器内运行你的程序,iPhone 模拟器可以在您的 Macintosh 计算机内模拟基础的 iPhone OS 环境。目前苹果公司提供继承了 iPhone SDK 的 XCode 版本的下载,目前的下载地址为:https://developer. apple. com/downloads/index. action。下载时需要注册 Apple ID 并登陆。

3. 安装

下载完成后,有两种安装方法,一种是利用 vmware tools,把主机中的下载的 iPhone_ sdk_x. x_ with_xcode_x. x 放到共享文件夹中,然后在虚拟机中的 Mac OS 打开共享文件夹并进行安装。另一种把下载的文件放到 U 盘里,由于虚拟机中的 Mac OS 可以识别 U 盘,因此可以直接在虚拟机中的 Mac OS 中找到 U 盘里的文件进行安装即可。

13. 3　iPhone 应用程序的开发示例

(1)启动 XCode,进入 Welcome to XCode 界面,点击 Create a new XCode project,创建一个新的工程文件,如图 13. 27 所示。

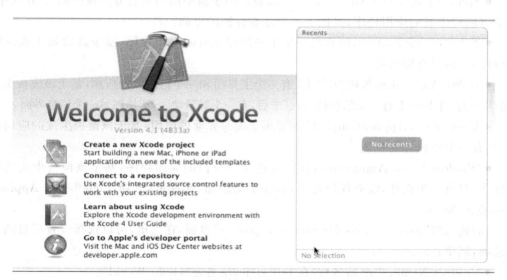

图 13. 27　创建一个 XCode 工程

(2)点击 File →New →New Project,出现如图 13. 28 所示的界面。

XCode4 默认提供的几种项目模板介绍如下:

● Navigation-based Application:该模板适用于需要界面导航的应用,基于该模板生成的应用程序,带一个导航,显示一个列表项。

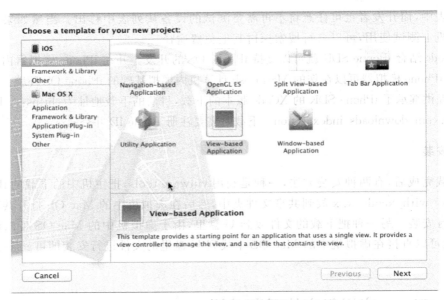

图 13.28 选择项目模板

● OpenGL ES Application：该模板适用于基于 OpenGL ES 的应用程序，例如游戏类程序。基于该模板生成的应用程序，带一个用来输出 OpenGL ES 场景的视图和一个支持动画的视图。

● Splite View-based Application：该模板适用于需要用到左右分栏视图的 iPad 程序，基于该模板生成的应用程序，提供了一个左右分栏的界面控件。

● Tab Bar Application：该模板适用于采用标签页的应用程序，基于该模板生成的应用程序，默认带有标签页。

● Utility Application：该模板适用于有一个主界面和一个信息页的应用，基于该模板生成的应用程序，主界面上有一个信息按钮，点击后，有一个翻转动画，切换到另一个信息界面。

● View-based Application：该模板适用于单一界面的应用，基于该模板生成的应用程序，只有一个空白界面视图。

● Window-based Application：该模板适用于空白的应用程序，基于该模板生成的应用程序，只有一个窗体，没有任何视图，需要手动添加，在这里，选择 View-based Application，点击 Next。

（3）进入"Choose options for your new project"界面，在这里，可以选择设置项目的基本选项，其中：

● Product Name：指产品名称，在本项目中，命名为"Hello World"。

● Company Identifier：公司标识符，一般命名规则为"com. 公司名"。

● Bundle Identifier：指包标识符，用于唯一标识应用程序，默认会根据公司标识符和产品名来组合生成。

● Device Family：指该应用支持的设备类型，共三个选项：iPhone、iPad、Universal（即iPhone、iPad 通用）。

●Include Unite Tests：是否包含单元测试代码模板，如果勾选，XCode 会帮助生成单元测试代码模板。

（4）在 Project Name 中输入 Hello World，Company Identifier 中输入.com.jin，Device Family 选择 iPhone，并勾选 Include Unite Tests，点击 Next，如图 13.29 所示。

图 13.29　项目信息

（5）进入选择文件存储路径界面，在这里，可以选择要存储项目的目录。

（6）之后点击"Create"按钮，项目创建完成，如图 13.30 所示。

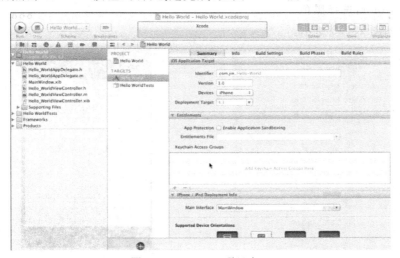

图 13.30　XCode 项目窗口

（7）在 XCode 左侧选中"Hello_WorldViewController.xib"文件，并点击工具栏的"Hide or show the Navigator"和"Hide or show the Utilities"按钮，隐藏左侧 Navigator 区域，显示 Utility 区域，这样就可以开始在 XCode 4 中来编辑界面。

从对象库中，找到需要的 Label 控件对象（见图 13.31），拖动到主界面中，即完成 Label 控件的添加(见图 13.32)。

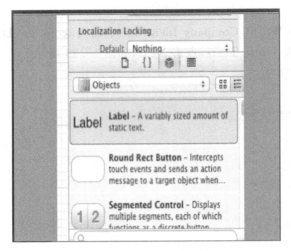

图 13.31　Label 控件对象

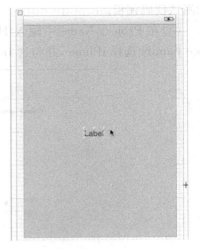

图 13.32　Label 控件设计

(8)设置 Label 控件属性。

选中新添加的 Label 控件,点击 Inspector selector bar 区域的"Show the Attributes inspector"按钮,切换到属性编辑界面,分别设置以下属性:

- Text:输入"Hello World";
- Alignment:选择居中对齐;
- Font:选择"Helvetica 36.0";
- Text Color:选择黑色。

设置后如图 13.33 所示。

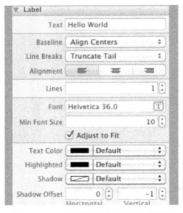

图 13.33　设置 Label 控件属性

图 13.34　"Hello World"运行结果

(9)点击"Run",界面上出现"Hello World",运行结果如图 13.34 所示。至此,一个简单的 IOS 应用程序开发完成。

习　题

1. IOS 操作系统内核的基础是什么？
2. IOS 应用程序的开发采用什么语言？
3. 构建一个 IOS 应用程序的开发环境，完成一个应用程序的开发和调试。

第 14 章

Windows CE 操作系统

14.1 微软的嵌入式产品简介

作为桌面操作系统提供商的大佬——微软公司自然不会放过巨大的嵌入式系统市场,1996 年 11 月,微软发布了 Windows Embedded CE 1.0,从此正式进入了嵌入式产品市场。此后,微软逐渐扩展出全系列的嵌入式操作系统,使开发人员能够通过一系列产品来构建下一代的 32 位设备,这些产品为空间占用量大小不等的设备提供了工具集和开发平台。从便携式超声波检测器到 GPS 设备,从 ATM 到支持大型建筑机械的设备,数以千计的嵌入式设备使用 Windows Embedded 产品构建而成。凭借全面的功能、易用的工具、免费的评估工具包以及对大型社区支持网络的访问,Windows Embedded 有助于加快产品上市,降低开发成本。

目前,微软公司主推的嵌入式产品平台主要有 Windows Embedded Compact 平台、Windows Embedded Standard 平台、Windows Embedded Enterprise 平台、Windows Embedded Server 平台和全新的 Windows Phone 8 平台及其相应的开发工具和配套软件,开发人员可以选用不同的系统平台设计出适合不同环境要求的嵌入式系统。

14.1.1 Windows Embedded Compact 平台

Windows Embedded Compact 是在 Windows CE 的基础之上演变而来的。从 Windows CE 6.0 版本开始,Windows CE 的名字改为 Windows Embedded Compact。

Windows Embedded Compact 是一种组件化的实时操作系统,用于创建各种占用空间小的企业类和消费类设备。Windows Embedded Compact 7 使用 OEM 所熟知的工具帮助创建下一代设备,这类设备可提供具有吸引力且直观的用户体验。

微软的 Windows Phone 7 就是基于 Windows Embedded Compact 7 内核开发的。

14.1.2　Windows Embedded Standard 平台

Windows Embedded Standard 7 是 Windows 7 的完全组件化版本,使开发人员可以构建运行成千上万种 Windows 应用程序和驱动程序的高级商用设备和消费类设备。使用 Windows Embedded Standard,可以优化设备上操作系统的空间占用量,因为你可以只选择所需的驱动程序、服务和应用程序。通过只使用所需组件,可以缩短开发时间、优化操作系统大小、降低硬件成本,并将可启动内核的大小缩小为 40MB。Windows Embedded Standard 7 可用于瘦客户端等设备。

14.1.3　Windows Embedded Enterprise 平台

Windows Embedded Enterprise 产品是微软的 Windows 桌面操作系统的完整功能版本,旨在支持需要 Windows 应用程序兼容性和部署自定义用户界面的灵活性的专用嵌入式设备。如果空间占用量不是问题,开发人员在构建安全应用程序时,可以利用 Windows Embedded Enterprise 的不同可视化用户界面、连接功能和可靠性。采用 Windows Embedded Enterprise 的成功应用包括 ATM 系统、POS 设备、复杂的工业自动化控制器、复杂的医疗设备以及游戏机。

14.1.4　Windows Embedded Server 平台

Windows Embedded Server 是微软的服务器操作系统的完整功能版本,内置有安全性、可靠性和可用性功能,旨在用于由专门定制的硬件和应用程序软件组成的嵌入式解决方案。Windows Embedded Server 用于构建各种服务器解决方案,其中包括医疗成像、安防、工业自动化和电信。

14.1.5　Windows Phone 8 平台

Windows Phone 8 是微软公司于 2012 年发布的新一代嵌入式操作系统。Windows Phone 8 与用于台式机和平板电脑的 Windows 8 操作系统密切相关。微软 Windows Phone 8 产品经理乔·贝尔菲奥称:Windows 8 的未来是 Windows Phone 8 和 Windows 8 之间拥有一个“共享的核心”。这就意味着,这两种操作系统将共享同样的内核以及同样的文件系统、多媒体应用和图形支持。对用户来说,这意味着在 Windows Phone 手机上可以运行的应用在台式机和平板电脑上也同样可以运行,用户将更加容易地在 Windows Phone 手机和 Windows 平板电脑或台式机之间无缝共享内容和应用。

这种共享的核心将令开发者的工作变得更加简单,原因是他们可同时为手机和个人电脑开发内容和应用,这样一来就能把更多的时间用来开发更多的应用,而在“版本化”上花费的时间则将大幅减少。Windows Phone 用户将得益于被重新注入活力的开发社区,这个社区正致力于开发更酷的应用,无论从数量上还是从质量上来说,这些应用与苹果应用展开竞争的能力都会变得更强。

14.2 Windows CE 简介

Windows CE 是一个 32 位、多任务、多线程的操作系统,其开放式的设计结构适用于各种各样的设备,其主要特点是。

(1)它是一种压缩并可升级的软件系统,即使在小内存条件下,它也能提供较高的性能。

(2)CE 具有便于携带的优点,可以运行于多种微处理器上。

(3)CE 拥有很好的电源管理系统,能延长移动设备的电池寿命。

(4)CE 支持标准的通讯系统,可以非常方便地访问 Internet,发送和接收电子邮件,浏览万维网(WWW)。此外,熟悉的 Windows 用户界面用起来极为方便。

Windows CE 的构架如图 14.1 所示。

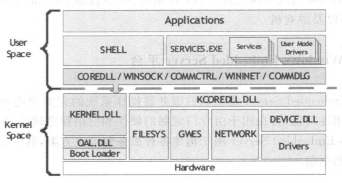

图 14.1 Windows CE 的整体构架

最早的 Windows CE 版本发布于 1996 年,自此之后,微软就不断发布 CE 的最新版本,以适应不同的市场需求。1997 年,微软发布了 CE 2.0,CE 2.0 增加了网络支持,包括 Windows 系统中的标准网络功能,支持 NDIS miniport 驱动模式,以及通用 NE2000 网络卡驱动支持。CE 2.0 是 CE 操作系统中第一个独立发布的版本。开发者可以购买 CE 嵌入式工具包(ETK)来为特殊的硬件平台定制 CE 系统。

1998 年 8 月,微软发布了 H/PC,配套的发布了操作系统的新版本 CE 2.11 版。该版本支持改进的对象存储,允许存储的文件大于 4M。还增加了对控制台程序的支持,同时增加了对 MS-DOS 风格的命令行解释器 cmd.exe 的支持。CE2.11 还增加了 Fast IR,用于支持 IrDA 的 4M 红外线标准,同时增加了一些特殊功能来支持 IP 多点传送。在随后的 CE 2.12 版本中,微软公司发布了一个增强的平台构建工具集,它具有一个图形化的前端界面,允许嵌入式应用开发者定制通知对话框。此时,微软的 Internet 浏览器 IE

4.0 也被引入到 CE 中,称为通用 IE 控件。这个 HTML 浏览器控件完善了简单小巧的 Pocket Internet 浏览器。同时,微软消息队列(MMQ)也被加了进去。CE 2.11 中的安全功能"运行/不运行(go/no go)"也增加了"运行,但不信任(go,but don't trust)"的选项。这样,不被信任的模块可以运行,但不能调用关键功能集,也不能修改注册表的某些部分。

2000 年,CE 3.0 正式发布。CE 3.0 最大的亮点在它的内核,内核为更好的支持实时功能而做了优化。增强后的内核,支持 256 个线程优先级(之前的版本是 8 个),可调整线程周期,可嵌套的中断服务程序,并减少了内核等待时间。

CE 3.0 的改进除了内核之外,还添加了一个新的 COM 组件,用来完善 CE 2.0 就有的进程内 COM 功能。新的组件支持完整的进程外 COM 和 DCOM 功能。对象存储区域也做了改进,可以支持 256M RAM。对象存储区域里的文件大小限制也提高到了 32M/文件。Platform Builder 3.0 的附加的软件包加入了更多的功能,增加了 media player 控件,提高了多媒体支持。此外,CE 3.0 还用 PPTP、ICS 和远程桌面显示功能改进了网络支持,并且还正式引入了 DirectX API。

从 CE 4.0 开始,CE 开始被正式命名为 CE.NET。第一个.Net 版本发布于 2001 年初,产品被称为 CE.NET 4.0,这个版本改变了虚拟内存的管理方式,将每个应用程序的虚拟内存空间扩大了 1 倍。CE.NET 4.0 还增加了新的驱动装载模式、服务(Services)支持、新的基于文件的注册选项、蓝牙、802.11 以及 1394 支持。但是 CE.NET 4.0 虽然叫.NET,但却不支持.NET Framework 精简框架的程序开发模式。

2001 年末,CE 4.1 发布了,其增加了对 IP v6、Winsock2、applets 等的支持。CE 4.1 支持.NET Framework 精简框架。

2003 第 2 季度,CE.NET 4.2 发布了。这个版本把 Pocket PC 中特有的 API,比如菜单条、微软输入法以及其他解释器特性,都包含到基本的 CE 系统里了。

2004 年 7 月,微软发布了 CE.NET 5.0,CE.NET 5.0 对 CE 先前版本的强大功能进行了进一步的扩充和丰富。其在实时处理、多媒体、Web 浏览、与其他设备的互操作性等方面都进行了加强和改进。

2006 年 11 月,Windows Embedded CE 6.0 正式上市。也就是从 6.0 版本开始,Windows CE 的名字改为 Windows Embedded Compact。在 Windows Embedded Compact 6.0 中,微软不但发布了自己的新系统,还根据"资源共享计划"宣布向消费者和一些嵌入式厂商完全开放 CE 6.0 的核心源代码,并提供 Visual Studio 2005 Professional 的免费拷贝,并使现有的 Platform Builder 集成开发环境(IDE)成为 VS2005 的一个插件。

Windows CE 5.0 发布的时候,微软根据资源共享计划公开了 56% 的核心源代码,而到了 Windows Embedded Compact 6.0,微软将这一比例提高到了 100%,不过是核心源代码,而不是整个 CE 6.0 工具套装。

微软"资源共享计划"为设备制造商提供了全面的源代码访问,以进行修改和重新发布(根据许可协议条款),而且不需要与微软或其他方共享他们最终的设计成果。尽管 Windows 操作系统是一个通用型计算机平台,为实现统一的体验而设计,设备制造商可以使用 Windows Embedded CE 6.0 这个工具包为不同的非桌面设备构建定制化的操作系统映像。通过获得 Windows Embedded CE 源代码的某些部分,比如:文件系统、设备驱动程序和其他核心组件，嵌入式开发者可以选择他们所需的源代码，然后编译并构建自己的代码和独特的操作系统，迅速将他们的设备推向市场。

2011 年，微软发布了 Windows Embedded Compact 7，Windows Embedded Compact 7 基于 Windows 7，适用于可用于设计软件（包括 Windows Phones），医疗设备，工业自动化产品，零售系统以及平板电脑。Windows Phones 7 系统就是基于 Windows Embedded Compact 7 内核开发的。Windows Embedded Compact 7 产品基于 Windows CE，包括以下几个新的特点：

- 支持 ARM v7；
- 具有新的开发和设计工具；
- 具有新的创建用户界面技术；
- 支持 x86 和 ARM，MIPS 的 SMP；
- 新的多媒体播放器，可定制用户界面；
- 新版本 IE 浏览器（主要基于 IE7，同时也有 IE8 的新特性）；
- 支持 Flash 10.1（OEM 想拥有该功能需要获得 Adobe 许可证）；
- 支持嵌入式的 Silverlight；
- 改善个人电脑，服务器的连通性（支持 NDIS 6.1）。

微软公司基于 Windows CE 的核心操作系统，针对不同的应用，又推出了不同的 CE 定制版本，目前这些 CE 的定制版本主要有：

（1）Windows Mobile 系列其中包含 Pocket PC 和 Smart phone。

Pocket PC（简称 PPC）的前身是 Palm-size PC，其中 Palm-size PC 使用 CE 2.x 及其早期版本定制而成，Pocket PC 使用 CE 3.x 及其后续版本定制而成。

Smart phone 最初是从 Pocket PC 发展而来，从 Pocket PC 2002 开始，系统中增加了 Pocket PC Phone 版本，在 Pocket PC 设备中集成了蜂窝电话支持功能。这些设备具有了 Pocket PC 的功能，也具有蜂窝电话的联通功能，形成了新一代的几乎可以始终连接的移动软件。

2003 年 6 月 23 日，微软公司在伦敦宣布了 Windows Mobile 系统。这是该公司专门为 PPC 和 Smartphone 等移动设备开发的软件新品牌。由于市场定位不同，新统一的 Windows Mobile 仍然分为以 PDA 为中心和以语音为中心的两条产品线：

- Windows Mobile 2003 Software for Pocket PC（PPC2003）；
- Windows Mobile 2003 Software for Smartphone（Smartphone 2003）。

（2）Handheld PC

这也是 CE 的一个定制版本，主要用于迷你笔记型电脑，一开始是根据设备的重量分为 Handheld PC 及 Handheld PC pro 两种，从使用 CE 2.1 Professional Editon 3.0 内核之后开始，Handheld PC 都称为 Handheld PC pro。

（3）Auto PC

Auto PC 是 CE 另外一种定制产品，它主要用于车载电脑、工业自动控制等场合，可按客户需要修改输入输出方式而不限定使用原有的程序。已经有多家全球著名的汽车制造商和供应商提供的预装设备和售后设备的车内信息娱乐系统都采用了微软的 Auto PC

技术,其中包括宝马、雪铁龙、歌乐车载电脑、菲亚特、沃尔沃等。

14.3　Windows CE 的中断处理机制

14.3.1　中断体系结构

CE 把中断过程分成两部分:中断服务例程(Interrupt Service Routine,ISR)和中断服务线程(Interrupt Service Thread,IST)两部分。当中断出现时,内核会调用相应的ISR,ISR 为中断处理的内核模式部分尽可能短的保存。它首先将内核放在适合的 IST上。ISR 执行它的最小处理并返回一个 ID 号到内核,内核检查返回的中断 ID 号,并设置相关事件,中断服务线程等待事件。当内核设置事件时,IST 停止等待并开始执行中断处理程序。CE.NET 的中断体系结构如图 14.2 所示。

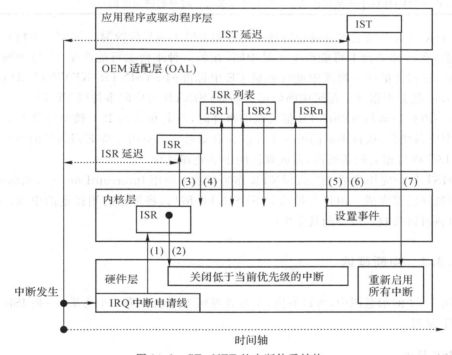

图 14.2　CE.NET 的中断体系结构

图 14.2 阐述了 CE 中断过程中的主要转换,时间按从左到右的顺序递增。该图的最底层为硬件层,主要控制硬件设备和中断控制器的状态。硬件层之上为内核层,其描述了在中断过程中内核所做的工作。再上一层为 OAL(OEM Adaptation Layer)层,描述了主板支持软件包(BSP)的职责。最顶层为应用程序或驱动程序层,阐述了中断服务所需的应用程序或驱动程序线程交互。

结合图 14.2，CE 的中断处理流程如下（图中的数字和以下的流程相对应）：

（1）当中断发生时，硬件设备向内核（Kernel）发送中断异常的代码，内核如果检测到这个中断异常，就会把内核的 ISR 向量加载到处理器中。

（2）内核 ISR 禁用所有具有相同优先级和较低优先级的中断。

（3）调用已经注册的 OAL ISR 程序。

（4）此后，OAL ISR 既可以直接处理中断，也可以调用 NKCallIntChain()函数遍历已安装的 ISR 列表，内核根据 NKCallIntChain()函数的返回值判断中断的种类并进行相应的操作。NKCallIntChain()的返回值，以及内核进行的具体操作如下表 14.1 所示。

表 14.1　NKCallIntChain 函数的返回及内核的操作

返回值	操　作
SYSINTR_NOP	中断不与设备的任何已注册 ISR 关联。ISR 不做进一步处理，返回内核控制。内核启用所有其他中断。此次中断处理过程结束
SYSINTR	中断与已知的已注册 ISR 和设备关联。为该设备返回名为 SYSINTR 的映射中断，继续处理
SYSINTR_RESCHED	中断是由请求 OS 重新调度的计时器到期引起的。

（5）ISR 还有一项工作是进行物理中断号和逻辑中断号的映射。例如一个物理设备，比如键盘，在一种平台上可能产生 4 号中断，在另一种平台上可能产生 15 号中断，经过 ISR 以后，它就会把这一物理中断转换成 CE 中标准的 SYSINTR_KEYBOARD 逻辑中断。Kernel 就会根据这个逻辑中断值通知与 SYSINTR 对应的事件（EVENT）。

（6）当内核通知与 SYSINTR 值关联的事件时，与其相关的 IST 被唤醒并开始执行。IST 是用户态线程，执行中断的处理工作。在启动后它会空闲等待 EVENT 的激发状态，激发后 IST 将与相关设备通讯，完成真正的中断处理过程。

（7）IST 执行完毕之后，把 SYSINTR 作为参数来调用 InterruptDone()，从而通知内核，处理过程已经完成。内核在接收到 SYSINTR 值后，将重新启用指定的中断，从这时开始，内核可以接收该设备的其他中断。

14.3.2　中断延迟

从图 14.2 的示意图中，可以看出，中断处理延迟可以分为两个方面，一是 ISR 延迟，二是 IST 延迟。

1. ISR 延迟

ISR 延迟被定义为从发生中断到 OAL ISR 首次执行之间的时间，如图 14.2 中虚线所示。

导致 ISR 延迟的因素有很多，第一个因素是系统中中断被关闭的总时间。当系统中断被关闭时，中断不会在处理器中引发异常，从而引发延迟。另外，在每个机器指令开始执行时都将检查是否有处理器中断，如果调用了长字符串移动指令，则会锁定中断，从而造成第二个延迟源,即总线访问锁定处理器的时间量。第三个因素是内核导向 OAL ISR 处理程序所花费的时间量。概括起来,导致 ISR 延迟的因素包括:

(1)中断被关闭的时间;

(2)总线指令锁定处理器的时间;

(3)内核 ISR 的执行时间加上导向 OAL ISR 的时间。

2. IST 延迟

IST 延迟是从中断发生到执行 IST 中的第一行代码之间的时间量,如图 14.2 中虚线所示。需要指出的是,上述 IST 延迟的定义和微软公司提供的度量工具(例如 ILTiming、CE-Bench 和 Kernel Tracker 等)中的定义是不同的。这些度量工具将 IST 延迟定义为从 OAL ISR 执行结束到 IST 开始之间的时差。因为标准的 ISR 花费的时间很少,你需要将 ISR 延迟和微软度量工具所得到的 IST 延迟加起来,才能获得图 14.2 中所定义的 IST 延迟。

导致 IST 延迟的第一个因素是前面定义的 ISR 延迟。第二个因素是 ISR 执行时间。根据共享中断调用链的长度的不同,此时间是可变的。对于延迟较小的情况,没有必要对永远不会被共享的中断调用 NKCallIntChain()。

CE 中的内核函数(如计划程序)被称为 KCALL,在这些 KCALL 执行期间,将设置一个软件标志,以便让计划程序知道此时它不能被中断。此时,用于重新调度 OS 或调度 IST 的返回值将被延迟,直至 KCALL 完成为止,这是导致 IST 延迟的第三个因素。最后,内核必须调度 IST,这是导致延迟的最后一个因素。归纳起来,导致 IST 延迟的因素包括:

(1)ISR 延迟时间;

(2)OAL ISR 执行时间;

(3)OS 执行内核函数的时间;

(4)调度 IST 的时间。

14.4　Windows CE 的进程和线程

14.4.1　CE 的进程

一个进程是一个正在运行的应用程序的实例。它由两个部分组成:一个是操作系统用来管理这个进程的内核对象;另一个是这个进程拥有的地址空间。这个地址空间包含应用程序的代码段、静态数据段、堆、栈,非 XIP(Execute In Place:空间内/片内执行) DLL。从执行角度方面看,一个进程由一个或多个线程组成。一个线程是一个执行单元,它控制 CPU 执行进程中某一段代码段。一个线程可以访问这个进程中所有的地址空间和资源。线程是 CE 操作系统分配 CPU 时间的基本单位。一个进程最少包括一个线程来执行代码,这个线程又叫做主线程。

CE.NET 最多支持 32 个进程同时运行,这是由整个系统分配给所有进程的总地址空间决定的。

14.4.2　CE 的线程

如前所述,线程是进程的执行单元,它控制 CPU 执行进程中某一段代码段。一个线程可以访问这个进程中所有的地址空间和资源。线程除了能够访问进程的资源外,每个线程还拥有自己的栈。栈的大小是可以调整的,最小为 1KB 或 4KB(也就是一个内存页,内存页的大小取决于 CPU),一般默认为 64KB,但栈顶端永远保留 2KB 为防止溢出。

线程有五种状态,分别为运行、挂起、睡眠、阻塞和终止。当所有线程全部处于阻塞状态时,内核处于空闲模式(Idle mode),这时对 CPU 的电力供应将减小。

CE.NET 是一个抢占多任务操作系统,抢占多任务又被称为调度。在调度过程中,内核的调度系统包含一个当前所有进程中线程的优先级列表,并对所有的线程按优先级排列顺序。当中断发生时,调度系统重新安排所有线程的排列顺序。CE.NET 将线程分为 256 个优先级。0 优先级最高,255 最低,0 到 248 优先级属于实时性优先级。0 到 247 优先级一般分配给实时性应用程序、驱动程序、系统程序。249 到 255 优先级中,251 优先级是正常优先级(THREAD_PRIORITY_NORMAL),255 优先级为空闲优先级(THREAD_PRI-ORITY_IDLE),249 优先级是高优先级(THREAD_PRIORITY_HIGHEST),248 到 255 优先级一般分配给普通应用程序线程使用。具体见表 14.2 所示。

表 14.2　线程优先级划分

优先级范围	分配对象
0～96	高于驱动程序的程序
97～152	基于 CE 的驱动程序
153～247	低于驱动程序的程序
248～255	普通的应用程序

CE.NET 操作系统具有实时性,所以调度系统必须保证高优先级线程先运行,低优先级线程在高优先级线程终止后或者阻塞时才能得到 CPU 时间片。而且一旦发生中断,内核会暂停低优先级线程的运行,让高优先级线程继续运行,直到终止或者阻塞。具有相同优先级的线程平均占有 CPU 时间片,当一个线程使用完了 CPU 时间片或在时间片内阻塞、睡眠,那么其他相同优先级的线程会占有时间片。CPU 时间片是指内核限制线程占有 CPU 的时间,OEM 可以更改这个值,甚至设置为 0。CPU 时间片设置为 0 会出现程序死锁的情况。举例来说:一个应用程序包含两个线程,线程 1 是高优先级,线程 2 是低优先级,当线程 1 运行过程中处于阻塞时,线程 2 得到时间片,线程 2 这次进入了一个临界区,临界区内的资源是不会被其他线程访问的,当线程 2 正运行时,线程 1 已经从阻塞状态转变为运行状态,而这次线程 1 却要访问线程 2 的资源,这个资源却被临界区锁定,那么线程 1 只能等待,等待线程 2 从临界区中运行结束并释放资源的独占权。但是线程 2 却永远不会得到时间片,因为 CE 保证高优先级线程会先运行。这时程序就会处

于死锁状态。此时,只有当更高优先级的线程运行时才可能解除死锁状态。对于死锁情况,CE 可以采取优先级转换的办法来解决。就是当发生这种情况时,内核将线程 2 的优先级提高到线程 1 的优先级水平。这样线程 2 就可以执行完临界区代码,线程 1 也就能够访问资源了。然后内核再恢复线程 2 原来的优先级。

14.4.3　进程之间的通信

在多数情况下,线程之间难免要相互通信、相互协调才能完成任务。比如,当有多个线程共同访问同一个资源时,就必须保证在一个线程读取某个资源数据的时候,其他线程不能够修改它。这就需要线程之间相互通信,了解对方的行为。再有当一个线程要准备执行下一个任务之前,它必须等待另一个线程终止才能运行,这也需要彼此相互通信。CE. NET 给我们提供了很多的通信机制,比如 COM、剪贴板等。

在其他 Windows 操作系统中,每个进程独自占有 4GB 的地址空间,高 2GB 是内核的地址空间,而低 2GB 是进程的地址空间。一个进程所能访问的所有低 2GB 地址都是自己的地址空间,当访问内核地址空间时就会受到内核的限制。这样一个进程当然无法访问其他进程了。为解决进程间通信的问题,内存映射文件技术被利用作为解决方案。原来内存映射文件只映射类似磁盘一类的存储器上的文件。而为了更快速地在进程之间通信,内存映射文件还可以提交物理内存。实现方法是通过访问同一个内存映射文件对象(映射到物理内存),两个进程或多个进程就能够访问到同一块物理内存,这样一个进程写到物理内存的数据,其他进程就能够看到了。

CE 中虽然每个进程只占有 32MB 的地址空间,而且所有进程全部处于 4GB 的地址空间中,但是彼此还是不能够随意访问的。在 CE 下除了使用内存映射文件技术外,还有一种方法也很适合使用,就是利用对象存储。对象存储本身使用 RAM 文件系统,用普通的操作文件的 API 就可以创建、读取存在于对象存储区域内的文件。

14.5　Windows CE 的内存管理

同其他 Windows 操作系统一样,CE. NET 也支持 32 位虚拟内存机制、按需分配内存和内存映射文件等。但是与其他 Windows 操作系统又有明显的不同,CE 在内存管理方面必须要比其他 Windows 操作系统更节约物理内存和虚拟地址空间。在内存管理 API 方面,为了便于移植程序,CE 和其他 Windows 操作系统函数声明基本一致,这使一个在其他 Windows 下开发的程序员可以直接使用早就熟悉的 API 函数。

14.5.1　内存结构

CE. NET 只能管理 512MB 的物理内存和 4GB 大小的虚拟地址空间。不同的 CPU 内存管理方法也不同,对于 MIPS 和 SHX 系列 CPU 来说,物理地址映射是由 CPU 完成的,CE 内核可以直接访问 512MB 的物理内存。对于 x86 系列和 ARM 系列的 CPU 来说,在内核启动过程中,它会将现有物理内存地址全部映射到 0x80000000 以上的虚拟地址空间中供内核以后使用。OEM 可以通过 OEMAddressTable 来详细定义虚拟地址和物理地址的映射关系。

在 CE 中,整个 4GB 虚拟地址空间主要划分为两部分,从 0x80000000 以上 2G 为内核空间,0x80000000 以下 2G 为用户空间。详细见下表 14.3 所示。

表 14.3 CE 的内存地址划分

地址范围	用 途
0x00000000～0x41FFFFFF	由所有应用程序使用。共 33 个槽,每个槽占 32MB。槽 0(Slot 0)由当前占有 CPU 的进程使用。槽 1 由 XIP DLL 使用。其他槽用于进程使用,每个进程占用一个槽
0x42000000～0x7FFFFFFF	由所有应用程序共享的区域。32MB 地址空间有时不能够满足一些进程的需求。那么进程可以使用这个范围的地址空间。在这个区域里应用程序可以建堆、创建内存映射文件、分配大的地址空间等
0x80000000～0xBFFFFFFF	在这个范围内内核重复定义 0x80000000 到 0x9FFFFFFF 之间定义的物理地址映射空间,区别是在这范围映射的虚拟地址空间不能够用于缓冲
0xC0000000～0xC1FFFFFF	系统保留空间
0xC2000000～0xC3FFFFFF	内核程序 nk.exe 使用的地址空间
0xC4000000～0xDFFFFFFF	这个范围为用户定义的静态虚拟地址空间,但这个地址空间只能用于非缓冲使用。利用 OEMAddressTable 定义物理地址映射空间后,每次内核启动时这个范围都不改变了,除非产品包含的物理内存容量发生变化。假如增加到 128MB 物理内存,那么物理地址映射空间也向后扩大了一倍。CE.NET 也允许用户创建静态的物理地址映射空间。用户可以调用 CreateStaticMapping 函数或者 NKCreateStaticMapping 函数来映射某一段物理地址到 0xC4000000 和 0xDFFFFFFF 之间的某一个范围。需要注意的是用这个函数创建的静态虚拟地址只能够由内核访问,而且不能用于缓冲
0xE0000000～0xFFFFFFFF	内核使用的虚拟地址。当内核需要大的虚拟地址空间时,会在这个范围内分配

14.5.2 进程地址空间结构

CE 系统又把从 0x80000000～0x80000000 的 2G 用户空间分为 64 个槽(Slot),一个槽(Slot)占用 32MB 的地址空间,其中前 33 个 Slot(0x00000000～0x42000000)作为进程空间。当一个进程启动时,内核选择一个没有被占用的槽作为这个进程的地址空间。其中 0x00000000～0x01FFFFFF 这个槽称为 Slot 0,Slot 0 作为当前运行进程的地址空间。当一个进程即将得到 CPU 控制权时,将其整个地址映射到 Slot 0。这个进程被称为当前运行进程(Currently Running Process)。分配一个槽后,槽内按由低地址到高地址顺序依次存放的数据位代码段、静态数据段、堆、栈,栈之后的空间为所有 DLL 保留,包括 XIP

和非 XIP DLL。注意 Slot 0 的最底部 64KB 是永远保留的。Slot 1 到 Slot 32 为进程使用,前几个槽一般为系统程序使用。但在 CE. NET 下,Slot 1 也用于当前进程加载所有 XIP DLL,此时,这个进程就不是占有 32MB 地址空间了,而是 64MB。其地址分配如图 14.3 所示。

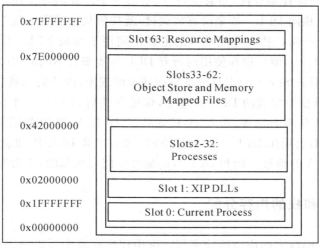

图 14.3　用户空间的地址分配

当一个应用程序启动时,内核为这个程序选择一个空闲的槽(Slot),并且加载所有的代码、资源,并分配堆栈,加载非 XIP DLL 等。当这个进程得到 CPU 使用权时,它的整个地址空间被内核映射到 Slot 0,也就是当前进程使用的地址空间,当前进程使用的 XIP DLL 被加载到 Slot 1,然后进程开始运行。Slot 0 中的地址空间结构如图 14.4 所示。

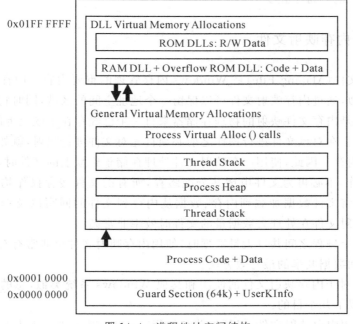

图 14.4　进程地址空间结构

从图中可以看出，每个进程最低部 64KB 作为保留区域，所以代码段从 0x00010000 开始，内核为代码段分配足够的空间后，接着分配通用的虚拟地址空间，其中包含默认堆和栈。非 XIP DLL 从进程最高地址向下开始加载，其加载规则如下：内核先检查要加载的 DLL 是否被其他进程加载过，如果加载过，就做一个地址的重定位。这样就避免了整个系统内多次加载相同 DLL。如果没有加载过，就按照从槽的高地址到槽的低地址的顺序查找空闲的地址空间。然后分配足够的地址空间用于加载 DLL。因为每个进程在执行前都要映射到 Slot 0，而且进程使用的所有 DLL 可能来自不同的槽(Slot)，为避免所有使用的 DLL 在映射到 Slot 0 中出现地址空间冲突的现象，内核的加载器(Loader)在加载 DLL 时会查找所有槽中加载的 DLL 的地址，保证在映射到 Slot 0 时不会发生地址冲突现象。假如系统内有两个进程，进程 A 只加载了 DLL A，进程 B 需要加载 DLL A 和 DLL B，那么进程 B 会留出 DLL A 的地址空间，然后加载 DLL B，也就是说进程 B 映射到 Slot 0 时，DLL A 的地址空间和 DLL B 的地址空间是相邻的，不会发生冲突。

14.5.3　堆和栈的内存分配

堆是一段连续的较大的虚拟地址空间。应用程序在堆中可以动态地分配、释放所需大小的内存块。在堆内分配内存块可以是任意大小的，而直接分配内存就必须以内存页为单位，每个内存页可能是 1KB、4KB 或更多。

栈也是一段连续的虚拟地址空间，和堆相比空间要小的多，它是专为函数使用的。栈的大小和 CPU 有关，一般为 64KB，并且保留顶部 2KB 为了防止溢出。实际开发中，不要在栈中分配很大、很多的内存块，如果分配的内存块超过了默认栈的限制，会引起非法访问并且造成进程的异常中止。

14.5.4　内存映射文件

内存映射文件(Maping File)是 Windows 内存管理的重要内容。内存映射文件与虚拟内存有些类似，通过内存映射文件可以保留一个地址空间的区域，同时将物理存储器提交给此区域，只是内存文件映射的物理存储器来自一个已经存在于磁盘上的文件，而非系统的页文件，而且在对该文件进行操作之前必须首先对文件进行映射，就如同将整个文件从磁盘加载到内存。因此，使用内存映射文件处理存储于磁盘上的文件时，将不必再对文件执行 I/O 操作，不必再为文件申请并分配缓存，所有的文件缓存操作均由系统直接管理，由于取消了将文件数据加载到内存、数据从内存到文件的回写以及释放内存块等步骤，使得内存映射文件在处理大数据量的文件时效率非常高。

另外，在多个进程之间共享大量数据时，使用内存映射文件也非常有效。它是解决本地多个进程间数据共享的最有效方法。

CE 系统中对于内存映射文件的使用和其他 Windows 系统类似，总的来说内存映射文件可以用于以下几个目的：

(1)系统使用内存映射文件，以便加载和执行.exe 和 dll 文件。大大节省页文件空间和应用程序启动运行所需的时间。

（2）使用内存映射文件来访问磁盘上的数据文件。这使你可以不必对文件执行 I/O 操作，并且可以不必对文件内容进行缓存。

（3）使用内存映射文件，使同一台计算机上运行的多个进程能够相互之间共享数据。

14.6　Windows CE 的编程模式

Windows CE . NET 的应用程序开发可以采用 3 种模式：它们分别是 Win32、Microsoft 基础类 MFC 和 Microsoft . NET Framework 精简版。这 3 种选择各有优势，开发人员可根据实际情况决定使用哪一种来构建自己的应用程序。

14.6.1　基于 Win32 的程序开发

Win32 API 是 Windows 32 位平台的一种普通的应用程序编程接口（API）。这些平台通常指 Windows 95、Windows 98、Windows NT、Windows 2000、Windows XP、Windows CE 等。对于 Windows 系统的程序员而言，Win32 编程模式是最为常见的。用 Win32 在 CE 平台开发的程序同其他的 Win32 程序差不多，程序开发者在开发面向 CE 系统的应用程序的时候，可以应用这些大量的 Win32 的程序资源，从而减轻 CE 平台应用程序的开发难度。

CE 的 Win32 API 比其他的 32 位的 Windows 操作系统的 Win32 API 要小。它只包括大约相当于 Windows NT 半数的 API，正因为如此，很多采用 Win32 在普通 Windows 平台上开发的应用程序并不能直接应用于 CE 平台上。

Win32 编程模式可以编写所有运行在 CE 平台上的程序，例如应用程序、驱动程序、控制面板小程序或 DLL 等。当然，开发者可以选择其他的编程模式来实现不同功能的程序，例如可以用 Win32 编写 CE 系统的驱动程序和实时代码，用 MFC 编写一些中间层、数据分析层、DLL 或 COM 对象，用 . NET Framework 编写提供用户界面的应用程序等。

采用 Win32 进行的 CE 应用程序的优点是：开发的应用程序不需要其他运行库的支持，代码的效率较高。程序本省虽然较大，但由于其不需要其他库的支持，因此提交的整个系统程序比较小。其缺点是由于使用的 API 都是操作系统中最底层的 API，因此开发难度会大一些，相对而言开发周期较长。

基于 Win32 的 CE 程序开发可以使用 eMbedded Visual C++、eMbedded Visual Basic、Microsoft . NET Framework 或者 Platform Builder 等工具进行。

14.6.2　基于 MFC 的程序开发

在桌面 Windows 环境中，开发 Windows 程序的另一个重要模式就是使用 Microsoft

的基本类库(MFC)。同样在 CE 中,也可以使用 MFC 来开发其应用程序,MFC 为许多 Win32 的 API 进行了高度的封装,从而使应用程序的设计得到了简化。

在 CE 系统中使用 MFC 进行程序开发时,需要额外的库文件支持,这些库文件大约会占用 300～500KB 的空间,其中包含了 CE 系统中支持的所有 MFC 函数。CE 系统能够使用 MFC 的类大概有 160 个,包括窗口、视图、文档、时间、数组、字符串、套接字以及笔、画笔等 GDI 对象。从 MFC 调用 Win32 API 非常简单,只需要直接调用即可。MFC 基本上就是在 Win32 API 之上加了一层包装。MFC 包含完整的源代码,对于调试以及理解其内部运行情况非常有用。在 CE . NET 4.1 上,如果安装了 eMbedded Visual C++,则可以在 C:\Program Files\CE Tools\wce410\STANDARDSDK_410\Mfc\Src 中找到 MFC 源代码。

基于 MFC 的应用程序需要使用 eMbedded Visual C++进行创建,可以从微软的主页上下载 eMbedded Visual C++4.0 的评估版本。Platform Builder 只能创建 Win32 应用程序和 DLL。

采用 MFC 进行的 CE 程序开发的优点是:降低了应用程序的开发难度,加快了开发进度。其缺点是:由于需要 MFC 库的支持,开发的应用程序会比使用 Win32 模式稍大些。

在 WinCE 平台中添加对 MFC 的支持非常简单,一是在构建 WinCE 平台时,在 Platform Builder 的 New Platform 的 Wizard 中,选上对 MFC 的支持即可。或者是在平台构建后,在 Platform Builder 集成开发环境中打开创建的平台,从 Catalog 窗口中,找到 Core OS → Applications and Services Development → Microsoft Foundation Classes (MFC),然后单击鼠标右键点击 Add to Platform(添加到平台)即可。

14.6.3 基于 Microsoft . NET Framework 精简版的程序开发

和桌面 Windows 系统中常用的"即见即所得"的程序开发一样,在 CE 程序开发中,也可以使用这种便捷的开发模式,这种开发模式就是基于 Microsoft . NET Framework 精简版的开发。为什么要使用. NET Framework 精简版呢?这是由于桌面 Microsoft . NET Framework 大小在 30MB 以上,这对于嵌入式操作系统来说,实在太大了。. NET Framework 精简版是桌面版的一个子集,其大小约为 1.3MB。

构建基于. NET Framework 精简版应用程序的开发环境有些类似于 Microsoft Visual Basic 开发环境。如果需要菜单、常用的文件对话框或其他控件,只需要从工具箱中将这些内容拖放到窗体中,然后设置控件的属性,编写控件的附加代码即可,是一种典型的"即见即所得"的开发模式,因此其开发应用程序的速度大大提高。其缺点是需要在 CE 系统中增加 Framework 精简版的支持,增加了系统的存储空间。

. NET Framework 精简版仅仅保留了完整版中的基本功能,其中包含的模块都有不同程度的删减。除此之外,精简版还有一个语言限制,在. NET Framework 中,一个项目可以使用多个语言的组件,而精简版中的项目则限制使用一种语言:C♯ . NET 或 Visual Basic . NET。

　　开发基于. NET Framework 精简版的 CE 应用程序的开发工具和开发桌面 Windows
应用程序的工具是一样的,都是 Visual Studio . NET,在 Visual Studio . NET 集成开发
环境中,单击 New Project(新建项目)按钮将显示 New Project(新建项目)对话框。在该
对话框中,可以选择一个模板来创建不同的项目类型,其中,Visual Basic Projects(Visual
Basic 项目)和 Visual C♯ Projects(Visual C♯ 项目)文件夹下都有一个 Smart Device
Application(智能设备应用程序)模板,这就是用来开发基于. NET Framework 精简版的
CE 应用程序的模板。选择这个模版之后,其后的开发过程就和 Windows 下的程序开发
基本一样。应用程序代码编写完毕之后,可以利用 Visual Studio . NET 提供的工具,对
应用程序进行调试、下载、运行(在模拟器上或目标系统上)等操作,所有的这些操作类似
于 Platform Builder 中的操作。

　　在 WinCE 平台中添加对. NET Framework 精简版的支持和添加对 MFC 的支持一
样,都非常简单,一是在构建平台时,在 Platform Builder 的 New Platform 的 Wizard 中,
点选对. NET Framework 精简版的支持即可。或者是在平台构建后,在 Platform Builder
集成开发环境打开创建的平台,在集成开发环境的 Catalog 窗口中,找到 Core OS→Ap-
plications and Services Development →. Net Compact Framework →. Net Compact
Framework1. 0,然后单击鼠标右键点击 Add to Platform 即可。

14. 7　Windows CE 5. 0 的开发

14. 7. 1　开发层面

　　CE 的开发可以分为系统的开发和定制、BSP 的开发及应用程序的开发几个层面,具
体如下:

1. CE 操作系统的定制与开发

　　CE 是嵌入式的操作系统,其采用模块化的设计,用户可以根据需要定制自己的 CE
操作系统。构建 CE 操作系统的工具是 Platform Builder,Platform Builder 是一个 CE 的
集成开发环境,它可以用来定制 CE 操作系统、开发 CE 应用程序、开发驱动程序等。

　　Platform Builder 是和 CE 版本一起发布的。初学者可以到微软公司的官方网站
http://www. microsoft. com/Windows/embeddedevaldefault. mspx 下载 CE 最新版的评
估版本试用,在计算机上安装 CE 其实就是安装 CE 系统的开发工具——Platform Build-
er 集成开发环境,如图 14.5 所示。

图 14.5　CE 的软件集合

2. BSP 的开发

BSP(Board Support Package)的开发主要包括 BootLoader 的开发、OAL(OEM Adaptive Layer)的开发和驱动程序的开发配置等。

BootLoader 主要是管理目标平台的启动过程,包括初始化硬件设备,下载操作系统的映像文件等。有了 BootLoader,用户可以快速下载一个操作系统并映像到硬件平台上运行。BootLoader 的开发是 BSP 开发的第一步,也是关键的一步。只有得到一个稳定工作的 BootLoader 程序,才能够更进一步开发 WinCE 的 BSP,直到最后整个系统的成功。

OAL(OEM Adaptive Layer)即设备商适配层,是指位于 Windows CE 内核和目标硬件平台之间的一个代码层。开发 OAL 的目的是为了使 Windows CE. net 内核和目标硬件之间实现通信,包括处理中断、定时器等一些代码。

Device Drivers(驱动程序)是指能够管理虚拟或者物理设备、协议、服务等的一段软件模块,操作系统通过驱动程序和硬件直接打交道。设备驱动设计的具体步骤是通过 Platform Builder 创建一个新的平台,然后根据硬件平台的需要插入和移除驱动,需要修改的文件有 Platform. bib、Platform. reg 及驱动程序源代码等。

3. CE 应用程序的开发

CE 系统定制完成之后,就可以进行 CE 应用程序(含驱动程序)的开发了,CE 应用程序可以使用多种开发工具开发,主要有 Platform Builder、Embedded Visual C++、Embedded Visual Basic 和 Visual Studio . Net。

14.7.2　开发实例

由于 CE 系统的定制和应用程序的开发都可以使用 Platform Builder 集成开发工具来完成,下面就以 Platform Builder 为例来讲解 CE 系统的开发。

Platform Builder 安装好后就可以运行它了,运行后得到的主界面如图 14.6 所示,先来看一下它的窗口组成。

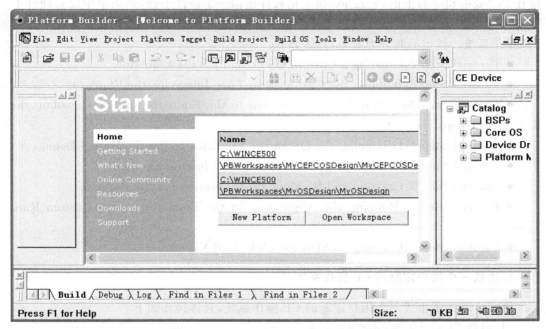

图 14.6　Platform Builder 集成开发环境

图 14.6 中，左侧是 Workspace 窗口，它包含了自己的 CE 系统，中间是启动窗口，相当于一个欢迎界面，右侧是 Catalog 窗口，是 Platform Builder 提供的可供选择使用的 CE 内核组件包，只要把其中需要的组件选到左侧的 Workspace 窗口，编译后，那么就可以得到你自己的 CE 系统了。底部是 Output 窗口，是编译、调试、查找等信息输出窗口，由于这里没有打开文件，因此 Workspace 窗口和 Output 窗口都是空的。

在 Platform Builder 中带有学习教程，打开 Platform Builder 的菜单 Help→Contents →Welcome to CE 5.0→Tutorials，可以看到有 3 个教程，如图 14.7 所示，初学者可以通过这 3 个教程来学习 Platform Builder 的使用过程。

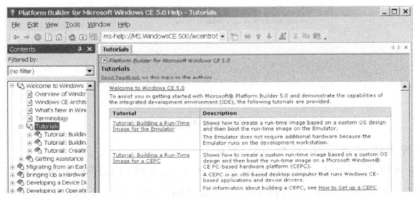

图 14.7　Platform Builder 帮助中的学习教程

第一个教程是在构建一个运行在模拟器（Emulator）上的 CE 操作系统，模拟器是构建在 PC(x86)机平台上的，它在 PC 机上用软件模拟一个硬件平台，如果手中没有硬件平台，就可以利用这个模拟器在自己的 PC 机上模拟一个平台，通过这个模拟平台来运行 CE 操作系统。教程一共分为 8 步，具体如下：

- Tutorial Step 1：Creating a Custom OS Design for the Emulator
- Tutorial Step 2：Building the Custom Run-Time Image for the Emulator
- Tutorial Step 3：Setting Up a Connection to the Emulator and Downloading the Run-Time Image
- Tutorial Step 4：Debugging the OS on the Emulator Using the Kernel Debugger
- Tutorial Step 5：Localizing the Run-Time Image for the Emulator
- Tutorial Step 6：Creating and Building an Application for the Emulator
- Tutorial Step 7：Running the Application in the Emulator on the Custom Run-Time Image
- Tutorial Step 8：Creating an SDK for eMbedded Visual C++

1. 生成一个用户定制的 CE 操作系统

第一步首先是生成一个用户定制的 CE 操作系统，具体操作如下：

(1)运行 Platform Builder。

(2)选择菜单 File→New Platform，出现 New Platform Wizard 后选择 Next，出现工程建立窗口，如图 14.8 所示。输入建立工程的名称（例如 MyOSDesign）及其存放的根目录，然后选择 Next，如图 14.8 所示。

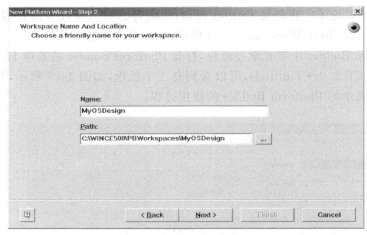

图 14.8　建立自己的操作系统

(3)出现 BSP 选择窗口，如图 14.9 所示。

这一步可以选择 BSP(Board support packet：板支持包)，BSP 是由主板厂家提供的 CE 组件，这一步实际上也就是选择 CE 系统最终的运行平台。不同的运行平台要有不同的 BSP 支持，例如，如果你的 CE 系统最终运行在 S3C2410 处理器平台之上，那就需要购买为 S3C2410 处理器提供的 CE 系统的 BSP。

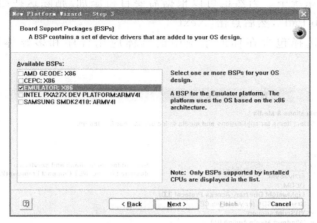

图 14.9　BSP 选择窗口

根据安装的 BSP 的不同,这一步可能有不同 BSP 选项,点中其中的任何一个选项,在窗口的右边就会出现相应的解释,读者可以利用这一点来进行学习。几个通用的 BSP 的含义如下:

CEPC:x86 这是在 x86 架构上以 PC 机的硬件为基础的 BSP,选用此选项构建的 CE 系统可以运行在 x86 架构的 PC 机上,帮助中的教程二将会使用此种选项。

Emulator:x86 这是一个虚拟的 BSP,它是在 PC 机上用软件模拟一个硬件平台,如果没有实际的硬件平台,那么就可以利用这个模拟器在 PC 机上模拟一个平台来运行构建的 CE 系统,此处可以选择此项。选择好 BSP 后点击 Next。

(4)这里需要选择你的 CE 系统最接近的应用场合,如图 14.10 所示。

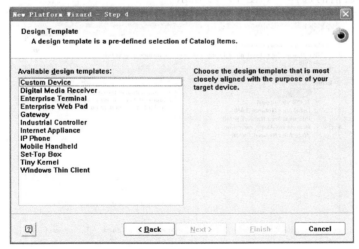

图 14.10　CE 系统的应用背景

和上一步一样,点中其中的任何一个选项,在窗口的右边都会出现相应的解释,接下来的其他选项也是如此。

Platform Builder 会根据此步的选择把需要的一些组件、应用程序、驱动程序等自动添加到定制的 CE 系统中。当然也可以根据需要自行添加/删除这些组件程序。这里选择"Enterprise Web Pad",然后点击"Next"。

（5）这里需要选择包含在你的系统中的具体应用程序和多媒体选项,如图 14.11 所示。

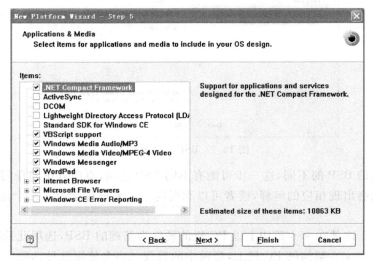

图 14.11　应用程序和多媒体选项

这里有很多选项,例如是否包含对".NET Compact Frameworks"的支持,是否包含 IE 浏览器,是否包含 MP3 播放或 MPEG-4 播放等。用户可以点中其中的一个选项,在窗口的右边察看其具体功能。这里,接受系统的默认选项,直接选 Next。

（6）网络和通信的选择。如图 14.12 所示。

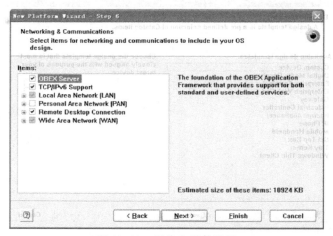

图 14.12　网络和通信设置

这一步和上步一样,接受系统的默认选项,直接选 Next。

（7）确认系统的提示,选择 Next。

（8）选择 Finish,保存建立的 CE 平台。Platform Builder 可以生成两个版本的 CE 系统，一个 Debug 版本，一个 Release 版本。

完成本步后，集成开发环境会自动打开新创建的 CE 平台项目，如图 14.13 示。

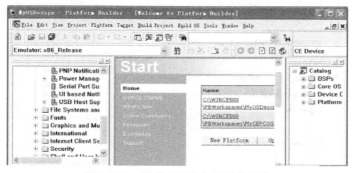

图 14.13　新建 CE 平台的开发环境

在图 14.13 中，左侧的 Workspace 窗口包含了新构建的 CE 系统中的所有组件。右侧的 Catalog 窗口则是 Platform Builder 提供的可以加入 CE 系统的组件包。Platform Builder 对这些组件的管理是通过组件文件（.cec 文件）来实现的。在 Windows CE 5.0 中，这些 cec 文件位于 Win\PUBLIC\COMMON\OAK\CATALOG\CEC 下目录。

如果开发了 OAL、设备驱动或其他组件，就可以通过编写 cec 文件来把它们加入到 PB 的 Catalog 窗口中，CE 专门提供了 cec 文件的编写工具（Tools→cec editor）。通过 cec 文件，OEM 开发者把自己开发的程序、组件等导入到 PB 的集成开发环境中，方便了下一级开发客户的使用。读者可以参考 WinCE 帮助中的教程三，来具体了解如何在 Catalog 中加入自己的条目。

在构建平台的 Wizard 关闭之后，可以在 Workspace 窗口删除自己系统中不需要的一些条目，具体操作方法为：找到不再需要的条目，点击鼠标右键→Delete 即可。

也可以在 Catalog 窗口中选择一些新的条目添加到自己的 CE 系统中。具体操作方法为：找到需要添加的条目，点击鼠标右键→Add to OS Design 即可。

2. 编译构建 CE 系统的映像文件

第二步是编译构建的 CE 系统的映像文件，在 Build 之前，还需要一些设置，具体操作如下：

（1）设置"Active Configuration"。选择菜单 Build OS→Set Active Configuration，选择 Emulator：X86_Debug 并确定。Platform Builder 将会更新 Catalog 窗口的条目（定制的 CE 系统中包含的内容）

（2）设置 Platform。选择菜单 Platform→Settings。在 Configuration 列表中选择"Emulator：x86_Debug"如图 14.14 所示。

然后选择"Build Options"栏确认以下项被选中：

- Enable CE Target Control Support (SYSGEN_SHELL＝1)；
- Enable Eboot Space in Memory (IMGEBOOT＝1)；
- Enable Full Kernel Mode (no IMGNOTALLKMODE＝1)；

图 14.14   Platform 设置选项

● Enable KITL (no IMGNOKITL＝1)；

● Run-Time Image Can be Larger than 32 MB (IMGRAM64＝1)。

注意：KITL 是用于开发主机和目标机之间的通信。

如果没有做过修改，确认默认的选项即可。如图 14.15 所示。

图 14.15   Build Options 选项

选择 OK,关闭 Platform Settings 窗口。

(3)选择菜单 Build OS,确认下面两项被选中(默认选项)。

● Copy Files to Release Directory after Build

● Make Run-Time Image After Build

(4)构建自己的 CE 系统。选择菜单 Build OS→Build and Sysgen。此时系统开始编译 CE 系统,编译中的输出信息将会在集成环境最底部的输出窗口显示。编译系统将会花去大约 30~60 分钟的时间。这个过程比较漫长,我们可以来看一下系统编译的过程。Platform Builder 在生成 CE 系统时主要有四个阶段,分别是 Sysgen、Build、Copy、Make。每个阶段主要的工作如下:

● Sysgen 阶段

即组件生成阶段。系统开发环境根据用户在构建 CE 系统时对系统功能、程序、协议的选择,从系统的程序存放的公共文件夹(Public)中把构建自己平台需要的头文件,库文件、导出函数等取出来,用以创建自己平台需要的组件。这些所有需要的库进行链接就得到了自己平台所需要的文件,它存放在 \% WINCERoot% \ PBWorkspaces \% ProjName%\WINCE500\ %CPU_TYPE%\cesysgen 文件夹下。

● Build 阶段

即编译阶段。经过上一阶段后,需要的头文件、库文件就准备好了,但这只是系统组件部分,平台还需要各种设备驱动程序等其他的东西,这些就要在 Build 阶段来完成了。整个 Build 阶段都是在围绕着 DIRS 文件和 SOURCES 文件来进行的,DIRS 文件决定了哪些文件夹要被编译,SOURCES 文件决定了哪些文件要被如何编译,也就是说,此阶段要完成的就是各种源程序的编译过程。DIRS 文件可以在很多文件夹中找到,它列出了要参与编译的子文件夹,build. exe 在编译的时候就可以通过它来逐层找到要参与编译文件夹了。

SFURCES 文件对参与编译的源程序的编译方式做了规定,例如通过 TARGET-NAME 规定编译后的名称,通过 TARGETTYPE 规定缔译的类型是 EXE、DLL 还是 LIB,通过 DLLENTRY 规定 DLL 文件的入口点,通过 INCLUDES 规定编译过程中需要的头文件,通过 SOURCES 规定参与编译的源文件等等。

● Copy 阶段

所有的编译完成之后,下一步就是 Copy 过程,也就是将你的项目文件夹下的 WinCE500 文件夹下的内容复制到 Debug(或 Release)文件夹下,以便于系统的调试或者发布。

● Make 阶段

即镜像打包阶段。将已经准备好的目标平台的文件打包成 Nk. bin 这样的操作系统镜像文件。在这个过程当中,主要完成文件合并、注册表压缩、资源文件替换和打包四个子过程。文件合并阶段重点对以下文件进行合并:

所有的. bib 文件合并成 CE. BIB

所有的. reg 文件合并成 REGINIT. INI

所有的. dat 文件合并成 INITOBJ. DAT

所有的.db 文件合并成 INITDB.INI

注册表压缩会将 REGINIT.INT 文件压缩成 DEFAULT.FDF 文件。资源替换就是将 EXE 或 DLL 中的资源替换成本地语言如简体中文。接下来才是把这些 CE.BIB 等二进制文件合并压缩成一个系统的镜像文件,默认名为 NK.BIN 文件。这个文件就是要下载到目标机上运行的 CE 的镜像文件。生成的 NK.BIN 也被存放到\%WINCERoot%\PBWorkspaces\%ProjName%\ RelDir\%CPU_TYPE%_Debug(Release)下。

整个编译过程结束后,如果没有发生错误,在输出窗口,将会看到"MyOSDesign-0 error(s),XX warning(s)."的信息。此时你自己定制的 CE 系统就建立了。在本例中,生成的 NK.BIN 存放在\%WINCERoot%\PBWorkspaces\MyOSDesign\RelDir\Emulator_x86_Debug 目录中。

3. 运行 CE 操作系统

第三步是在模拟器上运行构建的 CE 操作系统,具体操作如下:

(1)设置和运行设备的连接选项。选择菜单 Target→Connectivity Options。在 Service Configuration 中选择"Kernel Service Map";在 Download 列表中选择 Emulator (指明下载的目的平台);从"Transport"列表中,选择"Emulator";从"Debugger"列表中,确认选择了"KdStub"。如图 14.16 所示。

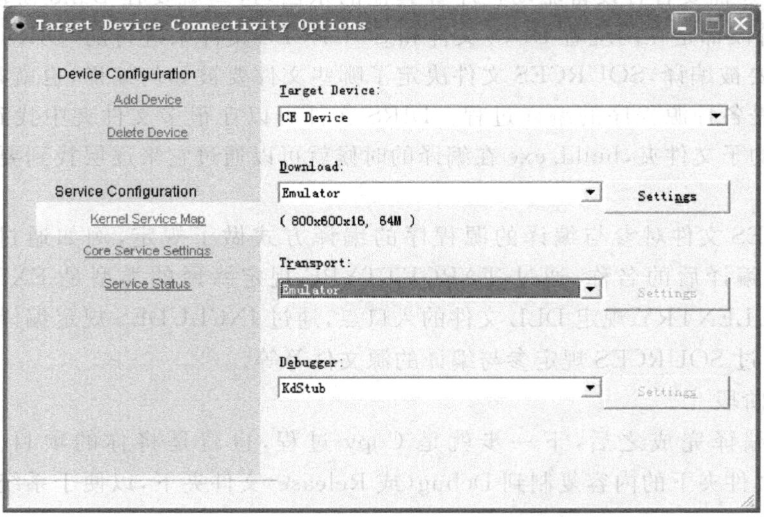

图 14.16 设备连接设置界面

选择 DownLoad 列表边的 Settings 按钮,出现图 14.17 所示的设置界面。

确认 Display 选项设为 $640 \times 480 \times 16$,否则在模拟器上显示可能出现问题。

在" Memory(MB)"设置中,确认设为 64,然后选择 OK。回到图 14.17 所示的界面。

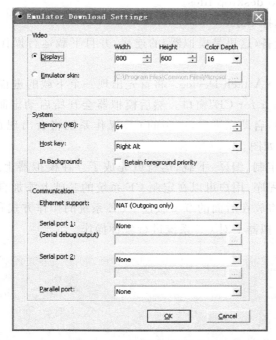

图 14.17　下载设置界面

（2）在 Service Configuration 中选择"Core Service Setting"。出现如图 14.18 所示的界面。

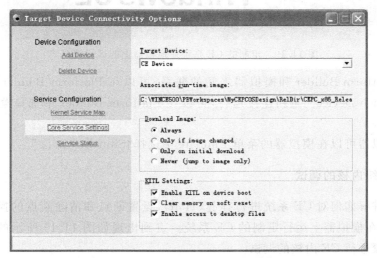

图 14.18　Core Service Setting 设置界面

在"Download Image"中，确认选择了"Always"。

在"KITL Settings"中，确认选择了以下选项：

● Enable KITL on device boot；

● Clear memory on soft reset；

● Enable access to desktop files。

保存以上设置,选择 Close。

(3)建立与运行设备(这里是模拟器)的连接,并且下载运行操作系统的映像文件(默认为 nk. bin)。

选择菜单 Target→Attach Device。将首先出现一个下载的进程显示窗口,然后出现"MyOSDesign-Emulator for CE"窗口。然后模拟器会开始启动定制的 CE 系统,启动过程大概需要 1~3 分钟,启动完毕后,定制的 CE 操作系统将会出现在"MyOSDesign-Emulator for CE"窗口。如图 14.19 所示。

至此,CE 系统的定制、编译、下载、运行就完成了。在模拟器上运行的 CE 系统中包含了一些常用的应用程序,用户可以在定制 CE 系统的基础上添加自己的应用程序,关于系统应用程序的开发将放在后面的章节叙述。CE 系统的操作方式和桌面的 Windows 系统类似,用户可以在模拟器上对 CE 系统进行各种操作。

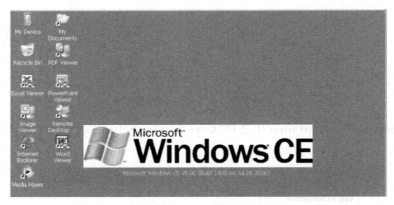

图 14.19　定制的 CE 系统在模拟器上的运行情况

关闭 Platform Builder 和模拟器之间的联系,可以在 Platform Builder 中选择菜单 Target→Detach Device。重新连接运行,可以在 Platform Builder 中选择菜单 Target→Attach Device。

关闭模拟器可以在模拟器的菜单 Emulate 中选择"Shut Down..."。

4. CE 系统内核的调试

本步将讲解如何对 CE 系统进行挂起(Halt)、设置断点和清除断点的操作。首先采用以上步骤,在模拟器上运行定制的 CE 系统。直到出现如图 14.19 所示的画面。然后按照以下步骤进行 CE 内核的调试。

(1)挂起运行在模拟器上的 CE 系统,进入系统调试状态。选择 Platform Builder 的菜单 Debug→Break。

(2)打开 ps2mouse. cpp 文件。选择菜单 File→Open。浏览选择文件"%_WINCEROOT%\Platform\Emulator\Src\Drivers\Kbdmouse\Emulkbms\ps2mouse. cpp"并打开。这个文件中包含鼠标驱动的源程序。

（3）在文件 ps2mouse.cpp 查找"_move"。选择菜单 Edit→Find。在 Find what 对话框中。输入"_move",选择 Find Next。找到处理鼠标移动事件的代码处。按 F9 在此处设置断点(Breakpoint)。

（4）选择菜单 Debug→Go。

（5）在模拟器"MyOSDesign-Emulator for CE"窗口中移动鼠标。程序执行指针(PC)将会跳到上步设置的断点处。切换到 Platform Builder 窗口。将会看到程序的执行停留在断点位置。

（6）移除断点可以选择菜单 Debug→Breakpoints,然后选择 Clear All Breakpoints。或者在源程序的断点处按 F9,或者点击鼠标右键,选择 Remove Breakpoint。或者使用 ALT＋9 组合键,激活 Breakpoint List 窗口,选择 Clear All Breakpoints。

（7）选择菜单 Debug→Go。继续运行系统。

（8）停止 CE 系统的调试。选择菜单 Debug→Stop Debugging。

5. CE 系统的本土化

本步骤以开发中文版的 CE 系统来说明,如何对 CE 进行本土化开发。首先关闭 CE 系统的运行和调试,关闭模拟器。然后按下面步骤进行。

（1）选择 Platform Builder 的菜单 Platform→Settings。

（2）选择 Locale 栏。如图 14.20 所示,在 Locales 列表中,选择 CE 系统中包含的语言版本,例如选择"中文(中国)";在 Default Language 列表中,选择发布的 CE 系统的默认语言,这里选择"中文(中国)"。确认 Localize the build 被选中。然后选择 OK。

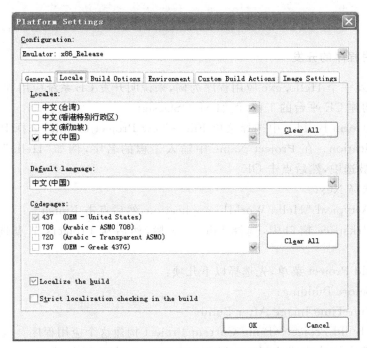

图 14.20　CE 系统的本土化设置

(3)选择菜单 Build OS,确认以下两项被选中:

● Copy Files to Release Directory After Build;

● Make Run-Time Image After Build。

(4)选择菜单 Build OS→Build and Sysgen。重新编译系统。

(5)编译结束后,下载并运行新的 CE 系统。选择菜单 Target→Attach Device。新的中文版 CE 系统将会在模拟器" MyOSDesign-Emulator for CE"中运行。如图 14.21 所示。

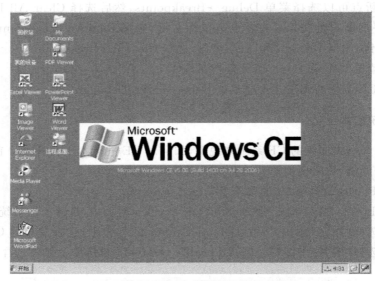

图 14.21　中文版 CE 系统

6. CE 应用程序的开发

本节以开发一个 Hello.exe 应用程序为例,来说明开发 CE 系统应用程序的过程。

(1)打开构建 CE 平台的工程,例如 MyOSDesign。

(2)在 Platform Builder 中选择菜单 File→New Project or File;选择 Projects 栏,选择 WCE Application。在 Project Name 中输入工程的名字,例如"Hello";确认 Workspace project 被选中,然后点击 OK。

(3)直接选择 Next。

(4)选择 A typical "Hello World!" application,然后点击 Finish。

(5)在 Workspace 窗口中,选择 FileView 栏,然后从 Projects 节点选择你的应用程序。

(6)从 Build Project 菜单,先选择以下几项:

● Clean Before Building;

● Make Run-Time Image After Build。

然后选择 Build Project→Build Current Project 构建这个应用程序。

(7)应用程序构建完成之后,在 Platform Builder 中选择菜单 Target→Attach Device。首先在模拟器中运行构建的 CE 系统。

　　(8)CE 系统平台在模拟器中运行起来之后,选择 Target→Run Programs。在 Available Programs 列表中选择刚刚编译好的 Hello. exe,并选择 Run。Hello. exe 应用程序将会下载到模拟器上运行,此时在模拟器的 CE 系统的窗口中,将会看到 Hello. exe 的运行结果。可以在模拟器中关闭 Hello. exe。

　　默认情况下,Hello. exe 不包含在操作系统的影响文件中,它需要临时从开发主机中下载到模拟器中运行,这样可以在不编译系统内核的情况下就可以调试用户应用程序,应用程序完全开发完毕之后,可以把它编译到系统的映像文件中。

7. SDK 的开发

　　使用 eMbedded Visual C++为系统映像文件创建和编译一个软件开发包(SDK),开发者可以使用这个 SDK 开发运行于你定制的 CE 系统上的应用程序。主要步骤如下:

　　(1)在 Platform Builder 中,选择菜单 Platform→SDK→New SDK。打开 New SDK 的设置向导(Wizard)。

　　(2)当 SDK Wizard 出现时,选择 Next。在 Product name that is displayed when . msi file 对话框中,输入自己的 SDK 的名字,教程中为"MyOSDesignSDK"。在 Manufacturer name 对话框中,输入自己的公司名,例如可以输入"MyCompany";然后按 Next。

　　(3)选择 SDK 支持的开发模式,这里可以选择 eMbedded Visual C++4. 0 support,然后按 Next。

　　(4)在设置的最后一页选择 Close this wizard then build your SDK。SDK 的 Wizard 将会被关闭,同时 SDK Settings 对话框被打开。SDK Wizard 窗口将显示 SDK 的编译构建信息。

　　当构建完成之后,选择 Done 关闭对话框。构建的 SDK 文件被命名为 MyOSDesign_ SDK. msi,它存放在%_WINCEROOT%\PBWorkspaces\MyOSDesign\SDK 目录中。

8. 针对 CEPC 的开发

　　教程一开发的操作系统和应用程序都是在模拟器上运行的,教程二讲解了如何构建运行在 CEPC 上的操作系统和应用程序。什么是 CEPC? 简单地讲,CEPC 就是可以运行 CE 的 PC 机,这些 PC 机通常要求是基于 x86 架构的 PC 机。教程二和教程一的基本步骤差不多,主要区别在于:首先是在教程一所有涉及"EMULATOR:x86"的地方改为"CEPC:x86"。其次教程二编译的系统试运行在其他 PC 机上的,因此需要为其他 PC 机做一个 CE 系统的引导程序(也就是 BootLoader),引导程序放置到一张软盘上。制作引导软盘的步骤如下:

　　(1)在开发主机上,找到"<Platform Builder 安装目录>\Cepb\Utilities"目录,运行其下的 Websetup. exe 程序,会弹出 Setup WebImage 对话窗口。注意 Platform Builder 安装目录和 WinCE 的安装目录不一样,Platform Builder 安装目录一般在…\Program files\CE Platform Builder\.."。

　　(2)选择目录,按 Install,把 WebImage 安装到开发主机上。

(3)运行同一目录下的软盘映像文件"Cepcboot.144",将会出现 WebImage NT 对话窗口。

(4)把一张软盘放到开发主机的软驱中。如果软盘没有格式化,可以把 Format before making disk 选上。

(5)根据软驱的代号不同,选择 A Drive 或者 B Drive 开始制作启动软盘。

制作完毕之后,可以检查以下软盘中的文件,其中将包含有以下文件,见表 14.4。

表 14.4　软盘中的文件描述

文件名	文件描述
Autoexec. bat	微软 DOS 系统要求的批处理文件
Command. com	微软 DOS 系统要求的 Command 文件
Config. sys	微软 DOS 系统要求的系统文件
Drvspace. bin	调整 Drvspace.ini 文件中的设置以装入驱动器的二进制文件
Eboot. bin	通过以太网和开发主机建立连接,并且通过以太网进行系统影像下载的二进制文件
Himem. sys	Dos 系统要求的系统文件
Io. sys	Dos 系统要求的系统文件
Loadcepc. exe	装载系统文件的应用程序,相当于 BootLoader
MsDOS. sys	微软 DOS 系统要求的系统文件
Readme. txt	说明文件
Sboot. bin	通过串口和开发主机建立连接,并且通过串口进行系统影像下载的二进制文件
Sys. com	MS-DOS 应用程序
Vesatest. exe	测试视频卡上的 VGA BIOS 以确保与基于 CE 的默认显示驱动程序兼容的 MS-DOS 文件。

(6)编辑软盘上的 Autoexec.bat 文件。首先设置目标机的 IP 地址,找到"set NET_IP=",如果客户机 IP 地址为 192.168.0.11,把其改为 set NET_IP=192.168.0.11,注意设置的 IP 地址要和开发主机的 IP 处于同一网段内。另外如果目标机使用的是 ISA 和接口的网卡,还需要修改"set NET_IRQ=0"和"NET_IOBASS=0"这两个参数,把 0 改为实际的网卡中断号和 I/O 号。CE 支持的网卡并不多,如果目标机使用了 CE 不支持的网卡,那么就不能通过网络来下载系统的影像文件,只有通过串口进行,此时就不需要修改这些参数了。

注意:以上步骤可以在没有安装 CE (Platform Builder)的计算机上完成,只需要把在 Utilities 目录中的文件复制到制作启动软盘的计算机上即可。

启动盘的制作还有一种方法,具体如下:

(1)生成一张 DOS 启动软盘。例如在 DOS 环境下放入软盘,运行 format a:/s 即可。

(2)把 DOS 下的 himem.sys 文件复制到软盘中。

(3)把%_WINCEROOT%\public\common\oak\csp\i486\dos\bootdisk 目录的文件复制到软盘中。以太网启动文件 eboot.bin 和串口启动文件 sboot.bin 可任选其一。

启动盘做好之后,就可以建立开发主机和 CEPC(目标机)之间的连接了。具体步骤如下:

(1)把 CEPC 和开发主机连接到同一个局域网上,或者使用网络交叉连线线直接进行连接。

(2)在开发主机的 Platform Builder 环境中,选择菜单 Target→Target Device Connectivity Options。选择 Kernel Service Map 栏,在 Download 列表框中,选择 Ethernet。

(3)选择 Settings 按钮,把做好的启动软盘插入 CEPC 中,并打开 CEPC 的电源,进入 CMOS,设置为从软盘引导,并重启。在启动菜单中选择从以太网下载影像文件和合适的显示器分辨率(例如选择 3),之后,CEPC 会开始向开发主机发送自己的连接。此时在开发主机上,Available Devices 列表框中就会显示 CEPC 的名字。选中这个 CEPC,其 IP 地址也会显示出来,如果 Available Devices 列表中什么都没有显示,可以检查以下软盘中 autoexec. bat 中关于网卡和 IP 的设置是否正确,如果确认无误,看看 WinCE 是否支持目标机(CEPC)上使用的网卡。若果确实不行,可以使用串口下载方式。

(4)从 Available Devices 列表框中,选择显示的 CEPC,然后点击 OK。

(5)从 Transport 列表框中,选择 Ethernet。选择 Core Service Settings。

(6)在 Download Image 中,确认 Always 被选上,然后点击 OK。

(7)在 KITL Settings 中,确认以下三项被选中:

- Enable KITL on device boot;
- Clear memory on soft reset;
- Enable access to desktop files。

(8)选择 Close,关闭并保存设置。

(9)选择菜单 Target→Attach Device。

(10)重启 CEPC。CE 系统的影像文件将会通过以太网下载到 CEPC 上。下载完毕之后,CEPC 就会开始运行下载的 CE 系统。

CE 系统在 CEPC 上运行之后,用户就可以进行 CE 系统的调试、应用程序的开发、SDK 开发等工作,其操作步骤和教程一讲到的内容类似。

14.7.3 CE 系统的引导方式及其 BootLoader

1. loadcepc 引导

针对不同类型的 CPU,CE 系统给出了不同的引导方式,即不同的 BootLoader。例如上面看到的 CEPC 的例子,采用的 BootLoader 是 loadcepc. exe,它是一个 DOS 程序,位于%_WINCEROOT%\public\common\oak\csp\x86\dos\bootdisk 目录中。loadcepc. exe 是一种 CE 系统针对 CEPC 的 Boot Loader,使用 loadcepc. exe 的 CEPC 的启动过程是,CEPC 系统启动后,首先是运行 CEPC 的 BIOS 程序,实现系统硬件的检测和初始化,然后是启动 MS-DOS 操作系统,DOS 启动之后,可以运行 loadcepc. exe,loadcepc 实现加载 CE 系统平台(nk. bin)的功能。因此运行 loadcepc. exe 的先决条件有两个,一是系统本身有 BIOS 程序(PC 机都具备),二是系统要装有 DOS 操作系统。

loadcepc. exe 的主要功能是加载 CE 系统映像(nk. bin),并将 nk. bin 解压后的所有文件加载到内存中,然后将 CPU 的控制权交给 CE 内核,CE 内核开始执行其他系统工作。

loadcepc. exe 除了支持直接加载 CE 平台(nk. bin)外,它还支持通过并口、串口、网卡从开发主机上下载 nk. bin 文件。Loadcepc. exe 的使用格式如下:

Loadcepc [/B:Baud] [/C:Port] [/D:Display} [/E:IO:IRQ:[dotted IP]]

[/H] [/L:DXxDYxBPPP[:PXxPY] [/K] [/N] [/P] [/Q] [/V] [InputFile]

例如,如果直接加载本地的 nk. bin 文件,可以使用 loadcepc /v nk. bin 命令。如果通过串口从开发主机加载 nk. bin 文件,可以使用 loadcepc /v sboot. bin 命令。如果通过以太网从开发主机加载 nk. bin 文件,可以使用 loadcepc /v /e:300:5:192.168.0.2 /L:640x480x32 eboot. bin 命令。读者也可以参考 14.7.7 节中制作的启动软盘中的 auto-ecec. bat 文件了解 loadcepc. exe 具体使用情况。loadcepc. exe 在使用中常见的几个参数的含义如下:

/B:指定串口的波特率。例如 /B:19200。

/C:指定串口的端口。1 指"COM1:",2 指"COM2:"。例如 /C:1。

/D:指定显示分辨率。0 指 320×200,1 指 480×240,等等。

/E:指定网卡 IO 地址和 IRQ。例如/e:300:5。

/L:指定显示分辨率和色深。它需要指定具体的分辨率,所以能够指定不标准的分辨率。例如/l:768×576×8,表示分辨率为 768×576,颜色位数为 8 位。

/P:指定使用并口传递数据。

/Q:指定使用串口传递数据。

/V:指定当 loadcepc 加载时显示状态信息。

2. romboot 引导

除了使用 loadcepc. exe 这个 BootLader 加载 nk. bin 之外,还可以采用 The x86 ROM boot loader (romboot)的方法。romboot 是一个很小的引导程序,有 256KB 大小。可以将它存放到 Flash/EEPROM 中替换 BIOS 程序,它能够实现硬件的检测和初始化,在这之后如果系统采用硬盘等 IDE 接口存储设备,那么 romboot 会自动寻找活动分区上的 nk. bin 文件并加载。romboot 的优点是检测速度和加载速度都很快,不需要 DOS 操作系统和系统 BIOS 的支持。缺点是由于没有采用系统的 BIOS 程序,其支持的硬件设备远远不如 BIOS 丰富。Romboot 程序位于%_WINCEROOT%\public\common\oak\csp\x86\romboot 目录中。

3. biosloader 引导

在 CEPC 中,还有一种和 romboot 非常接近的 BootLoader 方法就是 The x86 BIOS boot loader (biosloader)。和 romboot 不同的是,biosloader 不替换系统的 BIOS 程序,相反,它会使用系统的 BIOS 程序,例如为视频显示控制的 VESA BIOS 等。为了了解 bios-loader 的启动过程,首先看一下 PC 机的启动流程:

(1)系统上电或复位后,BIOS 程序最先开始执行。

(2)BIOS 检查引导设备的启动顺序,加载启动设备上的第一个引导扇区的程序,对于引导设备是硬盘、CF 卡、DOC(Disk-On-Chip)等固定存储设备而言,其第一个引导扇区就是主引导扇区 MBS(Master Boot Sector)。

(3)主引导扇区根据主引导记录 MBR(Master Boot Record)寻找活动分区,如果存在活动分区,那么加载位于这个活动分区的第一个扇区(即引导扇区)上的代码到内存,然后执行这些代码。主引导记录 MBR(Master Boot Record)是由 FDISK 等磁盘分区命令写在存储介质(如硬盘)绝对 0 扇区的一段数据,它由主引导程序、硬盘分区表及扇区结束标志字(55AA)这 3 个部分组成。这 3 部分的大小加起来正好是 512 字节=1 个扇区(硬盘每扇区固定为 512 个字节),因此,MBR 又称为硬盘主引导扇区(Master Boot Sector)。

(4)如果装有多操作系统,上述执行的代码可能是 OS Loader,例如 Linux 下的 Grub、lilo,Windows NT\2k\xp 的 OS Loader 等,可以通过 OS Loader 载入需要启动的操作系统。

(5)操作系统被加载。Biosloader 引导方式就是把自己写到系统启动盘的主引导扇区中,从而用来加载 CE 系统平台(nk. bin)。

The x86 BIOS boot loader (biosloader)的源码位于％_WINCEROOT％\Public\Common\ Oak\Csp\x86\Biosloader\Bootsector 目录下,利用 biosloader 进行 CE 系统引导的主要步骤如下:(以把 biosloader 加载到系统的引导设备 C 盘为例)。

(1)制作引导软盘。如果 Websetup 没有安装,在开发主机上,运行"<Platform Builder 安装目录>\Cepb\Utilities\Websetup. exe 程序,安装 Websetup。

(2)运行 ％WINCEROOT％\Public\Common\Oak\Csp\x86\Biosloader\Diskimage 目录下的 Setupdisk. 144 或 Bootdisk. 144,制作启动软盘。

(3)用上面做的软盘启动 CEPC 系统,并用 Fdisk. exe 在目标盘(硬盘或 DOM 等)上生成一个主 DOS 活动 DOS 分区。分区格式必须为 FAT12 或 FAT16,不支持 FAT32。在输入 fdisk 命令后,如果出现"Do you wish to enable large disk support (Y/N)?"的提示,选择 N 就可以创建 FAT16 格式的分区。

(4)使用 Format C:命令将其格式化。不要使用系统传递参数进行格式化,例如 Format C:/s。

(5)键入 mkdisk c:命令,把 biosloader 安装到启动扇区。

(6)把 CE 系统的镜像文件 nk. bin 复制到 C 盘根目录。

(7)重新启动 CEPC,BIOS 程序运行完毕之后就会载入 biosloader,biosloader 会把 nk. bin 载入内存运行。

针对其他类型的 CPU,CE 都给出了相应的 BootLoader 解决方案,这些 BootLoader 设计的程序都位于％_WINCEROOT％\public\common\oak\csp 目录下,有兴趣的读者可以参考相应的帮助文件进行学习。

14.8 Windows Embedded Compact 7 的开发

从 Windows CE 6.0 版本开始,Windows CE 的名字改为 Windows Embedded Compact。其构架和开发模式和 6.0 之前的版本相差较大,目前 Windows Embedded Compact 的最新版本是 Windows Embedded Compact 7,因此本节就以 Windows Embedded Compact 7 为例来简述一下其开发过程。

注意:以下叙述中,软件的下载地址可能随着时间的推移有所变化,如发生网址打不开的情况,可以在 Google 等搜索工具中自行搜索软件的最新下载地址。

14.8.1 Windows Embedded Compact 7 开发环境的构建

1. 软件下载

首先进入 microsoft 下载最新版本 WinCE 的网址:http://www.microsoft.com/windowsembedded/en-us/downloads/download-windows-embedded-compact-ce.aspx。

可以看到官方给出搭建 WinCE 需要的四个步骤,如图 14.22 所示。

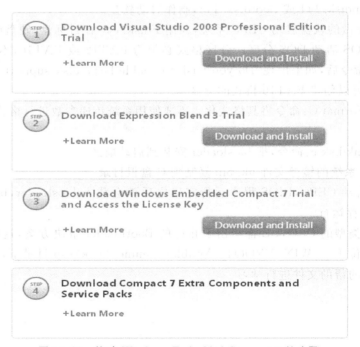

图 14.22　构建 Windows Embedded Compact 7 的步骤

参照图 14.22,构建 Windows Embedded Compact 7 的步骤如下:

Step1：下载 Visual Studio 2008 专业版，经测试 2010 版本不可用。

Step2：下载 Expression Blend 3 Trial。

Step3：下载 Windows Embedded Compact 7，并且注册以获取 License。

Step4：下载开发 WinCE 7 的其他额外的组件包（可以不做）。

遵循以上步骤，我们首先点击图 14.22 中的 Step1 里的"download and Install"下载 Visual Studio 2008 专业版安装镜像文件 iso。

点开图 14.22 中 Step1 里的"learn more"，可以发现官方指出下载 Visual studio 2008 后，还需要下载 Visual Studio 2008 Service Pack 1。下载 Visual Studio 2008 Service Pack 1 的地址为：http://www.microsoft.com/downloads/zh-cn/details.aspx?familyid ＝fbee1648-7106-44a7-9649-6d9f6d58056e

点击图 14.22 中 Step2 里的"download and Install"下载 Expression Blend 3 Trial。

点击图 14.22 中 Step3 里的"download and Install"下载 Windows Embedded Compact 7。但在这一步，微软就会要求你用 windows live 的账号登录，如图 14.23 所示。

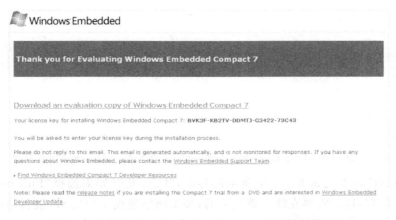

图 14.23　Windows live 登录界面

如果没有 windows live 的账号则点击"sign up"去注册一个，注册完确认之后，微软就会给你发一封邮件，里面有安装 Windows Embedded Compact 7 所需要的 license key。如图 14.24 所示。

图 14.24　Windows Embedded Compact 7 下载认证页面

用注册好的账号登录进去，下载 Windows Embedded Compact 7。

下载地址为：http://www.microsoft.com/download/en/details.aspx? id＝19004♯ instructions。

2. 软件安装

(1)安装 Visual Studio 2008。

(2)安装 Visual Studio 2008 Service Pack 1。

(3)安装 Expression Blend 3 Trial。双击安装包安装即可。

(4)安装 Windows Embedded Compact 7。点击安装程序后，进入安装界面如图 14.25 所示。

图 14.25　Windows Embedded Compact 7 安装界面

点击图 14.25 的 Begin Install 后，会出现密钥输入界面，如图 14.26 所示。填入你下载 Windows Embedded Compact 7 时，微软发给你的邮件里的 license key(见图 14.24)。

图 14.26　Windows Embedded Compact 7 安装时的 license key 输入界面

点击"Next"后进入如图 14.27 所示的界面，注意，此时如果选择"Full install"，安装大小有 30G 左右，这是需要在线下载安装的，如果网络速度不快的话，很容易造成几天时间也安装不成功。因此建议选则"Custom install"，减少安装的大小。

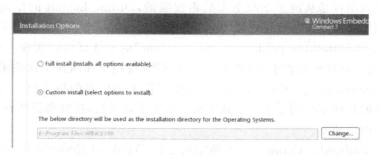

图 14.27　Windows Embedded Compact 7 安装选项界面

如果选择 Custom install，程序会让你选择安装哪些组件，如图 14.28 所示。

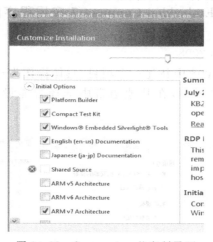

图 14.28　Custom install 定制界面

为了减少下载时间，可以只选择最前面的 4 个。然后点击"Next"，接着程序会问你是否要创建一个 Offline Layout，如图 14.29 所示。

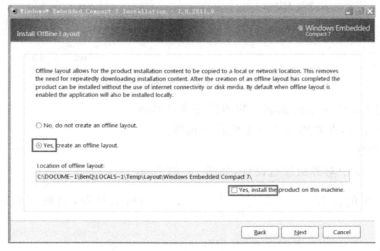

图 14.29　Offline Layout 选项

因为程序的组件是从网上下载下来后再安装的,Offline Layout 的作用就是帮你保存下载下来的组件安装包。建议选择"Yes,Create an offline layout"。

下面的"Yes,install the product on this machine"的复选框可以实现一边下载,一边备份,一边安装。这样虽然省事,但非常容易出问题,特别是在网速不快的情况下。因此建议把"Yes,install the product on this machine"的复选框里的钩去掉。这样做是为了让它先把组件的程序下载到本地。下载完成之后再手动安装,这样做虽然麻烦一点点,但可以保证较低的出错率。

Windows Embedded Compact 7 安装完成之后,Windows Embedded Compact 7 开发环境构建已全部完成。

14.8.2　Windows Embedded Compact 7 应用程序的开发

(1)启动 Visual Studio 2008。

(2)在 Visual Studio 2008 中新建一个项目,具体操作为选择菜单:文件→新建→项目,出现如图 14.30 所示的界面,在其他语言中选择智能设备→智能设备项目,如图 14.30 所示。

图 14.30　新建 Visual Studio 2008 项目

出现如图 14.31 所示的添加新智能设备项目界面。

项目新建完成,在左边列表里生成路径预览。

(3)编辑程序

在 Form1.cs 中对界面经行设计,如图 14.32 所示。

点击右上角的图标　　　　　　　调用工具箱,出现在右侧一栏,如图 14.33 所示。

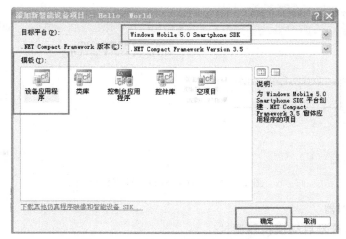

图 14.31　添加新智能设备项目界面

图 14.32　Visual Studio 程序设计界面

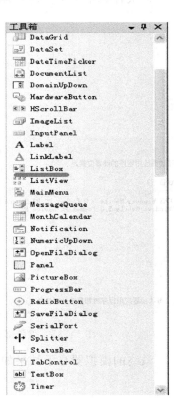

图 14.33　Visual Studio 工具栏

选择右侧工具箱中的"ListBox",拖入 Form1.cs 的手机界面里,编辑框内文字"Hello Windows Embedded Compact 7!",如图 14.34 所示。

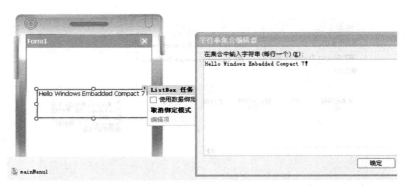

图 14.34　Visual Studio 程序设计

（4）运行模拟器

点击三角形符号启动模拟器调试。

调试启动时会问你选择哪种设备，选第一个 Windows Mobile 即可，如图 14.35 所示。

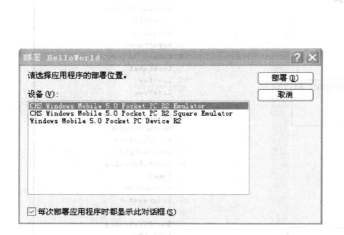

图 14.35　程序部署位置

图 14.36　应用程序的模拟器运行结果

最终的模拟器显示结果如图 14.36 所示。

习　题

1. 在 Windows CE 内核中，中断处理分成哪两部分？

2. 在 Windows CE 系统中，导致中断延迟的因素用哪些？

3. Windows CE. Net 的应用程序开发有编程模式？

4. 以下属于 WinCE 产品家族的有（　　　　　）。

A. Pocket PC,XPE

B. Pocket PC,Smart Phone,Visual C++,

C. Pocket PC,Smart Phone,Platform builder

D. PDA,Embedded V C++,PlatForm builder,Windows Me

5. 以下哪种说法是错误的（　　　　　）。

A. 可以使用 Visual Studio . NET 开发 WinCE 的应用程序

B. WinCE 的程序开发可以采用 MFC 的类库

C. Windows CE 是指 Windows 的精简版本（Compact Edition）

D. WinCE 是高度模块化的操作系统

6. Windows CE 内核的编译和构建主要经历哪些阶段？

7. 什么是 CEPC？

8. Widows CE 操作系统的引导方式主要有哪几种？

9. 请构建一个在 CEPC 上运行的中文版 Windows CE 操作系统。

第 15 章

Windows Phone 的开发

15.1 Windows Phone 7 的开发

15.1.1 Windows Phone 7 简介

Windows Phone 7 是微软重新打造 Windows Mobile 品牌之后推出的一款产品,从外观到软件代码都有了很大的改动。Windows Phone 7 系统采用了全新的架构,所以并不兼容以往 Windows Mobile 系统的应用程序。与此前的 Windows Mobile 系统相比,Windows Phone 使用的独特的 Metro 设计风格,为用户带来了全新的体验,Windows Phone 7 集成了 Xbox Live、Zune 以及多个新的社交网络工具。Windows Phone 7 仍旧采用的是 Windows CE 的内核。

Windows Phone(以下简称 WP)平台的演化如表 15.1 所示。

表 15.1 Windows Phone 平台的演化

发布时间	2005 年 9 月	2007 年 2 月	2009 年 5 月	2010 年 10 月	2012 年 6 月
WP 版本	WP5.0	WP6.0	WP6.5	WP7.0	WP8.0
是否可以升级到高版本	可以	可以	不可以	不可以	
是否向下兼容		可以	可以	不可以	不可以

由此可以看出,微软公司的 Windows Phone 7.0 和 Windows Phone 8.0 的变化都非常大,出现了和以往版本都不兼容的情况。

15.1.2 Windows Phone 7 开发环境的搭建

开发环境的建立通常包含以下几个步骤:

（1）建立装用 Windows 7 操作系统的开发主机。

目前 Windows Phone 7 开发环境只是支持 Windows 7 和 Vista，推荐使用 Windows 7。

（2）下载安装 Windows Phone Developer Tools。

Windows Phone Developer Tools CTP 的下载地址为 http://go. microsoft. com/ fwlink/? LinkID＝185584。Windows Phone Developer Tools CTP 中包含了以下组件，一次安装就 OK 了。

- Visual Studio 2010 Express for Windows Phone CTP；
- Windows Phone Emulator CTP；
- Silverlight for Windows Phone CTP；
- XNA Game Studio 4. 0 CTP。

下载的文件为 vm_web. exe，下载完成后，点击 vm_web. exe 就可以进行在线安装了。

15. 1. 3　Windows Phone 7 简单例程的开发

Windows Phone 7 是一个全新的平台，对于绝大部分开发人员来说既熟悉又陌生。熟悉的是它延续使用了 C♯ 来开发应用，陌生的是它采用 Silverlight 和 XNA 作为开发的选择。Windows Phone 7 应用程序架构如图 15.1 所示。

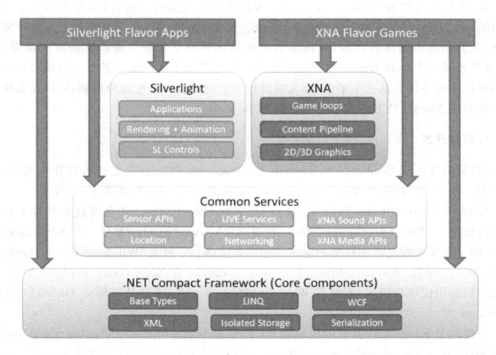

图 15.1　Windows Phone 7 应用程序架构

从图 15.1 会看到,最底层是 . NET Compact Framework,它是一些核心组件。在此之上则是一些通用服务,例如传感器 API,位置 API,Windows Live 服务,网络服务,多媒体等等。再往上一层则是 Silverlight 或者 XNA 自己特有的一些内容。最上层则是基于这两种不同架构所编写的应用程序。

Silverlight 是 WPF(Windows Presentation Foundation)的一个子集,准确来说,它是一个更加适应 Web 的 WPF 子集。WPF 是微软推出的基于 Windows Vista 的用户界面框架。WPF 是换了一个绘图引擎的图形界面,可以比较容易的实现界面和代码的分离。可以做到后台代码不改变但是界面部分天翻地覆。Silverlight 在 Windows Phone 7 上又是一个比较特别的集合,虽然它是脱胎自 Silverlight 3,但是又去掉了一部分不适用于移动设备的特性,同时又加入了一些 Silverlight 4 的特性或者是针对移动设备的代码。同时,常规概念中咱们所看到的 Silverlight 程序都是 in browser 的;但是对于 Windows Phone 7 上的 Silverlight 应用程序来说,它们都是 out browser 的,也就是说脱离浏览器单独运行的。所以对于 Silverlight,我们真正用到的并不是其本身,而是 Silverlight for windows phone。

XNA 是微软推出的用来开发 XBox 上的游戏以及 Zune 上的应用程序的一套开发工具。XNA 框架为游戏提供健壮的 API,它使用 C♯、.NET 和 Visual Studio 工具集,是一个综合的游戏内容资源处理解决方案,而不只是一个游戏引擎解决方案。基于 . NET 拥有跨平台的特性以及较高的开发和执行效率,XNA 的优势在于把软件开发人员从复杂的 C/C++ 特性当中解放出来。

XNA 框架凭借着 Visual Studio 的优秀特性支持完整的内容管理,无论是基于精灵(Sprite)的 2D 游戏或者基于模型的 3D 游戏。更重要的是 XNA 完美的基于面向对象的模型,尤其是游戏组件的存在,使得游戏的模块化得到了保证。在微软的统一部署下,Xbox 平台、PC 平台和 Windows Phone 平台上的差距被大大减少。甚至一份编写良好的代码可以同时编译到这三个平台,而无需进行大量的修改。由于这种机制,可以在主机与手机间利用 Xbox LIVE 获得更好的游戏体验。

1. 例程开发

(1)启动 Visual Studio 2010 Express for Windows Phone,首先进入打开欢迎页面,这里有一些链接可以下载 Windows Phone 7 相关的文档和视频,如图 15.2 所示。

(2)打开 Visual Studio 2010 Express for Windows Phone。你会发现有两种工程类型可以选择,一种是 Silverlight 类型,一种是 XNA Game Studio 类型。在 Silverlight 类型中,除了类库工程之外还有两种应用程序可以选择。一种是"Windows Phone Application",另外一种是"Windows Phone List Application"。在 XNA Game Studio 类型中,可以选择的应用程序与很多,不但有 Windows Phone Game,还有 Windows Game 和 XBox 360 Game 等。

新建一个 Silverlight 类型的应用程序,名字为 Window Phone Application 的项目,叫做 HelloWorldWindowsPhone,如图 15.3 所示。项目构建后,系统自动生成的代码如图 15.4 所示。

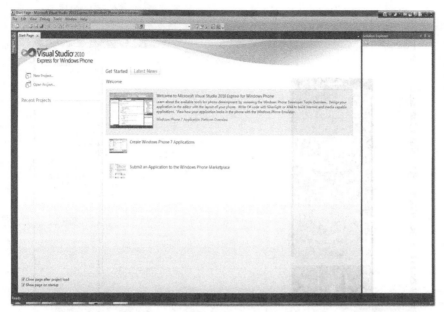

图 15.2 Visual Studio 2010 Express for Windows Phone 欢迎页面

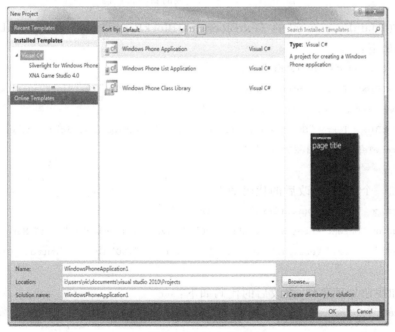

图 15.3 新建项目

图 15.4　系统自动生成的新项目代码

（3）修改 MainPage. xmal 的 TextBlock textBlockPageTitle 和 textBlockListTitle，修改后的代码如下：

<Grid x：Name = "TitleGrid" Grid.Row = "0">

<TextBlock Text = "Hello world application" x：Name = "textBlockPageTitle" Style = "{StaticResource PhoneTextPageTitle1Style}"/>

<TextBlock Text = "Say Hello World" x：Name = "textBlockListTitle" Style = "{StaticResource PhoneTextPageTitle2Style}"/>

Grid>

（4）增加一个按钮，修改后的代码如下：

<Grid x：Name = "ContentGrid" Grid.Row = "1">

<Button Content = "Say Hi" Height = "70" HorizontalAlignment = "Left" Margin = "144,65,0,0" Name = "button1" VerticalAlignment = "Top" Width = "160" Click = "button1_Click" />

Grid>

（5）增加按钮处理事件，修改后的代码如下：

```
private void button1_Click(object sender,RoutedEventArgs e)
{
textBlockListTitle. Text = "Say Hi!";
}
```

（6）一个简单的 demo 程序就完成了。点击 F5 启动 Emulator 进行调试。点击按钮 Say Hi 后出现 Say Hi 字样，如图 15.5 所示。

图 15.5　demo 程序运行结果

15.2　Windows Phone 8 的开发

15.2.1　Windows Phone 8 简介

2012 年 6 月,微软在美国旧金山召开发布会,正式发布全新移动操作系统 Windows Phone 8(以下简称 WP8)。目前微软官方证实,Windows Phone 8 将在秋季上市。Windows Phone 8 是 Windows Phone 系统的下一个版本,也是目前 Windows Phone 的第三个大型版本。它是 Windows Phone 7 的下一个版本,但和 Windows Phone 7 采用的 Windows CE 内核不同,Windows Phone 8 采用了 Windows 8 的内核,因此所有 Windows Phone 7 系列无法升级到 Windows Phone 8。Windows Phone 8 兼容所有 Windows Phone 7 的应用程序,但 Windows Phone 8 的原生程序无法在 Windows Phone 7 上运行,属于单向兼容。Windows Phone 8 支持双核 CPU,Windows Phone 8 的发布意味着 Windows Phone 进入双核时代,同时宣告着 Windows Phone 7 退出历史舞台。

Windows Phone 8 将采用与 Windows 8(ARM)相同的 NT 内核,这就意味着 WP8 将可能兼容 Win8(ARM)应用,开发者仅需很少改动就能让应用在两个平台上运行。例如不需要重写代码等(注明:与 PC 平台版应用不兼容,也无法移植,可以移植的是 ARM 的 Windows RT 版本应用,这是 ARM 与 X86 构架的原因,并且可以移植的应用必须是

.net编写的应用程序,C 与C++程序必须重写代码)。

Windows Phone 8 的主要特征有:

(1)硬件提升。此次 WP8 系统首次在硬件上获得了较大的提升,处理器方面 WP8将支持双核或多核处理器,而 WP7.5 时代只能支持单核处理器。WP8 支持三种分辨率:800×480(15∶9)、1280×720(16∶9)和 1280×768(15∶9),WP8 屏幕支持 720P 或者WXGA。第三点 WP8 将支持 MicroSD 卡扩展,用户可以将软件安装在数据卡上。同时所有 Windows Phone 7.5 的应用将全部兼容 Windows Phone 8。

(2)浏览器改进。WP8 内置的浏览器升级到了 IE10 移动版。相比 Windows Phone 7.5 时代,JavaScript 性能提升四倍,HTML 5 性能提升 2 倍。

(3)游戏移植更方便。换上新内核的 WP8 开始向所有开发者开放原生代码(C 和 C++),应用的性能将得到提升,游戏更是基于 DirectX,方便移植。除此以外,WP8 首次支持 ARM 构架下的 Direct3D 硬件加速,同时基于相同的核心机制。

(4)支持 NFC 技术。WP8 将支持 NFC 移动传输技术,这项功能在之前 WP7 时代是没有的。而通过 NFC 技术,WP8 可以更好地在手机、笔记本、平板之间将实现互操作,共享资源变得更加简单。

(5)实现移动支付等功能。由于 NFC 技术的引进,移动钱包也出现在 WP8 中了,支持信用卡和贷记卡,还有会员卡等等东西,也支持 NFC 接触支付。微软称之为"最完整的移动钱包体验"。同时微软为 WP8 开发了程序内购买服务,也可以通过移动钱包来支付。

(6)地图改头换面。这恐怕是微软此次 WP8 最让人吃惊的改变。WP8 内置的地图不再是 Bing 地图,而是诺基亚地图,地图数据将由 NAVTEQ 提供。WP8 的诺基亚手机地图支持离线查看、Turn By Turn 导航等功能。

(7)商务与企业功能。由于 WP7.5 对于商业的支持不够全面,因此在 WP8 时代移动商业这方面将大幅改进,WP8 将支持 BitLocker 加密、安全启动、LOB 应用程序部署、设备管理,以及移动 Office 办公等。

(8)新的待机界面。WP8 拥有了新的动态磁铁界面,磁铁可以分为大中小三种,并且每一小方块的颜色可以自定义。同时 WP8 上实时的地图导航可以在主界面的磁铁块中直接显示。

微软公布 Windows Phone 8 的首批合作 OEM 厂商,分别将包含诺基亚、华为、三星与 HTC,深入支持各地在地化发展,并且也将加快版本更新速度。不过由于内核变更,WP8 将不支持目前所有的 WP7.5 系统手机升级,而微软也为现在的 WP7.5 手机提供了一个 WP7.8 系统,其配备了 WP8 的新界面,以示安慰。

15.2.2 Windows Phone 8 的开发环境的构建

1. 开发主机的系统要求

(1)操作系统必须是 Windows 8 Pro 以上的版本。

（2）计算机内存必须大于等于 4GB。

（3）可用硬盘空间大于 6.5GB。

（4）处理器 CPU 必须是 64 位的。

对于使用 Windows Phone 8 模拟器的开发用户，还要求处理器支持二级地址转换。

以上要求可以使用微软官方提供的 Coreinfo 工具进行检测。Coreinfo 的下载地址为：http://technet.microsoft.com/en-us/sysinternals/cc835722.aspx。

如果你的计算机符合硬件和操作系统要求，但却不符合 Windows Phone 8 模拟器的要求，将安装和运行 Windows Phone SDK 8.0。然而，Windows Phone 8 模拟器将不起任何作用，而且你无法在 Windows Phone 8 模拟器上部署或测试应用。

当开发主机的软硬件配置都满足以上要求后，在安装 Windows phone 8 之前还需要把开发主机的 Hyper-V 功能开启，具体操作为：控制面板→程序和功能→启用和关闭 Windows 功能→将 Hyper-V 勾选上，点击确定。

前期的准备做好之后，就可以安装 Windows Phone SDK 8.0 了。

2. Windows Phone 8 的安装

Windows Phone SDK 8.0 是一个功能齐全的开发环境，可用于构建面向 Windows Phone 8.0 和 Windows Phone 7.5 的应用和游戏。Windows Phone SDK 将提供一个适用于 Windows Phone 的独立 Visual Studio Express 2012 版本或作为 Visual Studio 2012 Professional、Premium 或 Ultimate 版本的外接程序进行工作。借助 SDK，你可以使用现有的编程技巧和代码来构建托管或本机代码应用。此外，SDK 还包括在实际条件下用于分析和测试 Windows Phone 应用的多个模拟器和其他工具。

（1）Windows Phone SDK 8.0 的获取。

Windows Phone SDK 8.0 可以从微软官网下载，下载地址为：http://www.microsoft.com/ZH-CN/download/details.aspx？id=35471。

（2）安装步骤

选择想要安装的语言版本并单击 WPexpress_full.exe 文件的"下载"按钮。按照说明安装 SDK。请注意，Windows Phone SDK 8.0 的每个本地化版本皆被设计为与相应的本地化操作系统和 Visual Studio 2012 的本地化版本结合使用。

注意：Windows Phone SDK 8.0 将与 Windows Phone SDK 的早期版本并行安装。在开始安装之前，无需卸载早期版本。

15.2.3　Windows Phone 8 应用程序开发

（1）启动 Visual Studio 2012，新建一个项目，出现如图 15.6 所示的界面，找到 Windows Phone，选择其中的一个类型创建新的项目。

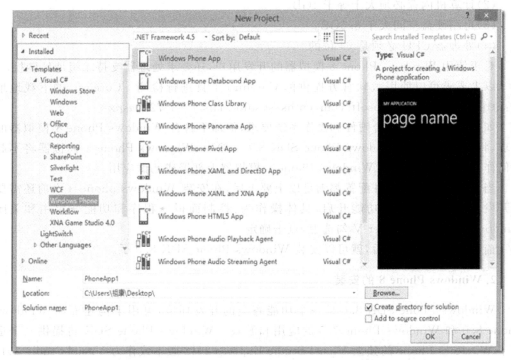

图 15.6　Visual Studio 2012 新 WP8 项目界面

（2）随后可以在系统生成的项目框架中添加自己的界面设计和代码。程序设计过程和其他 Visual Studio 程序类似。

（3）启动 Windows Phone 8 模拟器。程序设计完成编译之后，可以启动 Windows Phone 8 模拟器进行运行调试。可以在模拟器菜单中选择不同的模拟器分辨率，如图 15.7 所示。

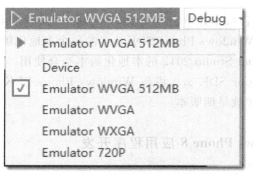

图 15.7　Windows Phone 8 模拟器设置

第一次启动模拟器时，系统需要在 Hyper-V 中进行配置 Windows Phone 8 模拟器，因此模拟器的启动过程会比较慢，请耐心等待。图 15.8 是启动后的 Windows Phone 8 模拟器界面。

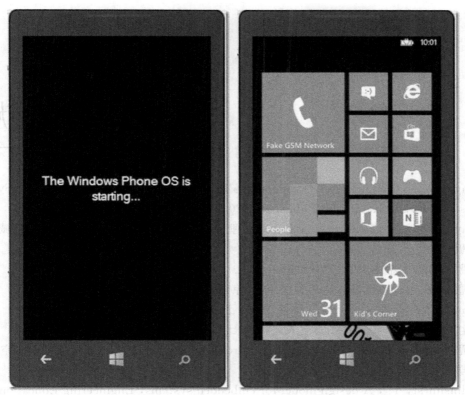

图 15.8　Windows Phone 8 模拟器界面

习　题

1. Windows Phone 7 采用的内核是什么?
2. Windows Phone 8 采用的内核是什么?
3. 构建一个 Windows Phone 应用程序的开发环境,完成一个应用程序的开发、调试。

参考文献

1. Wayne Wolf，Computers as Components：Principles of Embedded Computing System Design，Morgan Kaufmann Publishers，2001
2. Wayne Wolf 著. 嵌入式计算系统设计原理. 孙玉芳、梁彬、罗保国等译. 北京：机械工业出版社，2002：2
3. 陈翌，田捷，王金刚. 嵌入式软件开发技术. 北京：国防工业出版社，2003：10
4. 符意德. 嵌入式系统设计原理及应用. 北京：清华大学出版社，2004：11
5. Arnold Berger. 嵌入式系统设计，吕骏译. 北京：电子工业出版社，2002：9
6. 孙红波，陶品，李莉. ARM 与嵌入式技术. 北京：电子工业出版社，2006：3
7. 陈章龙，涂时亮. 嵌入式系统——Intel StrongARM 结构与开发. 北京：北京航空航天大学出版社，2002：10
8. Wilmshurst，T.，A design model for embedded systems，Engineering Education：Innovations in Teaching，Learning and Assessment（Ref. No. 2001/046），IEE International Symposium，4 January 2001，Vol. Day1，Page(s)：7/1-7/7.
9. 郭世明. 嵌入式系统与应用—专题导读，自动化信息，2004(5)
10. 王学龙. 嵌入式 Linux 系统设计与应用. 北京：清华大学出版社，2001
11. 邹思轶. 嵌入式 Linux 设计与应用. 北京：清华大学出版社，2002：1
12. 沈可. 使用嵌入式 Linux 操作系统进行软件开发的特点及优势，电脑开发与应用，2001，Vol. 14 No. 7
13. 吕京建，肖海桥. 嵌入式处理器分类与现状，http://www. bol-system. com，2004(12)
14. 李江，常葆林. 嵌入式操作系统设计中的若干问题. 计算机工程，2000，Vol. 26 No. 6
15. Michael Kaskowitz，System Design in the 21st Century，Issue of Electronic News，9 April 2001
16. 李方军，徐永红. 嵌入式操作系统的发展与应用. 教学与科技，2002，Vol. 15 No. 2
17. Roger S. Pressman. 软件工程-实践者的研究方法（第 5 版），梅宏译. 北京：机械工业出版社，2002
18. ARM7TDMI，http://www. arm. com/productsCPUsARM7TDMI. html，January 2005
19. S3C4510B Data Sheet，Samsung Electronics，2001
20. 马忠梅，马广云，徐英慧. ARM 嵌入式处理器结构与应用基础. 北京：北京航空航天大学出版社，2002

21. 李驹光. ARM 应用系统开发详解——基于 S3C4510B 的系统设计. 北京：清华大学出版社，2003

22. 宛城布衣. 常用 ARM 指令集与汇编，http://bbs. mcustudy. commcu2othermcu. htm，2003. 12

23. ARM 指令集. http://www. chinaeda. cnhtmlc65/，2006. 6

24. 在 VMware 5. 0 环境下编译内核(kernel2. 6. 13)全过程，http://bbs. chinaunix. net / archiver/? tid-632835. html，2006. 6

25. What is uClinux，http://www. uclinux. org/description/，March 2005

26. 嵌入式操作系统 uClinux，http://bbs. eepw. com. cn/dispbbs. asp，2005. 8

27. Terry Bollinger，Linux in Practice：An Overview of Applications，IEEE Software，January/February，1999

28. Linux 内核编译详解，http://www. linuxmine. com/1121. html，2004. 4

29. Daniel P. Bovet and Marco Cesati. 深入理解 Linux 内核，陈莉君，冯锐，牛欣源译. 北京：中国电力出版社，2004

30. Uresh Vahalia. UNIX 高级教程——系统技术内幕. 聊鸿斌，曲广之，王元鹏译. 北京：清华大学出版社，1999

31. 赵炯. Linux 内核完全注释. 北京：机械工业出版社，2004

32. Robert Love. Linux 内核设计与实现. 陈莉君，康华，张波译，北京：机械工业出版社，2004

33. 文斌. WinCE 实验教程之一嵌入式系统简介，http://www. wenbinweb. com /Content. aspx? id＝63，2004. 9

34. 文斌. WinCE 实验教程之二集成开发环境，http://www. wenbinweb. com /Content. aspx? id＝64，2004. 9

35. 文斌. WinCE 实验教程之五高级调试，http://www. wenbinweb. com /Content. aspx? id＝209，2004. 8

36. 文斌. WinCE 实验教程之四引导，http://www. wenbinweb. com/Content. aspx? id ＝172，2004. 12

37. 文斌. WinCE 实验教程之三文件夹结构，http://www. wenbinweb. com /Content. aspx? id＝68，2004. 9

38. 付林林. WinCE 开发中 Boot Loader 的点点滴滴，http://www. vckbase. com /document/viewdoc/? id＝1285，2004. 11

39. 付林林. Windows CE 下驱动开发基础，http://www. vckbase. com /document/viewdoc/? id＝1427，2005. 3

40. 付林林. Windows CE 进程、线程和内存管理(一)，http://www. vckbase. com /document/viewdoc/? id＝1154，2004. 6

41. 付林林. Windows CE 进程、线程和内存管理(二)，http://www. vckbase. com /document/viewdoc/? id＝1155，2004. 6

42. 付林林. Windows CE 进程、线程和内存管理(三)，http://www. vckbase. com /docu-

ment/viewdoc/? id＝1156,2004.6

43. 付林林.Platform Builder 之旅,http：//www.vckbase.com/document /viewdoc/? id
    ＝1248,2004.9

44. VS.NET 和.NET Framework 精简版入门,http：//www.coolbo.orgbbs dispost.
    asp? BoardID＝22&PostID＝61&Page＝1,2006.6

45. 教程：为 CEPC 生成运行库映像 http://www.microsoft.com/chinaMSDNlibrary /
    Mobility/embedded/TuRTImgCEPC/CEPCstep4.mspx? mfr＝true,2004.11

46. 教程：为模拟器生成运行库映像,http：//www.microsoft.com/chinaMSDNlibrary /
    Mobility/embedded/TuRTImgCEPC/CEPCstep4.mspx? mfr＝true,2004.11

47. 如何使用 eMbedded Visual C++4.0 创建用于 Windows CE 4.1 仿真程序（Win-
    dows CE5.0)的应用程序,http://www.microsoft.com/chinaMSDNlibrary /Mobili-
    ty/embedded/TuRTImgCEPC/CEPCstep4.mspx? mfr＝true,2004.11

48. Mike Hall ,Windows CE .NET 应用程序开发：我有哪些选择?,http：//www.mi-
    crosoft.com/chinaMSDNlibrary/Mobility/embedded/TuRTImgCEPC/CEPCstep4.
    mspx? mfr＝true,2003.2